Bernd Huber

# BRAINBOW

Roman

1. Auflage, 26. November 2021



Wolf 8

88430 Rot/Ellwangen

Tel. +49 (0) 7568 29 89 98 2

http://www.all-stern-verlag.com

info@all-stern-verlag.com

Satz/Umbruch: All-Stern-Verlag

Umschlaggestaltung: Irene Repp



ISBN 978-3-947048-24-3

***

„Jeder Mensch stolpert einmal,

im Laufe seines Lebens über die Wahrheit,

doch die meisten stehen auf,

klopfen sich den Staub ab und gehen weiter.“

***Winston Churchill***

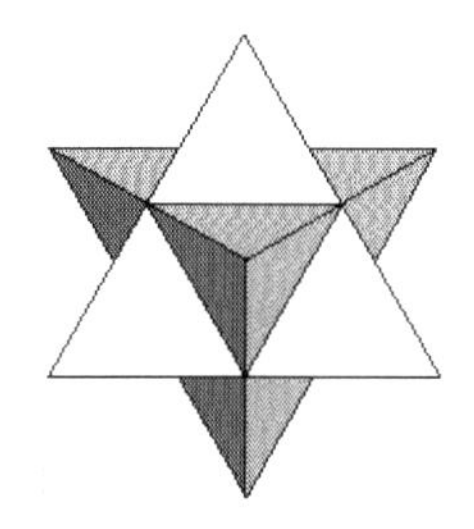

***

„Es ist das Ende der Welt!“,

sagte die Raupe –

„Es ist erst der Anfang!“

sagte der Schmetterling.

***Lao-Tse***

***

***

Wir können entweder ein unbewusster Sklave sein

oder ein bewusster Diener!

***Georges I. Gurdjieff***

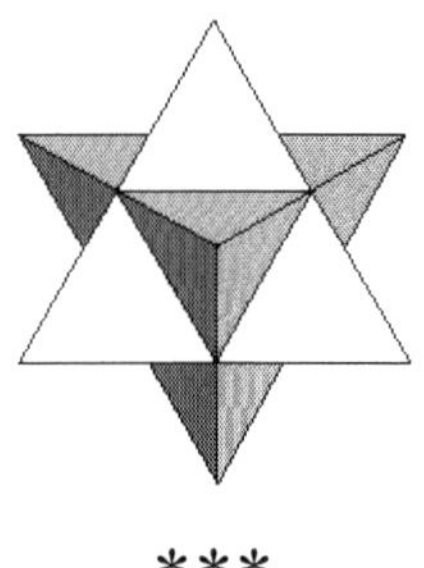

***

„Schluckst du die Blaue Kapsel, ist alles aus!

Du wachst in deiner Welt auf und glaubst an das,

was du glauben willst.

Schluckst du die rote Kapsel,

bleibst du im Wunderland

und ich führe dich in die tiefsten Tiefen

des Kaninchenbaus.

Bedenke, alles was ich dir anbiete

ist die Wahrheit, - nicht mehr!“

***Morpheus zu Neo in „Die Matrix“***

***

# INHALTSVERZEICHNIS

## ALPHA

## BRAINBOW 2.0



## OMEGA

# ALPHA

***

## CHRIS

Chris Jester ist kein Spaßvogel, wie man aufgrund seines Namens vielleicht annehmen könnte.

Zwar hat er durchaus einigen Sinn für Humor speziell, wenn er tiefgründig, mit unerwarteten Wendungen, also *britisch* daherkommt. Aber in seinem Innersten ist er eher von sanfter, besonnener, vielleicht sogar ernster Natur.

Bereits im Kindesalter hatte Chris festgestellt, dass er anders ist als die meisten seiner Altersgenossen.

Wenn die anderen Überlegenheitsgefühle oder gar Spaß dabei empfanden, Fische zu angeln, versuchte er, diesen wieder unbemerkt die Freiheit zu schenken. Oder wenn ein besonders derbes Nachbarkind dabei überraschte, einem Käfer genüsslich die Beine auszureißen, dann wendete er sich angewidert ab.

Er konnte stundenlang alleine in der natürlichen Umgebung seines kleinen Heimatortes in der Grafschaft Dorsetshire, im Süden Englands zubringen, starrte verträumt auf galoppierende Pferde am Wolkenhimmel oder unterhielt sich mit zutraulichen Eichhörnchen und Eidechsen.

Seine Eltern waren ehrliche, in der Dorfgemeinschaft anerkannte Leute, die ihm, so gut sie es vermochten, eine rechtschaffene, christliche Erziehung angedeihen ließen. Sein Vater hätte es sicher gerne gesehen, wenn Chris einmal in dessen Fußstapfen treten würde, um seinen Handel mit Landmaschinen zu übernehmen. Chris‘ Mutter hingegen hatte erkannt, dass ihr Spross zu anderem in diese Welt gesetzt war und beide verband eine tiefe Zuneigung und Liebe.

Mit zunehmendem Alter verstärkte sich bei Chris das Gefühl des Andersseins immer mehr. Er glaubte, in den Gesichtern seiner Mitmenschen lesen zu können, ja geradezu ihre intimsten Gedanken zu erspüren.

Anfangs waren es immer öfter auftretende Déjà-vu-Erlebnisse. Doch nach der Pubertät traten immer häufiger auch Bilder aus der Zukunft vor seinem geistigen Auge auf, die sich meist auch erfüllten.

Dabei bemerkte er, dass dies in einem Zustand völliger innerer Ruhe geschah, er es gewissermaßen von einer höheren Warte aus betrachten konnte. Das Gefühl seiner offensichtlichen Andersartigkeit verdichtete sich mehr zu einer Gewissheit. Mittlerweile glaubte er irgendwie nicht von dieser Welt zu sein, jedoch, dass er durchaus eine Mission in dieser zu erfüllen habe.

Diese ist ihm im Augenblick jedoch noch nicht bewusst.

***

## DIE ANDEREN

Claude Deville speiste mit erlesenen Gästen aus aller Welt in seiner Residenz in Zhongnanhai zu Abend.

Zhongnanhai ist das abgeschottete Regierungsviertel in Chinas Hauptstadt Peking.

Das eindrucksvolle Anwesen, das noch in der Kaiserzeit erbaut wurde, liegt am Ufer des namensgebenden Sees Zhonghai, inmitten einer Parklandschaft.

Dass Deville dieses außerordentliche Privileg genießt, liegt, zum einen, an seiner Abstammung von einer alten französischen Blutlinie, zum anderen an seinem schier unermesslichen Reichtum.

Seine Vorfahren, die wie er schon seit Urzeiten einem weltumspannenden *Kult* dienten, hatten bereits seit Generationen brüderliche Bande in die chinesische Hochfinanz geknüpft.

*„Gentlemen",* hob er in kultiviertem Englisch mit starkem französischem Akzent an, *„ich möchte mich auch in Ihrem Namen beim Personal für das außerordentlich gelungene Menü bedanken. Gleichzeitig darf ich sie aber nun in den Besprechungsraum bitten, um zum eigentlichen Anlass meiner Einladung an sie zu kommen".*

Nachdem die Dinge sich nicht so entwickelt hatten, wie sie vom *Kult* geplant waren, sah sich Deville am Anfang der Zwanziger-Jahre genötigt, sein herrschaftliches Anwesen im Süden von Paris Hals über Kopf zu verlassen, um nicht einem aufgebrachten Mob überantwortet zu werden.

Was 2020 so perfekt nach Plan abzulaufen begann, das entwickelte sich immer mehr zu einem Fiasko. Denn das Narrativ einer weltweiten sich aus China verbreitenden tödlichen *‚Pandemie'* wurde in vielen Ländern angezweifelt. Bei unzähligen Demonstrationen, hauptsächlich in der westlichen Welt, setzten die Polizeiführungen zuerst auf Eskalation. Nachdem die Kundgebungen trotz vom System unterstützter Gegenaufmärsche aber friedlich geblieben waren, kippte die Stimmung. Immer mehr Polizisten und Soldaten solidarisierten sich mit den Protestierenden. Schließlich wechselten auch die meisten Medien, welche ohnehin unter drastischem Akzeptanzverlust litten, die Seiten.

Der Zusammenbruch des weltweiten Finanzsystems aufgrund verordneter Lockdowns und in der Folge dadurch ausgelöster Firmen- und Bankenpleiten war zwar geplant, konnte aber nicht mehr, wie beabsichtigt, dem *‚Virus'* in die Schuhe geschoben werden.

Viele Politiker, Finanzleute und Systemlinge waren nicht mehr in der Lage, sich rechtzeitig dem Zorn der Massen zu entziehen und es traf auch viele Unschuldige.

Deville und seine Brüder im Geiste, sie hatten natürlich vorgesorgt und stellten auf Plan ‚B' um. Sie zogen die chinesische Karte.

***

## DER PLAN

Im Besprechungsraum befand sich ein großer runder Tisch mit vierzehn bequemen Sesseln. In einem nahm Deville Platz. Die anderen wurden von seinem Adlatus und von den restlichen Führern der dreizehn Blutlinien der Kabale eingenommen.

Das Personal hatte keinen Zutritt. Die Gäste mussten sich mit auf dem Tisch stehenden Wasserflaschen begnügen.

*„Ich freue mich, dass alle Anwesenden so kurzfristig Zeit gefunden haben, meiner Einladung zu folgen. Dies ist bestimmt auch der außerordentlichen Dringlichkeit der Lage geschuldet. Wie wir seit langem wissen, wird die Situation auf dem Planeten für uns immer kritischer. Die Erde ist 2012 nach circa 25.700 Jahren ihres Umlaufes um ‚Alkyone', der Zentralsonne der Milchstraße, wieder in eine uns nicht zuträgliche Zone eingetreten.*

*Plan ‚A' sah vor, das Erwachen der Menschheit dadurch hinauszuzögern, indem wir das weltweite Narrativ einer tödlichen Pandemie schufen. Angst war schon immer das beste Mittel, das Bewusstsein zu lähmen.*

*Dies ist jedoch genauso wie die überfällige Neuaufstellung unseres Finanzsystems, das seit 2008 nicht mehr überlebensfähig war, gescheitert!*

*Die Lage ist also äußerst ernst!*

*Ich möchte Sie heute über neueste Entwicklungen einiger von uns ergebener, brillanter Wissenschaftler unterrichten. Ich darf nun meinen ihnen ja bereits bekannten Sekretär Monsieur Cerbére bitten, Ihnen weitere Informationen zu geben.“*

Cerbére, ein Hüne von Mann mit dem Aussehen eines Fleischerhundes, der aber durchaus auch devote Züge erkennen ließ, erhob sich aus seinem Sessel und nestelte an seinem Manuskript herum.

Seine Stimme klang unnatürlich hoch und eindringlich:

*„Geschätzte Herren, wie ihnen sicherlich bekannt ist, wird der Planet seit einigen Jahren von tausenden Satelliten der Fa. 'Star Connect' umkreist. Das Geschäftsmodell von ‚Star Connect' ist es, die Welt flächendeckend mit Internet zu versorgen. Es ist unseren genialen Wissenschaftlern nun gelungen, mithilfe einer Software diesen Satelliten ein Programm aufzuspielen, das dazu geeignet ist, sämtliche Smartphone-Nutzer in ein das Bewusstsein dämpfendes Feld zu hüllen. Damit ließe sich nicht nur das spirituelle Wachstum der Nutzer verhindern, sondern es würde sich zugleich auch das elektromagnetische Feld der Erde in unserem Sinne verändern.“*

Deville unterbrach den Redefluss des Fleischerhundes:

*„Danke Cerbére, das genügt, vorerst!“*

Deville fuhr fort: *„Nach neuesten Informationen können wir, unbemerkt von der Weltöffentlichkeit, eine Forschungs- und Sendeanlage in Nordkorea aufbauen. Aber, es muss schnell gehen und wir müssten dem dortigen Regime eine nennenswerte Menge unserer privaten Goldvorräte übereignen.*

*Bitte besprechen Sie sich bei einem Glas ‚Château Mouton-Rothschild' in der Bibliothek! Wir treffen uns dann in circa einer Stunde wieder hier, um einen Entschluss zu fassen.“*

***

## DAS TELEFONAT

Nach vielerlei beruflichen Irrwegen hatte Chris Jester seine Gabe der Menschenkenntnis und Präkognition inzwischen zum Broterwerb gemacht.

Mit seinen nunmehr 33 Jahren arbeitete er als Lebens- und Beziehungsberater. Seine untrügliche Kenntnis der menschlichen Seele, gepaart mit der Fähigkeit, feinste Gefühlsregungen anderer wahrzunehmen, verhalfen ihm und seinen Kunden zu großem Erfolg. Die Mund-zu-Mund-Propaganda tat ein Übriges.

In seinem eigenen Leben sah es in Beziehungsfragen anders aus.

In seine Praxis, die er inzwischen in Southampton betrieb, verirrten sich natürlich immer wieder auch Ratsuchende jüngeren weiblichen Geschlechts. Auch fiel er mit seinem trotz der edlen Züge jungenhaften Gesicht, mit den blauen, durchdringenden Augen und den etwas längeren braunen Haaren durchaus in das Beuteschema der Damenwelt.

Aber infolge seiner Fähigkeit, tief in die menschlichen Seelen zu blicken, lag somit jedes weibliche Wesen wie ein offenes Buch vor ihm, was seine Ansprüche nicht gerade sinken ließ.

Außerdem sollte er bald erkennen, dass die Vorsehung ohnehin andere Pläne mit ihm hatte.

Er saß spätabends immer noch in seiner Praxis. Nach einem anstrengenden Tag wollte er noch wie gewohnt einige Meditationen durchführen. Dies hatte er sich zur Regel gemacht, um eine gewisse Gedankenhygiene einzuhalten, nachdem er beinahe jeden Tag auch sehr unharmonischen Situationen ausgesetzt war.

Das Telefon klingelte.

*'Wer weiß denn, dass ich so spät und außerhalb der Praxisstunden noch hier bin?'*

*„Jester"*

Der Anrufer, am anderen Ende der Leitung, klang, als würde er ihn schon sein ganzes Leben lang kennen.

*„Hallo Chris, wir haben dich schon lange beobachtet. Wir sollten uns unbedingt persönlich kennenlernen!"*

Seine Stimme war unaufgeregt, ruhig und gutmütig, ja beinahe väterlich!

*„Mit wem spreche ich denn?"*

*„Mit einem Freund, ich könnte auch sagen, mit einem Bruder. - Du kannst mich Phil nennen."*

Als Chris diesen Namen hörte, hatte er wieder so ein *Déjà-vu-Erlebnis*. Jedenfalls hatte er das Gefühl, es sei besser, keine weiteren Fragen zu stellen. Man verabredete sich für den nächsten Tag, nachmittags im *Common Park* Southamptons, am *Artesischen Brunnen.*

***

## DER SCHWUR

Dem angeregten Stimmendurcheinander und dem Klingen der Gläser nach zu urteilen, war ein Konsens wohl schnell gefunden. Deville konnte in seinem Besprechungsraum lediglich Wortfetzten aus der Bibliothek vernehmen.

Nach einer Weile gesellte er sich jedoch hinzu und genoss auch ein Glas des edlen Weines. Schließlich traf man sich nur äußerst selten. Zur ausgemachten Zeit fand man sich wieder an dem runden Tisch ein. Die Stimmung schien jetzt wesentlich entspannter, ja geradezu beschwingt zu sein.

Deville ging zu einem reich verzierten Wandschrank, einer Art Tabernakel und entnahm ihm einen schweren, massiv goldenen Becher, welcher *‚Kelch des Nimrod‘* genannt wurde. Er füllte ihn mit dem erlesenen roten Wein.

Alle erhoben sich von ihrem Platz und Claude Deville führte den Kelch zum Herzen und tat folgenden Schwur:

*„Ich schwöre dem ewigen, allmächtigen Erbauer der Welten meine uneingeschränkte Gefolgschaft und Treue. - Sein Wille sei mein Gesetz!“*

Darauf nahm er einen Schluck und reichte den Becher an den chinesischen Teilnehmer der gespenstischen Szene weiter. Dieser wiederholte den babylonischen Ritus dieses uralten Baals Kultes und reichte den Kelch weiter. Der Rest des Abends verging damit, weitere Einzelheiten, den Goldtransfer und andere logistische Erwägungen betreffend, zu besprechen.

***

## DIE BRUDERSCHAFT

Der *Atresien Well* ist lediglich ein Relikt aus vergangenen Tagen. Die artesische Quelle, die im weitläufig angelegten Stadtpark, des Southampton *„Common“,* einst mehrere Meter in die Höhe schoss, diente früher der öffentlichen Wasserversorgung.

Die Quelle versiegte jedoch und wurde 1885 mit einer Steinplatte verschlossen, auf der heute lediglich eine Inschrift daran erinnert.

Als Chris am Treffpunkt eintraf, erwartete *Phil* ihn bereits, an einen Baum gelehnt. Es waren nicht viele Menschen unterwegs an diesem wolkenverhangenen Spätherbsttag.

Entschlossen gingen sie aufeinander zu und gaben sich wortlos die Hand.

*„Ich habe Sie mir älter vorgestellt“,* brach Chris das Schweigen.

*„Das geht mir oft so.“,* entgegnete Phil, *„Ich bin älter, als du denkst. Aber, was ist schon Zeit?“*

Amüsiert bemerkte Chris den verschmitzten Ausdruck in Phils Augen.

Phil war ein drahtiger gutaussehender Mann in seinen besten Jahren, der Chris sofort sympathisch war. Seine jugendliche Erscheinung passte irgendwie nicht zu der unergründlichen Tiefe seines gütigen Blickes.

*„Wollen wir 'rüber zum Seeufer gehen und uns auf eine Bank setzen, Chris? - Ich darf doch Chris sagen, oder?“ „Ja sicher Phil. Ein paar Schritte werden uns guttun.“*

Kaum hatten sie sich niedergelassen, wurden sie von einer zutraulichen Schar von Blesshühnern, Enten und Möwen umringt - sogar ein Schwan kam angewatschelt, so, als wüssten sie, dass Phil vorgesorgt hatte. Er zog einen Beutel mit Brotresten aus seiner Manteltasche hervor und warf diese geduldig den Vögeln zu.

*„Chris, du wunderst dich bestimmt über meinen gestrigen, überfallartigen Anruf bei dir. Ich denke, ich bin dir einige Erklärungen schuldig:*

*Ich bin Abgesandter einer uralten Gemeinschaft auf dieser Erde. Viele nennen sie die 'Weiße Bruderschaft'. Wir bezeichnen uns als 'Hüter vor dem Thron'. Die meisten von uns sind Verkörperungen alter Seelen aus dem Erdkreis, viele sind aber auch unter uns, die aus anderen Sonnensystemen oder gar aus weit entfernten Galaxien hierhergekommen sind, um einen freiwilligen Dienst an der Menschheitsfamilie zu leisten. Unsere Zahl ist in den letzten Jahren immer weiter angewachsen, weil die sich zuspitzende Zeitqualität dies erforderlich macht.*

*Die andere Seite hat eine empfindliche Niederlage erlitten und sie holt zu einem vernichtenden Gegenschlag aus. Es geht ihr ums Überleben!*

*Diese Dunkelmächte ernähren sich ausschließlich von unseren negativen Emotionen wie Angst, Hass, Streit, Neid, Geiz und so weiter. Somit sind sie also auf ständige Krisen, Spannungen, Katastrophen und Kriege angewiesen. Weil sie keinen Emotional Körper besitzen, ergötzen sie sich gewissermaßen an unserem Leid! Sie haben ihre Seelen vor Urzeiten bei dem in allen Aufzeichnungen der Weltreligionen beschriebenem Sündenfall verloren. In der Psychologie und Soziologie von heute werden sie als ‚Psychopathen' bezeichnet.*

*Eigentlich ist die Menschheit längst für den spirituellen Aufstieg bereit. Dazu würden bereits etwa zehn Prozent an Erwachten Seelen genügen. Die Seelenlosen jedoch arbeiten mit sämtlichen Mitteln an der Agenda zur weiteren Versklavung der Menschheit.*

*Den ‚Hütern vor dem Thron' ist es jedoch nicht gestattet, gegen kosmische Gesetze zu verstoßen, sodass wir den Menschen in der Geschichte stets nur einen kleinen Stups geben durften. Das Dilemma kann nur durch die Macht der universellen Liebe aufgelöst werden!*

*Ich denke, Chris, das ist erst mal genug für heute. Lass das mal sacken! Wenn du mehr wissen willst sowie auch den eigentlichen Grund unserer Kontaktaufnahme, dann lass uns in den nächsten Tagen telefonieren!"*

## DIE PYRAMIDE

Dr. Zhìxiàng ist eine ehrgeizige Wissenschaftlerin. Sie hat einen Lehrstuhl für Quantenmechanik und angewandte Parawissenschaften an der Tsinghua Universität in Peking. Als solche war sie es gewöhnt, mit hohen Funktionären der Kommunistischen Partei Chinas, der KPC, zu interagieren. Doch heute hatte sie ein mulmiges Gefühl im Bauch. Sie befand sich in der schweren gepanzerten Limousine des

Ministers für Technische Entwicklung und Wissenschaft. Der persönliche Chauffeur des Ministers sollte sie zu einem spontan anberaumten Treffen in dessen Dienstsitz bringen. Spontan ist eine niedliche Umschreibung der Tatsache, dass sie von zwei Mitarbeitern des Ministeriums für Staatssicherheit recht unvermittelt aus einer laufenden Vorlesung aus dem Audimax geholt und zum Wagen gebracht wurde. Man hatte ihr nicht mal Zeit gelassen, ihren Laptop mit der Präsentation ihrer Vorlesung runterzufahren. Bereits während der Fahrt beschlich sie die Vorahnung, es müsse wohl um ihre am offiziellen Fünfjahresplan vorbeifinanzierte Forschung zu den mysteriösen Artefakten aus der großen Pyramide im Qin-Ling-Shan-Gebirge gehen.

***

## DIE BESTIMMUNG

Chris war ziemlich aufgewühlt. Nicht, dass ihn all das, was Phil ihm offenbarte, beunruhigt oder er es gar als Unsinn abgetan hätte. Ganz im Gegenteil. Es war ihm, als hätte sein ‚Freund' in seinem Innersten einen seit langer Zeit verschütteten und vergessenen Schatz ausgegraben und zum Funkeln gebracht. Seine seit langer Zeit gehegten Ahnungen, seine unbestimmten Gefühle, seine latente Sehnsucht nach einem Sinn in seinem Leben, all das lag nun wie ein aufgeschlagenes Buch vor ihm: Das war seine Bestimmung!

Er fieberte dem nächsten Treffen mit Phil entgegen.

***

## HOHE POLITIK

Ein Sekretär führte Dr. Zhìxiàng in das reich getäfelte und mit Wandteppichmotiven aus der Kaiserzeit behangene Dienstzimmer des Ministers. Ein kleiner Springbrunnen plätscherte auf der Terrasse, die den Blick auf einen herrlichen Ziergarten freigab. Dr. Zhìxiàng war ganz allein im Raum. Sie stand an der Terrassentür und genoss den Ausblick. Sie ist eine energisch wirkende Mitfünfzigerin von etwas rundlichem Aussehen. Als kinderlose, unverheiratete Frau ging sie ganz in ihrem Beruf auf. Sie konnte eine gewisse Nervosität nicht verbergen. Was wollte der Minister von ihr? Plötzlich öffnete sich eine Tür, die sie zuvor gar nicht bemerkt hatte und zwei Herren standen im Raum. Der eine war ihr von einer Festansprache anlässlich einer Einweihungsfeier für eine neue Fakultät an der Universität bekannt. Es war der Minister. Der andere war eine 'Langnase', offensichtlich Europäer. Der Minister ging mit ausladenden Schritten auf sie zu und begrüßte sie mit Handschlag. Dann stellte er Dr. Zhìxiàng in gutem Englisch die ‚Langnase' vor:

*„Das ist Monsieur Deville, ein langer Vertrauter und Gönner unseres Hauses. Monsieur Deville, das ist Frau Dr. Zhìxiàng, Leiterin der Psi-Forschung, im Rahmen der Fakultät für Quantenmechanik. Aber wollen wir uns nicht setzen?*

*Frau Dr. Zhìxiàng, ich weiß nicht, wie gut ihr Englisch ist. Sollen wir einen Dolmetscher hinzuziehen?"*

*„Nein, ich glaube, das wird nicht nötig sein!"*

***

## UNGEDULD

Schon über eine Woche ließ Phil nichts von sich hören und Chris malte sich alle möglichen Szenarien aus, was der Grund sein mochte?

Der allgemeine Zusammenbruch der öffentlichen Ordnung, vor allem in den westlichen Metropolen, war auch an Southampton nicht spurlos vorübergegangen. Die meisten kleinen und mittelständigen Unternehmen waren bereits zusammengebrochen. Es herrschte hohe Arbeitslosigkeit und ein reger Schwarzmarkthandel.

So gut es ging, versuchte eine Notregierung aus Experten, Idealisten und Fachleuten aus der Kommunalverwaltung den Ausbruch völliger Anarchie unter dem Deckel zu halten. Trotz Ausgabe von Bezugsscheinen sowie dem Aufstellen von Notstandsplänen und Bürgerwehren gelang dies jedoch immer weniger.

Die Bevölkerung war gespalten, in Frustrierte, Verärgerte bis Wütende, die das Straßenbild beherrschten und in immer noch Ängstliche, die ihre Wohnungen aus Angst vor Ansteckung nicht verließen. Chris gehörte keiner dieser beiden Kategorien an. Er vertraute grundsätzlich nicht der Panikmache der Medien. Außerdem war er viel zu vertraut, mit der Deutung der Körpersprache der Politiker. Durch seine Kontakte zu seinem Elternhaus auf dem Lande hatte er niemals Hunger leiden müssen, zumal seine Ansprüche nicht gerade hoch waren.

Umso mehr war er erfreut eines Morgens einen mit der Hand geschriebenen Zettel in seinem Briefkasten zu finden:

*Wollen wir uns heute Mittag am Hafen treffen, vor dem 'Sea-City-Museum'?*

*13:00 Uhr! – Phil*

***

## KURZER DIENSTWEG

Minister Cheng Li war ein für chinesische Verhältnisse hochgewachsener Mann, mit energischen Zügen und durchdringendem Blick. Er stammte aus einem alten aristokratischen Geschlecht. Seine Familie hatte infolge seit Generationen gewachsener Beziehungen zu den Triaden Chinas die Kulturrevolution beinahe schadlos überstanden.

Er ging zu seinem Schreibtisch, drückte eine Taste an seinem Telefon und nahm wieder bei seinen Gästen am runden Besprechungstisch Platz. Kurz darauf brachte der Sekretär ein Tablett mit Jasmin Tee und Mandelplätzchen und verschwand diskret.

*„Frau Dr. Zhìxiàng, ich brauche Ihnen wohl nicht zu sagen, dass wir über unser heutiges Gespräch äußerstes Stillschweigen von Ihnen erwarten.“*, begann Cheng die Unterredung. *„Darf ich Sie nun bitten, Monsieur Deville über den neuesten Stand Ihrer Forschung zu unterrichten und natürlich auch, wie es dazu gekommen ist? Sie können vollkommen freisprechen!“*

*„Danke Euer Exzellenz! Das Ganze begann, als mein Großvater in den Jahren vor der Revolution als Archäologe an Ausgrabungen und Erkundungen im Zusammenhang mit Gerüchten um die Existenz einer großen Pyramide, im zentral-chinesischen Qin-Ling-Shan-Gebirge, teilnahm. Die Gerüchte konnten bestätigt werden. Die ganze Gegend ist heute, wie sie sicher wissen, militärisches Sperrgebiet.“*

*Dieses Bauwerk unterscheidet sich grundsätzlich von den unzähligen anderen in den ‚Pyramidenfeldern‘ bei Xi'an, was Form, Material, Grad der Verwitterung und, vor allem, deren Größe betrifft.*

*Diese ‘Weiße Pyramide‘, wie wir sie heute nennen, ist wesentlich höher als die Große von Gizeh. Sie zeigt so gut wie keine Verwitterungsspuren und weist exakt den gleichen Neigungswinkel auf, wie die in Ägypten. Es handelt sich mit Sicherheit um keine Grabstätte. Wir sind uns mittlerweile auch zu hundert Prozent sicher, dass sie außerirdischen Ursprungs ist!*

*Als mein Großvater mit seinem Team damals, unter der Begleitung von Geheimdienstmitarbeitern in das Innere gelangten, fanden sie einige rätselhafte Artefakte, darunter eine Anzahl an kleinen, circa zwanzig Zentimeter großen, durchsichtigen Kristallpyramiden mit dreieckiger Basis, sogenannte ‘Tetraeder‘.*

*Der schreckliche Vorfall, der sich seinerzeit zugetragen hat, wurde niemals öffentlich aufgeklärt und ist auch mir nur gerüchteweise bekannt: Als mein Großvater einen der Tetraeder berührte, soll er vollständig wesensverändert um sich geschlagen und mehrere Teilnehmer tödlich verletzt haben. Er konnte schließlich nur durch einen Schuss aus der Waffe eines Geheimdienstmannes gestoppt werden."*

*„Ich darf vielleicht noch einige Hintergrundinformationen hinzufügen"*, unterbrach Chen.

*„Mir liegt ein Dossier des Ministeriums für Staatssicherheit vor, das besagt, dass der Leichnam ihres Großvaters damals obduziert wurde. Da man zur damaligen Zeit zu keinem eindeutigen Ergebnis gekommen ist, wurde das Gehirn entnommen und in Formalin konserviert. Auch die Tetraeder wurden unter strengen Sicherheitsmaßnahmen sichergestellt. Bitte fahren Sie fort, Frau Dr. Zhìxiàng!"*

***

## AM HAFEN

Es war ein strahlender Herbsttag, als Chris mit dem Fahrrad am Hafen ankam.

Das ‚Sea-City-Museum' wurde nach dem Untergang der Titanic im Gedenken an die vielen Opfer, die die Stadt zu beklagen hatte, errichtet. Es ist normalerweise eine der touristischen Anziehungspunkte von Southampton. Seit dem Höhepunkt der ‚Pandemieerzählung' für Besucher jedoch geschlossen.

Phil stand plötzlich, wie aus dem Nichts gekommen, neben ihm.

*„Schön, dass dich meine Nachricht erreicht hat. Lass uns die hundert Schritte hinüber zum ‚Watts Park' gehen! Dort sind wir ungestört."*

Chris nahm sein Fahrrad, das er an einen Laternenpfahl gelehnt hatte und sie gingen zu einer geometrisch angelegten kleinen Parkanlage. In dessen Mitte befand sich ein Rondell mit dem Monument des vor dreihundert Jahren als Sohn der Stadt wirkenden Hymnenverfassers Isaak Watts.

Der Park war menschenleer und sie nahmen auf einer der wenigen Steinbänke Platz. Die Mittagssonne blinzelte durch die Wipfel der alten Ahornbäume und ein paar Tauben scharrten im Gras. Chris war fast am Platzen vor ungewisser Erwartung.

*„Chris, wie ist es dir die letzten Tage ergangen?"*, brach Phil das Schweigen.

*„Ich müsste lügen, wenn ich sagen würde, dass mich unser Gespräch nicht ziemlich beschäftigt hätte. Deine Worte sind mir sehr nahegegangen. Du hast in mir eine schlafende Erinnerung wach geküsst, sozusagen dazu gebracht, zu mir selbst zu finden."*

*„Das freut mich, Chris. Ich muss meine Worte sorgfältig wägen, um dich nicht zu erschrecken. Weißt du, meine Brüder und ich, wir haben dich seit Jahren beobachtet und dich verschieden Aura-Scans unterzogen. Dabei sind wir zum Ergebnis gelangt, dass du eine sehr alte Seele bist. Infolge verschiedener, einschneidender Erlebnisse ist, sozusagen als Selbstschutz, dieses Wissen nicht voll in dein Wachbewusstsein gelangt. Dadurch, so glauben wir, hast du dir eine Reinheit deiner Seele bewahrt, die auf dem Planeten nur selten zu finden ist.*

*Wir haben Großes mit dir vor. - Soll ich weitererzählen?"*

## QUANTENPHYSIK

Dr. Zhìxiàng fuhr weiter *„Vor einigen Jahren wurden Aufnahmen des Gehirns mit CT-Rotationsscannern gefertigt und von Medizin-Kollegen ausgewertet. Dabei erhielten wir die Information, dass es in diesem Fall wohl zu einer außergewöhnlichen Spontanvergrößerung der*

*'Amygdala', des sogenannten Mandelkerns im limbischen System gekommen sein muss. Das limbische System im Zentralhirn steuert die vom Willen nicht beeinflussbaren Reaktionen des Menschen bei Stresssituationen oder in Angstzuständen. Es entscheidet in Sekundenbruchteilen, ob ein Individuum sich einem Kampf stellt oder die Flucht ergreift. So viel zur medizinischen Betrachtung.*

*Aufgabe unserer Forschung war jetzt, herauszufinden, in welchem Zusammenhang wohl die Kristallpyramiden bei dem damaligen Vorfall standen?*

*Dass man, fast unbegrenzt, Informationen und Daten in kristallinen Speichermedien über Millionen von Jahren konservieren sowie, mittels LED-Technik, ein- und auslesen kann, ist heute wissenschaftlicher Konsens. Ich darf jedoch in aller Bescheidenheit bemerken, dass wir einen entscheidenden Schritt weitergekommen sind.*

*Wir konnten beweisen, dass die Erbauer der ‚Weißen Pyramide' offenbar in der Lage waren, nicht nur Daten und Informationen in den Pyramiden zu speichern, sondern auch Gefühlszustände und Emotionen. Wir gehen davon aus, das ergeben eindeutig inzwischen entschlüsselte Daten der Kristalle, dass sie selbst keine Emotionen empfinden konnten. Deshalb haben sie bedauernswerten Erdenbewohnern der damaligen Zeit diese abgetrotzt und gespeichert. Wir konnten neben Aggression und Todesangst auch Apathie, Agonie, Melancholie und dergleichen in den übrigen Kristallen nachweisen.*

*Quantenphysikalischen Ansätzen folgend haben wir auch Gesetzmäßigkeiten der möglichen Übertragung auf in der Nähe befindliche Personen entdeckt. Derzeit arbeitet mein Team an der Möglichkeit, die Inhalte der Kristalle Radiowellen aufzumodulieren."*

Cheng Li glaubte, während des Vortrages von Dr. Zhìxiàng ein immer breiter werdendes Grinsen in Devilles Gesicht zu bemerken.

*“Monsieur Deville, ich denke, wir haben in Frau Dr. Zhìxiàng genau das gefunden, was Sie suchen. - Was meinen Sie?“*

*„Gute Arbeit, Exzellenz! Ich glaube, ich werde mich, mit Ihrer Erlaubnis, mit Frau Dr. Zhìxiàng unter vier Augen weiter unterhalten. Wir bleiben in Verbindung!*

*Ach, Frau Dr. Zhìxiàng, wenn Sie wollen, können wir uns in meinem Wagen weiter austauschen. Ich glaube, wir haben den gleichen Weg.“*

***

## DIE MISSION

Chris blickte Phil mit einem Lächeln an und nickte. *„Ja, Phil. - Jetzt hast du mich neugierig gemacht. - Ich will alles wissen“.*

Phil schloss die Augen und Chris wusste nicht, war es wegen der Herbstsonne, die ihn blendete oder weil er *nachdachte*.

*„Die Tage der Dunkelmächte auf dieser Erde sind gezählt! Um die Zeit hinauszuschieben, haben sie nur noch die eine Möglichkeit, alles auf eine Karte zu setzen. Das heißt: Sie müssen die Menschheit am weiteren spirituellen Erwachen hindern. Dabei haben sie mächtige Mitstreiter in Politik und Medien.*

*In der Wissenschaft geht man von einem Anteil von circa zwei Prozent an Psychopathen in der Bevölkerung aus. Wir nennen sie ‘Seelenlose‘. Darüber haben wir bereits gesprochen. Bei Insassen von Gefängnissen vermutet man hingegen an die 25 Prozent. Das heißt: Bei den Dreivierteln, welche nicht im Gefängnis sind, handelt es sich wohl um die Intelligenteren. Schließlich haben sie sich (bis jetzt) nicht erwischen lassen.*

*Und diese Leute, übrigens häufiger Männer, haben ein ausgeprägtes Karrierestreben, sind also leicht mit Geld käuflich oder mit der Aus-*

*sicht auf Machtausübung zu ködern. Die Dunklen können beides endlos einsetzen. Zuvor wird meist noch gezielt kompromittierendes Material gesammelt. Das können Beweise für Vorteilsannahmen oder peinliche Mitschnitte bei sogenannten 'Honigfallen' sein. Der Fall Epstein spricht Bände!*

*Wenn sie dann einmal an den Schnüren der agierenden Puppenspieler hängen, sind sie erpressbar und sie werden nach vorgegebenem ‚Drehbuch' handeln.*

*Wenn du die Tagespolitik mit diesem Wissen betrachtest, wird dir vieles klarer erscheinen.*

*Warum glaubst du, dass in allen großen Presseorganen der gleiche Tenor, oft sogar mit selbem Wortlaut, steht? - Weil es weltweit nur wenige große Medienkartelle gibt, deren Besitzer alle im selben ‚Kult' verbunden sind!*

*Warum sind die öffentlichen Fernsehprogramme alle scheinbar gleichgeschaltet? Weil die Personen in den Rundfunkräten und Aufsichtsgremien alle aus großen Institutionen wie Politik, Medien, Gewerkschaften sowie Wissenschaft und Religion rekrutiert sind, deren Spitzen das ‚Drehbuch' kennen und verfolgen!*

*Warum siehst du, falls du immer noch TV-Nutzer bist, in allen Talkshows immerzu die gleichen Köpfe aus den genannten 'Echokammern'? - Ich glaube, die Antwort kann ich mir sparen!*

*Warum marschiert das Fußvolk in den genannten Institutionen fleißig mit? - Weil sie oft unverschämt gut bezahlt werden - böse Zungen behaupten, es wäre Schweigegeld - oder weil sie, wenn sie die 'falschen' Fragen stellen, sofort ins Abseits gestellt werden und mit Jobverlust rechnen müssen!*

*Aber jetzt hat die Matrix einen Riss bekommen! Der Super-GAU für die Elite ist, dass sie sich der Loyalität und Gefolgschaft von Polizei und Militär nicht mehr sicher sein können! Aber bekanntlich sind in die Enge getriebene Raubtiere unberechenbar. Zwar sind unsere Widersacher abgrundtief gefallene Wesen, nur eines sind sie nicht - dumm!*

*Wie uns einige unserer ‚Späher' zugetragen haben, macht sich der Gegner zum entscheidenden Gefecht bereit. Es braut sich etwas zusammen!*

***

## DER FLEISCHERHUND

Fernand, so hieß Cerbére mit Vornamen, wartete seit über zwei Stunden auf seinen Herrn im Auffahrtsrondell des Ministeriums. Die schwere Maybach-Limousine hatte er längst verlassen, um sich auf eine Bank an dem nahen Zierteich zu setzen.

Er gab ein etwas merkwürdiges Bild ab, wie er mit seiner Größe von über zwei Metern und den geschätzten 110 Kilo Gewicht, nachdenklich den edlen Koi-Karpfen zusah, die sich wie in Zeitlupe zwischen den Seerosen bewegten.

Der Umzug von Paris nach Beijing war, als Plan „B", seit Jahren vorbereitet worden, hatte aber dann im Strudel der Ereignisse doch etwas überstürzt stattgefunden. Fernand hatte keine Bindungen an Frankreich und er war Deville voll ergeben.

Er wurde, wie man ihm erzählte, von Devilles Vater im Babyalter aus einem Asyl für Waisenkinder geholt. An seine Kinder- und Jugendjahre hatte er, seltsamerweise, nur blasse, bis keine Erinnerung. Nur manchmal, in seinen Träumen, stiegen verstörende Bilder in ihm hoch, die er jedoch immer wieder sofort verdrängte. Er konnte doch den Devilles unendlich dankbar sein, dafür, dass er, trotz seiner Vorgeschichte hier ein sinnvolles Leben führen konnte.

Er fand es auch aufregend, ständig in diesen elitären, höhergestellten Kreisen verkehren zu dürfen. Über die Sinnhaftigkeit der Unternehmungen seines Chefs hatte er nie nachgedacht und er konnte und wollte sie auch nicht einschätzen oder gar bewerten.

*„Fernand, hier bist du ja! Willst du dich neuerdings vom Chauffeur zum Ichthyologen umschulen?"*

Fernand wusste zwar nicht, dass *Ichthyologe* die korrekte Bezeichnung für einen Fischkundler ist, aber ihn einen Chauffeur zu nennen, zeigte ihm, dass Deville ihn lieber beim Wagen hätte warten sehen.

Als persönlicher Sekretär war ihm dieser Job jetzt auch noch zugefallen, da sein Chef kein Zutrauen in einen chinesischen Fahrer hatte, was man ja auch wieder als Lob für ihn auffassen konnte.

Pflicht schuldigst ging er zum Wagen und öffnete beide Fondtüren, da Deville ja anscheinend von einer Chinesin begleitet wurde.

Auf der gegenüberliegenden Straßenseite der Einfahrt zum Ministerium konnte der als Service-Mitarbeiter der Stadtwerke getarnte Kundschafter gerade noch mit seinem Horchpeilgerät von der Leiter steigen. Hastig verstaute er das Equipment in dem SAIC-Transporter. *„Hast du die Wanze im Maybach untergebracht?"*, fragte er seinen Kollegen im Innern des Lieferwagens, auf Chinesisch.

*„Ja, was denkst du?"*, war die Antwort.

Eilig sprangen sie ins Fahrerhaus, um die Verfolgung des Zwölfzylinders aufzunehmen, der gerade die Auffahrt zum Ministerium verließ und sich in den nachmittäglichen Verkehr einfädelte.

***

## DUALSEELEN

*„Hast du schon mal was von Dualseelen gehört, Chris?"*, fragte Phil und warf einem Eichhörnchen eine Erdnuss zu. *„Nein?"* - *„Der griechische Philosoph Platon schrieb einst, dass zu Anbeginn der Menschen sich die Seelen in zwei Hälften trennten. Von da an, seien sie dazu verurteilt gewesen, sich nach ihrer zweiten Hälfte zu sehnen und dem Drang zu folgen, sich mit ihr zu vereinen. Die Allegorie der in vielen Religionen verankerten Mythen über eine Geschichte von Adam und Eva, von der auch die Bibel erzählt, mag hierzu eine gute Erklärung liefern.*

*Man spricht daher von 'platonischer Liebe', der Zuneigung zweier Seelen, im Gegensatz zu der 'erotischen Liebe', die rein körperlicher Natur ist. Daneben unterscheidet unsere Sprache auch noch die ‚geistige Liebe', welche sich auf die Natur, die gesamte Schöpfung und auf Gott bezieht. Man nennt sie ‚Agape'.*

*Es ist jedoch eher selten, dass die beiden Seelenanteile zueinanderfinden. Erstens, weil nicht immer beide zur gleichen Zeit inkarniert sind. Zweitens, weil die meisten Menschen sich bei der Partnersuche von sexueller, also körperlicher Anziehung leiten lassen. Das ist auch gut so, weil die Natur so dafür sorgen kann, möglichst gesunde Nachkommen hervorzubringen.*

*Neben der rein erotischen Zuneigung finden und binden sich viele Paare wegen übereinstimmender Interessen, Neigungen und Überzeugungen. Kommen jedoch zwei Dualseelen zusammen, finden sie in der anderen die totale Ergänzung und bilden somit das Integral ihrer Urseele. Das geht zuweilen mit Irritationen einher, birgt aber ein ungeheures Potenzial an Möglichkeiten der karmischen Auflösung.*

*Im Falle eines Aufeinandertreffens der beiden Anteile einer sehr hoch entwickelten Seele kann dies ungeahnte und gravierende Auswirkungen auf die gesamte Menschheit haben. Ich stütze mich hierbei auf positive Erfahrungen unserer Sternengeschwister, die diese vor kurzem auf einem erdähnlichen Planeten im Zeta Reticuli System machen konnten.*

*Soll ich dir ein Lächeln auf dein Gesicht zaubern, Phil?"*

Dieser hörte schon eine Weile mit geröteten Ohren und weißer Nasenspitze zu. Seine etwas unverständlich gegluckste Antwort hörte sich an wie *„Ja, bitte!"*

***

## FREUND UND FEIND HÖREN MIT

Frau Dr. Zhìxiàng und Deville hatten im geräumigen Fond des Wagens Platz genommen. *„Frau Doktor, nennen Sie Fernand bitte ihre Destination?"*

Nachdem der Wagen gestartet war, betätigte Deville einen Schalter und die schwere Scheibe aus Panzerglas, die den Fond vom Fahrerhaus trennte, fuhr lautlos hoch. Einem unerklärlichen inneren Impuls folgend unterdrückte Fernand für einen Moment seine Loyalität und vergaß die gewohnte Diskretion. Von seinen Fahrgästen im Fond unbemerkt schaltete er den Mithörmodus ein.

*„........nennen Sie Fernand bitte ihre Destination?"*, krächzte es aus dem Lautsprecher des Transporters. *„Hoffentlich hängen die uns nicht ab!"*, war ein Kommentar, *„Nicht bei dem Verkehr!"*, *ein anderer. „Hinten wird alles aufgezeichnet. Das Signal geht mindesten fünf Kilometer weit!" - „OK!"*

***

## UND IMMER LOCKT DAS GELD

*„Liebe Frau Dr. Zhìxiàng, sie fragen sich sicher, wer ich bin und was ich von Ihnen will. Lassen Sie mich daher gleich zur Sache kommen. - Wer ich bin, das ist nicht so wichtig. Oder sagen wir: Ich bin ein Freund Ihrer Regierung. - Was ich von Ihnen will? - Nun ja, um ehrlich zu sein, bis zu Ihrem Vortrag beim Minister war ich mir nicht sicher. Doch jetzt bin ich vollends davon überzeugt: Ich will S i e! - Das heißt, ich möchte, dass Sie für mich arbeiten! Sie brauchen nichts anderes zu tun, als lediglich an Ihrer Forschung weiterzuarbeiten. Ich biete Ihnen Folgendes: unbegrenzte Mittel für Ihr Team sowie einen offiziellen, hoch dotierten Forschungsauftrag für Ihre Fakultät.*

*Und für Sie persönlich, liebe Frau Dr. Zhìxiàng, kann ich garantierte Erstveröffentlichungen Ihrer Arbeiten in den renommiertesten internationalen Wissenschaftsmagazinen versprechen und, was nicht fehlen darf: - Ein erklecklich gefülltes Edelmetalldepot auf einem anonymen Konto bei einer Bank in Hongkong!"*

*„Wo ist der Haken, Monsieur Deville?"*

*„Gut, dass Sie das fragen. Der Haken ist, Sie und ihr Team müssten sich für 12 - 18 Monate beurlauben lassen und Ihre Arbeit in einem Militärstützpunkt in Nordkorea aufnehmen. Wie finden Sie das?"*

*„Wieso Nordkorea?"*

*„Ich denke, Ihrer Führung ist an größtmöglicher Diskretion gelegen.",* antwortete Deville mit süffisantem Grinsen. - *„Also, was sagen Sie?"*

*„12-18 Monate? Garantierte Veröffentlichungen? - Ein wie großes Depot? „Es freut mich, Frau Dr. Zhìxiàng, dass wir uns einig sind! Sie hören von meinem Anwalt wegen der Verträge. Mit Ihrem Dekan ist so weit schon alles geregelt!“*

***

## DAS DOSSIER

So schnell, wie es der einsetzende Berufsverkehr zuließ, steuerte der Transporter auf ein abgelegenes Anwesen im Nordwesten Pekings zu. Han und Huan wechselten die Kennzeichen und verstauten sie zusammen mit den Overalls, auf denen das Emblem der Stadtwerke prangte, in einem Versteck.

Im Keller des Anwesens befand sich ein konspirativer Stützpunkt der verbotenen *Falun Gong*-Bewegung.

Han startete den PC und Huan zog das Abhörprotokoll auf einen Stick, von wo es über verschlüsselte E-Mails an einige ausländische Adressaten gelangte.

***

## FALUN GONG

*Falun Gong* ist eine spirituelle Bewegung in China und anderen östlichen Ländern. Sie baut auf buddhistischen Elementen, Konfuzianismus, Taoismus und ähnlichen Glaubenssätzen aufbaut, die auf der Karmalehre beruhen. Dabei stützt sie sich auf die drei Hauptelemente *Wahrheit, Barmherzigkeit* und *Nachsicht.*

Ihrer Überzeugung nach beruht alles persönliche und kollektive Leid der Menschen auf Verstößen gegen diese Grundsätze. Das Zentralkomitee der kommunistischen Partei Chinas hat diese Bewegung 1999 verboten und sie wird seitdem politisch verfolgt.

Auch die beiden großen christlichen Amtskirchen stehen *Falun Gong* eher reserviert oder ablehnend gegenüber. Könnte dies vielleicht damit zusammenhängen, dass der Reinkarnationsglaube, der bis dahin fester Bestandteil des Urchristentums war, 553 in dem Konzil von Konstantinopel endgültig aus dem Glaubensbekenntnis der Kirche entfernt wurde?

Einen Herrschaftsanspruch kann man schließlich auch wesentlich leichter durchsetzen, wenn die Existenz des Menschen auf diesem Planeten lediglich eine einmalige Angelegenheit ist. Nach einem nicht wohlgefälligen Leben im Diesseits, drohen ihm, nach dem physischen Tod, dann praktischerweise Fegefeuer oder ewige Hölle!

Die große Anzahl an Kirchenaustritten der letzten Jahre mag auch damit zusammenhängen, genauso, wie die Tatsache, dass die Amtskirche sich mehr und mehr mit sich selbst beschäftigt (Stichwort: Missbrauchsfälle), als mit den großen Problemen der Menschheitsfamilie.

Auch haben es die westlichen Glaubensgemeinschaften tunlichst versäumt, sich bei den drängenden politischen Fragen mit spirituellen Argumenten gegen die Politik der Herrschenden zu stellen.

Dies könnte dem bösen Gerücht neue Nahrung geben, indem der Fürst den Bischof am Arm fasst und zu ihm gewandt tuschelt:

*„Halt du sie dumm, ich halt sie arm!“*

***

## OFFENBARUNG

*„OK, Chris! - Also, ich habe dir ja bereits gesagt, dass wir auf dich infolge von Aura-Scans aufmerksam geworden sind. Und, - halt dich fest! - Unsere Kundschafter haben deine Dualseele ausfindig gemacht!*

*Es wurde mit allen möglichen Parametern und Algorithmen durchgecheckt: Die Person ist nicht nur seelenverwandt mit dir, nein, sie hat zu hundert Prozent zu deiner Seele komplementäre Anteile. Das soll heißen, ihr habt so gut wie nichts gemeinsam, aber zusammen, ergänzt ihr euch vollkommen. Oder, anders ausgedrückt: Ihr wart vor dem Sündenfall eine vollkommene Urseele! –*

*Ein Irrtum ist ausgeschlossen!“*

Chris hatte gebannt, wie ein kleines Kind, das dem Vater einer Erzählung von einem versunkenen Goldschatz lauscht, zugehört.

*„Wer ist es?“*, fragte er ungeduldig.

*„Sie heißt Elena, ist sechsundzwanzig und lebt in Chile. Ihre Eltern kamen vor Kurzem bei einem mysteriösen Autounfall ums Leben. Seitdem versorgt sie ihre jetzt neunjährige Schwester.*

*Elena weiß nichts von dir!“*

*„Mysteriöser Autounfall?“*

*„Ja, Dirk Schumann, Elenas Vater war als Wissenschaftler für das SETI-Programm am ALMA Radioteleskop in der Atacama-Wüste in Chile beschäftigt. SETI (**S**earch for **E**xtra**t**errestrial **I**ntelligence) hat auf Basis internationaler Verträge an der astronomischen Großanlage für das deutsche Max-Planck-Institut ein Mitbenutzungsrecht.*

*Dr. Schumanns Frau Sara begleitete ihren Gatten des Öfteren für mehrere Tage, um ihn in dem auf fast 3000 m Höhe gelegenen Basiscamp bei Computerauswertungen zu unterstützen. Das eigentliche Antennen-Array befindet sich auf circa 5000 m Höhe.*

*Vor etwa zwei Jahren, durchbrach ihr Geländewagen auf dem Weg nach Hause auf gerader Strecke, ohne einen ersichtlichen Grund, eine Böschungsmauer. Beide waren sofort tot.*

*Wir gehen von einem gezielten Anschlag aus."*

*„Wie kommst du darauf, Phil?"*

*„Die Policía Provincial von Antofagasta hat protokolliert, dass im Fahrzeug nach etwas gesucht wurde. Die Ermittlungen sind aber inzwischen eingestellt worden.*

*Die Vermutung eines Anschlages wird durch mitgeteilte Informationen unserer Brüder von 'Alpha Centauri' und von ‚Altair' im Sternbild ‚Lyra' erhärtet, wonach Elenas Vater wohl deren außerirdische Signale dekodieren konnte.*

*Es sei sogar mehrmals, einmal auch zusammen mit seiner Frau, zu physischen Kontakten gekommen!"*

## KOMMUNISTISCHE BRUDERHILFE

Emsig, wie die Ameisen schleppten unzählige Militärs und Parteisoldaten in graugrünem Drillich wissenschaftliche Geräte und Ausrüstungsgegenstände aus dem Zug. Er war, von Pjöngjang kommend, im Norden Nordkoreas, im Changbai-Gebirge, in einem tiefen unterirdischen Stollen verschwunden. Dieser war durch den massiven Ausbau einer alten Kupfermine entstanden und diente nun einer militärischen Einheit als Basis.

Unter den strengen Augen von Dr. Zhìxiàng wurde alles auf batteriebetriebene Plateau-Transportwagen verstaut und tief ins Innere des Bergmassivs befördert.

Gleichzeitig standen die Arbeiten zur Errichtung einer Transmitter-Station unterhalb des über 2700 m hohen Paektusan, dem höchsten Gipfel des Gebirgszuges, kurz vor der Vollendung.

Dass dies alles in einer rekordverdächtigen Spanne von nur etwas mehr als drei Monaten verwirklicht wurde, liegt an der tatkräftigen Unterstützung der chinesischen Seite, was die Logistik betrifft, sowie an der straffen Organisation im politischen Systems der Demokratischen Volksrepublik Korea. Entscheidend für das Zustandekommen einer Zusammenarbeit zwischen den Vertragspartnern dürfte allerdings die Übereignung von zehn Tonnen physischer Goldbarren gewesen sein.

Diese hatten, nach dem totalen Zusammenbruch des internationalen Zahlungs- und Währungssystems sowie der Totalauflösung des ‚Papiergoldmarktes' einen um das Vielfache gesteigerten Wert, im Vergleich zur Zeit vor der Krise.

Für das prinzipiell an Devisen arme Land war dies ein überzeugendes Argument, das dankbar angenommen wurde.

Bereits weitere zwei Wochen später war das System betriebsbereit. Jetzt mussten nur noch die Tetraeder aufgeladen und die Transmitter für die Star-Connect-Satelliten kalibriert und ausgerichtet werden.

Vordergründig vermarktete das Firmenimperium, des visionären Unternehmers John Escum Star-Connent lediglich als Programm zum flächendeckenden, weltweiten Internetzugang. Insider waren sich jedoch einig, dass das Ganze sicherlich auch im Zusammenhang mit dem hauseigenen Neuro-Connect-Programm zu sehen war.

Bei diesem Vorhaben ging es letztendlich darum, im Gehirn des Menschen eine Schnittstelle zwischen einer Maschine und dem Individuum zu schaffen. Dies würde natürlich, langfristig, den von Gott gegebenen freien Willen des Menschen ausschalten und somit gegen sämtliche Gesetzte der Ethik verstoßen.

Allerdings ist dieses Programm ins Stocken geraten, nachdem die Krise entgegen den Plänen des Kultes aus dem Ruder gelaufen war. Der für das Funktionieren von Neuro-Connect vorausgesetzte Ausbau der 5G und 6G Mobiltelefon-Netze ist vorerst weltweit gestoppt.

Das Star-Connect Programm hingegen ist in einer ersten Ausbaustufe bereits im kommerziellen Betrieb.

***

## IM EXIL

Dr. Zhìxiàng war äußerst euphorisch an die Arbeit in Nordkorea gegangen. Zwar war die Unterkunft, tief im Berg, nicht gerade das Hilton Beijing, eher spartanisch, aber ordentlich.

Was die Arbeitsbedingungen im Laboratorium betraf, war sie mehr als zufrieden. Sie konnte nach Belieben schalten und walten und es mangelte an nichts. Auch waren ihr drei Mitarbeiter von der Universität gefolgt, sodass ihre Arbeit fast ungehindert weitergehen konnte.

Ihr persönlich zugeteilter Verbindungsoffizier Mr. Hain war zwar ein 110-prozentiger Parteisoldat, schien aber sehr ergeben zu sein und las ihr gewissermaßen jeden Wunsch von den Augen ab.

Auch die Verständigung war für sie nicht schwer. Die Stadt Shenyang, in der sie geboren wurde, liegt nur circa zweihundert Kilometer nördlich der Grenze und der dort gesprochene Dialekt ist der koreanischen Sprache sehr ähnlich. Lediglich die Schriftzeichen stellten wegen ihrer Verschiedenheit eine ernste Hürde dar.

Monsieur Deville hatte sich vertraglich ausbedingen, das Medium zum Aufladen der Kristalle zur Verfügung zu stellen und keine Fragen darüber aufkommen zu lassen. Eine Übergabe war in 4-5 Tagen angekündigt, sodass sich Dr. Zhìxiàng auf einige freie Tage freuen konnte.

Mr. Hain, der sie ohnehin auf Schritt und Tritt begleitete, bot sich an, die unberührte Natur der umgebenden nordkoreanischen Bergwelt mit ihr zu erkunden. Da ihr der Aufpasser mittlerweile sogar sympathisch geworden war, sagte sie erfreut zu. Auch war sie froh, nach der künstlichen Beleuchtung in dem Tunnelsystem mal wieder die Sonne zu sehen. Daraufhin machten sie einige Tagesausflüge, teils mit dem bereits in die Jahre gekommenen Armee-Jeep oder zu Fuß.

## VERWANDTENBESUCH

Claude Deville saß in der Lounge seines *Dassault Falcon 7X* Privatjets. Er war auf dem Weg von Beijing über San Francisco zum *Homey Airport*, auf dem militärischen Sperrgebiet *Groom Lake*, in Nevada, das im Volksmund *Area 51* genannt wurde.

Für ihn war es, mit all seinen Diplomatenpässen der verschiedensten Staaten und dem Besitz einflussreichster Geheimnummern möglich, auch kurzfristig Start- und Landeerlaubnis für solch heikle Missionen zu erlangen. Er hatte sich spontan entschlossen, das Medium für das Laden der Tetraeder direkt und persönlich, sozusagen an der Quelle zu besorgen. Das bot den Vorteil enormer Zeitersparnis und gab auch der Möglichkeit unliebsamer Zwischenfälle den geringsten Raum. Außerdem konnte er nach langer Zeit wieder einmal seinen Spiritus Rektor und entfernten Verwandten kontaktieren.

***

## ELENA

Elena lebte nach dem Tod ihrer Eltern allein mit ihrer kleinen Schwester Selina im Apartment der Familie in *Antofagasta*, der am Pazifik gelegenen Hafenstadt, am Fuß des Hochplateaus der Atacama-Wüste.

Nachdem einmal in deren Abwesenheit die ganze Wohnung von Unbekannten, die offenbar nach etwas gesucht hatten, vollkommen durchwühlt wurde, trug sie sich mit dem Gedanken wegzuziehen. Den letzten Anstoß bekam sie, nachdem die Polizei den ‚Unfall' nicht aufklären konnte oder wollte und die Akte schloss.

Glücklicherweise fand sie mit ihrer Schwester Selina bei den Großeltern, mütterlicherseits, in der circa 1300 km südlich gelegenen Hauptstadt Santiago Unterschlupf.

Diese bewohnten ein herrschaftliches Anwesen im Herzen von Santiagos Altstadt, nahe der Plaza de Armas. Ihre Vorfahren konnten während der deutschen Besetzung Griechenlands 1942 noch rechtzeitig aus Thessaloniki entkommen und in Chile eine neue Existenz aufbauen.

Trotzdem war die Lage alles andere als rosig. Elena war schließlich gezwungen, ihre Anstellung als Erzieherin bei der Internationalen Schule in Antofagasta aufzugeben. Außerdem haben sich die Ersparnisse ihrer Eltern im Zuge der weltweiten Depression nahezu in Luft aufgelöst. Als absoluter Glücksfall erwies es sich, dass sie die Tantiemen als Autorin von Kinderbüchern, die sie in ihrer Freizeit verfasste, einer inneren Stimme folgend, in Silbermünzen angelegt hatte.

Damit konnte sie die wichtigsten Dinge des Lebensunterhaltes am Schwarzmarkt eintauschen. Elena hatte trotz aller Widrigkeiten eine überaus positive Grundeinstellung, dem Leben gegenüber. Außerdem vertraute sie ihrer angeborenen Frohnatur sowie ihrer untrüglichen Intuition. Irgendwas in ihr ließ sie ahnen:

*Der Mensch denkt und Gott lenkt. Alles wird sich fügen!*

***

## BASEMENT - 13

Die *Dassault Falcon 7X* setze, wie mit Katzenpfoten auf der Piste des *Homey Airport* auf. Vom Tower wurde den Piloten der Maschine eine Parkposition zugewiesen. Ein hoher Geheimdienst-Offizier rollte mit seinem *Hummer EV* an, begrüßte Deville mit militärischem Salut und fuhr mit ihm zu einem weiter entfernt stehenden Gebäudekomplex, der von Insidern ‚*E.T.-Hotel*' genannt wurde.

Nach einigen Formalitäten, wie peniblen Identitäts- und Sicherheitstest, ging es mit einem Lastenaufzug in die Tiefe. Immer wieder kam es Deville wie eine Ewigkeit vor, doch schließlich hatte man *Basement -13* erreicht.

Sein Begleiter, er hatte sich als Cliff vorgestellt, öffnete einige mit Iris-Scan gesicherte Sicherheitsschleusen. Schließlich traten sie in einen höhlenähnlichen, wesentlich höheren Raum, dessen breitere Seite von einer dunklen Panzerglaswand begrenzt wurde.

Die Oberfläche der Wände und Decken war unregelmäßig und hatte die Anmutung von geschmolzenem Felsgestein.

Cliff bat Deville, an einem kleinen Konferenztisch Platz zu nehmen und betätigte einen Schalter. Daraufhin begann sich die Farbe der Panzerglaswand zu verändern. Sie wurde, wohl aufgrund eines *Thermochrom-Effektes*, immer transparenter und gab schließlich den Blick frei, auf eine gespenstische Szenerie.

Wie aus einem Science-Fiction-Film tat sich eine riesige Halle von enormer Höhe auf. Diese war vom emsigen Treiben seltsamer Gestalten inmitten von stählernen Laufwegen, Brücken und technischen Apparaturen erfüllt.

*„Monsieur Deville, ‚Gondrak' weiß, dass Sie hier sind. Ich werde Sie dann allein lassen. Sie kennen ja inzwischen das Prozedere."* Cliff schaltete auf dem Konferenztisch noch das Simultan-Übersetzungs-Tool ein und zog sich diskret zurück.

***

## GONDRAK

‚Gondrak' war mit seinen bestimmt 2,4 m Körpergröße eine imposante Erscheinung, die Deville immer wieder Ehrfurcht einflößte. Er trat von der Seite an die Scheibe und nahm in einen obskuren Umhang gekleidet auf der anderen Seite Platz. Hinter seiner Kapuze stach lediglich ein schwarz funkelndes Augenpaar hervor.

Deville hatte ‚Gondrak' auch schon in seiner einem Menschen ähnlichen Form kennengelernt. Für reptiloide *‚Drakos'* der ersten Generation auf *'SOL 3'*, wie sie die Erde nannten, war *‚Shapeshifting'* sehr energiezehrend und konnte nur wenige Minuten aufrechterhalten werden.

*„Claude, schön sehen Dich!“*, tönte es unnatürlich hoch aus dem Übersetzungs-Computer. Gondraks echte Stimme war mindestens zwei Oktaven tiefer und wäre für Deville gänzlich unverständlich gewesen.

*„Danke, Gondrak, ich freue mich auch. Wie du weißt, wird es auf der Oberfläche zunehmend ungemütlich für uns. Aber, dank deiner Hilfe haben wir einen Plan in die Wege geleitet!“*

*„Gut Claude, unsere Leute G1/G2 sind helfen.“*, klang es aus dem Lautsprecher.

*„Ja, ich weiß. Außerdem konnten wir eine überaus vielversprechende Kollaborateurin gewinnen. Für sie brauche ich, wie ich dir mitgeteilt habe, das ‘Medium‘.“*

*„Bereit ist!“*, war die Antwort von der anderen Seite. Gondrak machte eine Handbewegung und im selben Augenblick verdunkelte sich die Panzerglaswand.

Die Verbindung war unterbrochen.

Deville drückte auf einen Summer und Cliff betrat den Raum. Zusammen mit einem vorbereiteten Behälter aus Edelstahl, der einer etwas größeren Thermoskanne ähnelte, bestiegen sie wortlos den Lastenaufzug und fuhren den langen Weg nach oben.

Es war dunkel geworden. Die Maschine wurde in der Zwischenzeit aufgetankt und gewartet. Kurz darauf saß Deville mit zufriedener Miene im breiten Ledersessel seiner *Falcon 7X* und die Crew startete das Triebwerk zum Flug in die Nacht, nach Peking.

***

## ÜBERRASCHUNG

Die Sonne war inzwischen hinter den Ahornbäumen verschwunden und Chris vergrub seine Fäuste in den Jackentaschen. Das Wissen um die Existenz Elenas hatte, tief im Innersten seiner Seele, einen süßen Schmerz ausgelöst, eine Mischung aus Sehnsucht, Traurigkeit und Euphorie. Er war froh, dass Phil weitersprach, denn ein aufsteigender ‚Kloß' in seinem Hals hätte ihn momentan bestimmt gehindert, zu sprechen.

*„Es ist spät geworden. - Bist du ein spontaner Mensch, Chris?"* Chris zuckte mit den Schultern und sah Phil verwundert an. Phil stand auf, griff in seine Brusttasche und kramte etwas hervor. Auch Chris erhob sich.

*„Ich habe hier zwei Tickets. Wir nehmen uns eine Auszeit! - Pack das nötigste zusammen, - auch warmes Zeug! Wir treffen uns morgen, um 9 Uhr am 'Southampton Central', Gleis 1!"*

Man konnte zusehen, wie der letzte Rest Farbe aus Chris' Gesicht verschwand. Er war total perplex und sagte nichts. Doch er gab einer inneren Regung nach und drückte Phil, - wie einen alten Freund.

Chris war schon eine Viertelstunde eher mit seinem Rollkoffer am Gleis 1 eingetroffen. Er sah Phil, der in einiger Entfernung den Plan der Zugreihung studierte, um den Kurswagen für ihre Reise herauszufinden.

Phil bemerkte Chris und winkte ihn zu sich. Nach einer kurzen Begrüßung stiegen sie in den bereitstehenden Zug. Dabei fiel Chris auf, dass

Phil keinerlei Gepäck bei sich hatte. Er war jedoch viel zu aufgeregt, um Fragen zu stellen und beließ es bei Smalltalk.

Aufgrund der allgemeinen Krisensituation war der Zug nur schwach ausgelastet und sie fanden ein 6er-Abteil für sich allein vor. Phil tuschelte mit einem Schaffner und dieser schaltete die Anzeige am Abteil auf ‚reserved'.

Als Chris seinen Rollkoffer im Gepäcknetz verstaut hatte, nahmen sie beide am Fenster, gegenüber Platz.

Pünktlich setzte sich der Zug in Bewegung.

*„Ich habe noch nichts gefrühstückt. Kommst du mit in den Speisewagen, Chris? - Ich glaube, du hast dir ein paar Erklärungen verdient."*
Der ließ sich nicht zweimal bitten.

Im *‚Dining Car'* angelangt bestellten sie Kaffee, Croissant und Orangensaft. Phil kam gleich zur Sache.

*„Chris, ich weiß, dass alles, was du die letzten Tage erlebt hast, muss verstörend für dich sein. Ich bitte dich aber, mir zu vertrauen. Wir haben euch, Elena und Dich, sorgfältig ausgewählt. Und was dich angeht, bin ich mir mittlerweile ziemlich sicher, dass es eine gute Wahl war.*

*Nichtsdestotrotz denke ich, es ist an der Zeit, dass du so eine Art ‚Crashkurs' bekommst. Dabei geht es darum, die Gesetzmäßigkeiten und Zusammenhänge in der geistigen Welt und deren Auswirkung auf das Schicksal der Erde erkennen. –*

*Wir fahren übrigens nach Glasgow.*

*Ich habe Zugang zu einem Chalet am 'Loch Lomond', circa dreißig Meilen nördlich der Stadt. Wir werden wandern, Bootfahren und …… viel, viel reden. - Es wird dir gefallen."*

Chris' Kaffee war inzwischen kalt geworden, so begierig nahm er jedes Wort von Phil auf. Am Fenster huschten, die nicht enden wollenden Vorstadthäuser von London vorbei.

***

## DIE ÜBERGABE

Es war früher Abend. Fernand hatte den Maybach vor dem Privathangar in der fürs Militär reservierten Zone am neuen Flughafen ‚Daxing' geparkt und wartete auf seinen Herrn. Mit dem diplomatischen Kennzeichen, diversen Ausweisen und Bescheinigungen konnte er sich überall frei bewegen.

Der dreistrahlige Jet kam pünktlich runter, rollte an ihm vorbei in den offenen Hangar, wo alsbald die Tür mit den integrierten Trittstufen herunterklappte. Fernand begrüßte Deville, verstaute dessen Handkoffer im Wagen und man fuhr zu dessen Anwesen am Zhonghai-See.

Am nächsten Morgen hatte Fernand den Auftrag, mit dem Koffer, in dem sich die *‚Thermosflasche'* befand, wieder zum Hangar zu fahren. Dort warteten bereits die beiden Piloten, die wenigen Stunden in der Maschine übernachtet und die Falcon bereits aufgetankt hatten.

Sie sollten nach *Baishan*, an der chinesischen Seite des *Changbai-Gebirges* fliegen. Auf dem *Changbaishan-Airport* war die Übergabe des lange erwarteten *‚Mediums'* an einen Hubschrauber-Kurier der nordkoreanischen Armee verabredet. Bereits als er den Koffer vom Wagen zum Jet brachte, hatte er plötzlich ein starkes Unwohlsein verspürt, welches er nicht einordnen konnte. Als er dann angeschnallt, mit der *‚Fracht‘* neben sich, zur Startposition rollte wurde es immer schlimmer und entsetzliche Erinnerungsfetzen und Bilder stiegen in seiner Seele auf. Fast den ganzen etwa eineinhalbstündigen Flug verbrachte er, kalten Schweiß auf der Stirn, über die Bordtoilette gebeugt. Nach der Übergabe an den nordkoreanischen Piloten ging es ihm sichtlich besser. Doch während des gesamten Rückfluges fuhren seine Gedanken ‚Achterbahn‘. Nach und nach verschwand seine Amnesie und es begann eine furchtbare Vermutung in ihm zu reifen. Als er dann wieder Boden unter den Füßen hatte und auf dem Fahrersitz des Maybachs saß, hörte er sich laut sagen:

*„Was mach ich eigentlich hier?“*

***

## UNERWARTETER BESUCH

Elena hatte sich inzwischen, zusammen mit ihrer kleinen Schwester Selina gut in der Stadtvilla der Großeltern im Herzen Santiagos eingelebt. Sie bewohnten oben, im Dachgeschoss, ein paar Räume, die in besseren Zeiten einmal als Unterkunft für das Personal dienten.

Sie fand in der nahe gelegenen Schule Selinas sogar eine stundenweise Anstellung und konnte so etwas zum Lebensunterhalt beitragen. Weil auch die Großeltern sich liebevoll um Selina kümmerten, fand sie immer öfter Zeit, wieder an einem neuen Kinderbuch zu arbeiten. Den ganzen Sommer über saß sie so nachmittags oft stundenlang im nahe gelegenen Santa-Lucia-Park.

Inspiriert von der wundervollen Kulisse und dem herrlichen Ausblick über die Dächer der Altstadt, quoll ihre neue Geschichte geradezu aus dem Stift aufs Papier. Sie handelte von Pedro, dem stummen Jungen, der jedoch die Sprache aller Tiere verstand und so allerlei Abenteuer bestand.

Die schrecklichen Ereignisse von vor zwei Jahren waren allmählich verblasst und verschwanden im Nebel ihrer Erinnerung. Doch das sollte sich schlagartig ändern.

*„Elena, es ist jemand für Dich!"*, rief ihr Großvater nach oben, nachdem es an einem Samstagmorgen geklingelt hatte. Hastig stolperte sie nach unten.

*„Entschuldigen Sie, Frau Schumann, dass ich störe! Mein Name ist Dr. Schulte ich bin ein Kollege ihres verstorbenen Vaters. Kann ich kurz reinkommen?"*

*„Ja, sicher, Herr Schulte."*

Dieser hielt, zum Fahrer des wartenden Shuttle-Busses gewandt, seine gespreizten Finger in die Höhe, was anscheinend so viel wie *zehn Minuten* bedeuten sollte. Der Fahrer nickte.

Sie nahmen in der Bibliothek Platz.

*„Frau Schumann, sie müssen entschuldigen, dass ich mich jetzt erst melde, aber ich war über ein Jahr unterwegs zu Vortragsreisen in Deutschland. Ihr Vater bat mich, kurz vor dem tragischen Unfall, Ihnen dies hier zu übergeben, falls ihm etwas zustoßen sollte"*.

Er schob einen USB-Stick über den Tisch. *„Ich hielt es seinerzeit für eine Art von Paranoia. Nachdem ich aber in der Folge mehrmals Besuch von nicht gerade Vertrauen erweckenden Gestalten bekam, die mir äußerst seltsame Fragen stellten, wurde ich vorsichtig."*

Elena hatte mit pochendem Herzschlag zugehört. Plötzlich waren die schmerzlichen Erinnerungen wieder präsent.

*„Ich weiß nicht, ...?“*

*„Ich habe mir den Inhalt des Sticks natürlich nicht angesehen. Ich habe ihn den Leuten gegenüber auch nicht erwähnt. Sie sollten sich aber dem Willen ihres Vaters stellen. Doch Sie müssen auf sich aufpassen, Frau Schumann!“*

Dr. Schulte war froh, es hinter sich gebracht zu haben. Er stand auf. *„Alles Gute und - viel Glück!“*

*„Vielen Dank, auch für all die Unannehmlichkeiten, Herr Schulte!“* Elena brachte ihren Gast an die Tür.

Am Frühstückstisch sagte sie den Großeltern nichts über den Hintergrund ihres Besuches. Sie wollte sie nicht unnötig beunruhigen. Dr. Schulte wäre nur in der Nähe gewesen und hätte die Gelegenheit genutzt nachträglich zu kondolieren.

Den Stick hatte sie unbemerkt in einer Tasche ihrer Bluejeans verschwinden lassen. Wenn Selina abends eingeschlafen wäre, dann würde sie sich dessen Inhalt widmen.

***

## CRASHKURS

Nach circa neun Stunden Zugfahrt kamen Phil und Chris am Glasgow Central an. Die Herbstsonne stand tief und es war einige Grade kühler als sie erwartet hatten. Nach weiteren fünfundvierzig Minuten mit dem Taxi waren sie am Chalet angekommen. Inzwischen war es dunkel geworden, aber der bestimmt reizvolle Blick auf den See konnte ja bis morgen warten.

Die Fensterläden des großzügigen Naturstein-Rusticos waren bereits geöffnet. Im offenen Kamin prasselte ein Holzfeuer und auf dem Tisch standen, zwei Holzteller mit Snacks, die mit Frischhaltefolie abgedeckt waren sowie eine heiße Kanne Pfefferminztee. - Aber Phil wunderte sich über nichts mehr.

Bald gingen sie zu Bett. Chris lag noch einige Zeit mit offenen Augen in seinem Zimmer und hing Gedanken über Elena nach. Wie mochte sie aussehen? Wie mag sie sein? Wird er sie jemals treffen? - Dabei versank er in tiefen Schlaf.

Am nächsten Morgen sprang er kurz unter die Dusche, um kurz darauf erfrischt und hellwach, ein Liedchen pfeifend, die Holztreppe hinunterzutänzeln. Phil stand bereits am Herd und zauberte süße Crêpes in einer Pfanne.

Die Morgensonne schien tief in den Raum und es duftete nach frischem Kaffee. Nach einer kurzen Begrüßung trat Chris hinaus, auf die Terrasse, die einen atemberaubenden Blick auf das *Loch Lomond*, das Golfressort und die Hügel der *Highlands* freigab.

Nach dem Genuss von Crêpes mit Ahornsirup und heißem Kaffee bemerkte Phil *„Chris, ich muss noch ein paar Dinge vorbereiten. Du könntest in der Zwischenzeit draußen ein paar Scheite für den Kamin hacken, das bringt dich mit der Welt der Materie in Verbindung und reinigt den Geist."*

*„Und macht die Bude warm!",* war die Antwort.

*„Wie recht du hast, Chris!"*

Und so hackte Chris eine Stunde lang aus den Rundlingen hinterm Haus kamingerechte Scheite und er war wieder ganz in diesem naturverbundenen Zustand, wie damals im Haus seiner Eltern in der Grafschaft Dorsetshire. Seit Langem fühlte er sich wieder einmal so richtig glücklich.

Nach getaner Arbeit und einem Glas frischem Quellwasser setzten sie sich auf der Terrasse an den rustikalen Holztisch, der vom Wind geschützt an der Hausmauer stand. Die mittlerweile höherstehende Sonne wärmte die beiden mit ihren herbstlichen Strahlen.

Phil begann *„Chris, ich hab dir ja bereits in groben Umrissen erzählt, was auf dieser Welt so abgeht. Das meiste davon wird dir auch schon klargeworden sein.*

*Alles, was geschieht, geschieht nicht 'zufällig', sondern nach dem Gesetz von Ursache und Wirkung. Der Apfel fällt vom Baum, wenn er reif ist, weil die Erdanziehung größer ist als die nachlassende Haltekraft seines austrocknenden Stängels. Streng genommen fällt er doch 'zufällig', weil es dem Apfel, gemäß Naturgesetz, dem Wortsinne nach ,'zufällt'!*

*Wenn dir ein Dieb etwas stiehlt, dann hat er zwar einen kurzfristigen Gewinn erzielt, jedoch seiner Seele einen enormen Schaden zugefügt, indem er kosmisches Gesetz verletzt hat. Er wird ihn irgendwann zu begleichen haben!*

*Du sollst nicht stehlen!*

*Das ist kein Gesetz. Es ist ein Gebot. - Du solltest es befolgen, - nicht um dem ‚Lieben Gott' (was übrigens eine ziemlich kindliche Bezeichnung für das ‚Universelle Bewusstsein' ist) zu gefallen, sondern, um deine Seele vor Schaden und Leid zu bewahren.*

*Der ‚Liebe Gott' kann warten!*

*Jeder Mensch, jedes von ihm geschaffene Wesen wird eines Tages in seiner Seele so weit gereift sein - sei es durch Einsicht oder die Erfahrung persönlichen Leides - dies zu verstehen, zu verinnerlichen und schließlich danach zu handeln, -*

*früher oder später!*

*Doch es gibt Wesenheiten, die von Anbeginn der Zeit bis zum heutigen Tage permanent gegen diese geistigen Gesetze verstoßen. Sie sind schon vor Urzeiten den ‚Seelentod' gestorben.*

*Der normale menschliche Tod stellt lediglich einen Übergang von der einen Existenz in eine andere dar, bei der die eigene Seele mitgenommen wird. So, wie auf einen Tag eine Nacht folgt und dann wiederum ein Tag. So, wie der Wechsel der Jahreszeiten oder, wenn du willst, so, wie das Ein- und Ausatmen deiner Lungen.*

*Der Seelentod hingegen bedeutet das Abgeschnittensein von der Quelle, für ein ganzes Weltenalter, - eine Ewigkeit!*

*Eine Ewigkeit dauert also nicht 'ewig', - aber doch verdammt lange!*

*Von Ewigkeit zu Ewigkeit! - Amen!*

*Das Abgeschnittensein von der Quelle bedeutet, diese Wesen können kein neues Leben aus eigener Kraft zeugen. Sie haben keine Emotionen, kein Gewissen. Sie kennen weder Reue noch Mitgefühl.*

*Oder, wie Jesus sagt: Sie haben der Liebe nicht!*

*Sie ernähren sich von anderen. Es sind Parasiten! Sie benötigen 'Wirtstiere'. Sie brauchen nichtsahnende Opfer!"*

„*Haben diese denn nicht auch Schuld?*“, warf Chris ein.

„*Das ist eine sehr gute Frage. Ich freue mich, dass du sie stellst. Du hast natürlich recht: Täter und Opfer sind karmisch miteinander verbunden. Trotzdem verdienen beide, da sie ja beseelte Wesen sind, unser Mitgefühl. Jeder, der einen gewissen Erkenntnisstand erreicht hat, ist angehalten, diesen mit seinen Mitmenschen zu teilen. Das heißt aber nicht, dass er diesen wie ein Missionar vor sich hertragen soll. Jede Seele soll jeweils nur so viel annehmen, wie sie freiwillig zu begreifen bereit ist.*

*Die Seelenlosen greifen also, um Lebenskraft zu erhalten, zu unvorstellbar grausamen Mitteln, die ich hier nicht beschreiben möchte. Daneben erpressen sie, schüchtern ein, - machen Angst, - verbreiten die Unwahrheit, - fördern die Lüge und manipulieren so die gesamte Menschheit.*

*Und die Menschen haben bereitwillig alle Verantwortung an sogenannte Volksvertreter abgegeben.*

*Aber mal ehrlich, Chris, glaubst du wirklich, dass bei unserem Parteiensystem, bei dem der Begriff der ‚Teilung‘ bereits im Namen steckt, jemand nach oben kommt, dem das Wohl des Volkes angelegen ist?*

*Oder ist es nicht eher so, dass diejenigen mit den stärksten Ellenbogen, die mit den geringsten Skrupeln an die Schalthebel der Macht gelangen?*“

„*Nein, Phil, das glaube ich nicht. Darum bin ich auch schon längere Zeit nicht mehr zur Wahl gegangen. Und jetzt, mit den technischen Möglichkeiten und all den Wahlmaschinen ist ja alles nur noch zu einer Farce verkommen.*“

*„Ja, aber man kann denjenigen Menschen, die allabendlich immer noch in diesen Verblödungskasten schauen, nicht wirklich böse sein. Das System ist perfekt.*

*Die ‚Matrix‘ ist allgegenwärtig“,* entgegnete Phil.

*„Dann kann man gar nichts tun?“*

*„Doch! - Die Krise hat viele aufwachen lassen und zum Nachdenken gebracht. Die meisten Menschen lernen nur durch Leiderfahrungen. Die stärksten Bollwerke der Kabale habe angefangen zu bröckeln. Militär und Polizei beginnen, die Sinnhaftigkeit ihres Auftrages infrage zu stellen. Die teilweise widersprüchlichen, oft lächerlichen Maßnahmen in der ‚Pandemie‘ werden nicht mehr ernst genommen. Die Staaten müssen zu immer absurderen und martialischeren Mitteln greifen, damit der Deckel nicht vom Topf fliegt.“*

*„Ja, und dadurch wird immer mehr Widerstand dagegen hervorgerufen, weil immer mehr gezwungen werden nachzudenken“,* war Chris‘ Kommentar.

*„Das stimmt natürlich. Aber das Fatale ist, dass sogar der Widerstand, sofern er in Gewalt ausartet, den Seelenlosen in die Hände - oder, besser gesagt: in die Klauen - spielt.“*

*„Wie denn das?“ Chris hob seine Augenbrauen.*

*„Weil gewaltbereiter Widerstand und Protest meist wieder nur niedere Emotionen, wie Hass, Wut und Rachegefühle erzeugt und diejenigen, die vermeintlich bekämpft werden sollen, einen reichlich gedeckten Tisch für ihr Festmahl vorfinden. Überhaupt sollte es kein ‚Kampf‘ sein!“*

*„Ich weiß, was du meinst, Phil. Druck erzeugt Gegendruck! Eine nicht endende Spirale der sinnlosen Gewalt kommt in Gang. Darum geht die Polizeiführung auch oft mit sehr unverhältnismäßiger Härte vor, oder gewaltbereite, von NGOs organisierte und finanzierte Gegendemonstrationen werden unbehelligt gelassen."*

*„Genau! - Es gibt nur ein einziges Mittel, das zum Erfolg führt."*

*„Und das wäre?"* Chris war, entgegen seiner ansonsten eher ruhigen Art, ziemlich aufgeregt.

*„Das ‚Mahatma-Gandhi-Prinzip' absoluter Gewaltlosigkeit! Diese gefallenen Kreaturen haben sich verrannt. Sie sind auf der falschen Seite! Sie verdienen unser aller Mitgefühl! Aber, wir sollten ihnen zeigen:*

*Bis hierher, keinen Schritt weiter!*

*Das wäre der richtige Weg. Jesus Christus und alle großen Weisheitslehrer sind ihn gegangen. Die Menschen sollten einfach nicht mitmachen. Sie sollten vielmehr passiven, emotionslosen und gewaltfreien Widerstand leisten, souverän und selbstbestimmt, gemäß dem göttlichen Auftrag als ein in Freiheit geborenes Wesen handeln, - das würde diesen Planeten befreien!*

*„Aber das erfordert Mut!"*, bemerkte Chris, mit einem Anflug von Niedergeschlagenheit.

*„Irgendjemand soll einmal gesagt haben: 'Es gibt mehr Oasen in der Wüste als einen Entschlossenen mit Mut. Das mag stimmen, aber ein einziger Entschlossener vermag es, in der Zeit der Not Tausende mitzureißen. Die wirkliche Gefahr stellen nicht die Mutlosen dar, sondern die Büttel der Macht, die um eigener Vorteile willen das gesamte Volk verraten.*

*Sie sind es, die sich genau überlegen sollten, auf welcher Seite sie in der Stunde der Wahrheit stehen wollen. Jetzt ist noch Zeit, das Lager zu wechseln. Viele CEOs großer Firmen haben es getan. Sie sind zurückgetreten. Viele Politiker haben sich aus der ersten Reihe verabschiedet.*

*Doch die Verbleibenden, die in der vordersten Front, die erpressten oder gekauften Marionetten der seelenlosen Puppenspieler, sie haben sich entschieden. Sie wollen oder können nicht mehr zurück. Sie werden in den unvermeidlichen Strudel gerissen werden. Der Hohe Rat der ‚Galaktischen Föderation' hat entschieden.*

*Das Urteil ist gesprochen!*

*Die kosmischen Usurpatoren wissen das! - Sie sind verzweifelt! - Sie haben nichts mehr zu verlieren.*

*Sie werfen alles, was sie haben in die letzte Schlacht!*

Phil war fast ein wenig emotional geworden. Man merkte es ihm an, was er als seine Lebensaufgabe ansah, wofür sein Herz und seine Seele brannten, wofür er und seine Brüder der *'Hüter vor dem Thron'*, der ewigen *'Weißen Bruderschaft'* auf dem Planeten wirkten.

Und Chris fühlte es zum ersten Mal: Er gehörte dazu!

Die Sonne war in der Zwischenzeit immer höher gestiegen, streichelte die beiden und die paradiesische Landschaft. Man musste keinen Antrag dafür einreichen und sie stellte auch nichts in Rechnung dafür. Phil atmete kurz tief durch, nahm einen Schluck vom Quellwasser und, als hätte er unbewusst das Sonnengleichnis aufgenommen, sprach er weiter:

*„Der Schlüssel für alles ist die selbstlose, universelle Liebe, die Liebe, die nichts fragt und die nichts will - die einfach nur da ist!*

*Ich hab dir von den Erfahrungen erzählt, die die Leute von den Plejaden, vom Orion, auf Zeta Reticuli, Altair und so weiter gemacht haben. Sie fanden die beiden Entitäten einer sehr hoch entwickelten Dualseele und verankerten eine so starke Liebesschwingung im Magnetfeld ihres Planeten, dass die Parasitären in die Flucht geschlagen wurden."*

*„Und das w-wollt ihr mit Elena und m-mir machen?"*, stotterte Chris.
*„Du hast es erfasst!"*

***

## ZERRISSENER VORHANG

Fernand war nicht mehr der Alte. Seit der Sache mit dem ‚Ding' im Flugzeug haben sich immer mehr Schleier der Erinnerung gelüftet. Seine Vergangenheit trat auf offener Bühne zutage.

Der Vorhang war für immer zerrissen!

Er war von seiner Mutter nur für dieses geheime Programm der Schattenregierung geboren worden.

Er war eine Laborratte!

Devilles Vater nahm ihn aus Eigennutz bei sich auf. Aber er musste sich im Zaum halten. Er durfte jetzt nicht unüberlegt handeln. Eine falsche Äußerung und es würde sein Todesurteil bedeuten!

Sein ganzes Leben wurde er zur Geduld und zum Gehorchen erzogen. Warum sollte er also nicht geduldig sein und mal sich selber gehorchen?

***

## STIMME AUS DEM JENSEITS

Selina lag endlich im Bett. Elena las ihr noch ein Kapitel aus dem Manuskript vom stummen Pedro vor. Sie machte das immer so, bevor sie ein neues Buch an den Verlag schickte. Ihre kleine Schwester war eine gute Zuhörerin und eine noch bessere Kritikerin. Selinas Augen wurden immer kleiner und Elenas Stimme immer leiser. Sie löschte das Licht und auf Zehenspitzen verließ sie das Kinderzimmer.

Endlich konnte sie den PC hochfahren, den Stick einstecken und das Video starten. Mit einer Mischung aus Neugier, vagen Erwartungen und Traurigkeit starrte sie auf den Bildschirm. Die Aufnahme wurde anscheinend wenige Tage vor dem ‚Unfall' im Camp von ALMA aufgezeichnet. Ihr Vater war mit nachdenklicher Miene zu sehen:

*„Liebe Elena, wenn du dieses Video anschauen solltest, bin ich nicht mehr unter euch. Seit einigen Monaten habe ich das Gefühl, in den Fokus verschiedener Geheimdienste geraten zu sein. Ständig kommen Anrufe unter fadenscheinigen Vorwänden, wiederholte male wurde versucht Angriffe auf meinen Privat-PC zu starten. Einmal habe ich eine Wanze im Schminkspiegel unseres ‚Land Cruisers' entdeckt.*

*Grund für das Ganze ist wohl, dass ich während meiner Nachtschichten eindeutige Algorithmen entschlüsseln konnte, die von einer außerirdischen Spezies in unserem Orbit stammten. Du weißt ja, dass viele Regierungen weltweit geheime Programme zur Erforschung des UFO-Phänomens haben.*

*Diese Spezies sind hoch entwickelt. Ihre Schiffe haben Flugeigenschaften, die mit unserer Physik nicht erklärlich sind und können sich sogar für unser Radar unsichtbar machen.*

*Nachdem ich die Signale vom ALMA-Rechner auf meinen privaten PC umleiten konnte, kam es einige Male sogar zu Begegnungen der 3. Art in der Wüste mit ihnen. Einmal war auch deine Mutter dabei. Sie sind uns Menschen sehr ähnlich und uns wohlgesonnen.*

*Ich habe das alles am SETI-Programm vorbei gemacht, aus der Intuition heraus, dass unsere Regierungen noch nicht reif sind für die Konsequenzen. Meine Erlebnisse mit den Geheimdienstaktivitäten stützten meine Befürchtung. Ich habe eine ganze Reihe von Sticks gezogen und meinen PC immer wieder gelöscht. Du findest sie in der ‚Plumperquatsch-Puppe' von Selina eingenäht. Ich hoffe, sie hat sie noch. Aber halte sie von den Schnüfflern der Regierungsstellen fern! - Denen ist nicht zu trauen!*

*Im Werkzeugtäschchen, am Sattel deines Fahrrades findest du den Schlüssel zu einem Schließfach an der Estación Central in Santiago. Dort habe ich ein Tagebuch und ein Geschenk, der 'Aliens', das euch womöglich von Nutzen sein kann, deponiert. Ein weiterer Stick dient dazu als Bedienungsanleitung.*

*Ich hoffe, ich habe richtig gehandelt. Vielen Dank, an Dr. Schulte, der dir diese Nachricht zukommen ließ. Er weiß nichts von alledem, aber er ist ein feiner Kerl. - Elena, du bist mein starkes Mädchen. Du wirst schon alles richtigmachen.*

*Ich liebe euch!"*

Der Bildschirm wurde dunkel und Elena hatte Tränen in den Augen.

***

## DAS EXPERIMENT

Dr. Zhìxiàng und Mr. Hain hatten die Tage mit mehreren Tagesausflügen verbracht und die Abgeschiedenheit in der unberührten Natur genossen. Man hatte sich, so gut es die Sprachunterschiede zuließen, über alle möglichen Dinge unterhalten. Hain war ein guter Geschichtenerzähler und gab, entgegen seinem akkuraten Auftreten, immer öfter menschliche, gar liebenswerte Facetten von sich preis.

Er hatte bei Dr. Zhìxiàng zuletzt sogar Gefühle geweckt, die ihr bisher völlig fremd waren. Da sie gewohnt war, immer streng wissenschaftlich und rational zu handeln, befand sie sich in einem Zwiespalt.

Gerade als Mr. Hain einmal fast zudringlich wurde und ihr Gesicht die Farbe eines unerfahrenen Teenagers, kurz vorm ersten Kuss annahm, klingelte penetrant ihr Telefon.

Der Kurier hatte sich für den Nachmittag angekündigt.

Schlagartig war sie wieder in der harten Realität einer Wissenschaftlerin aufgeschlagen. Minho, das war Mr. Hains Vorname, schaute etwas belämmert, aber er begriff sofort und startete den Geländewagen.

Rechtzeitig bevor der Hubschrauberpilot mit dem ‚Medium' eintraf, waren sie wieder im Labor im Berg angekommen. Jetzt war für das Team wieder Hochbetrieb angesagt. Die quantenphysikalische Struktur des überbrachten Mediums wurde analysiert, eingescannt und ins System integriert. Bevor man den Transmitter an der Flanke des *Paektusan* einband, wollte man noch einige Labortests unternehmen und erforderliche Sicherungsmaßnahmen treffen.

Dr. Zhìxiàng hatte eigentlich keine Ahnung, um was es bei der ganzen Sache überhaupt ging. Sie wusste nur, dass es für allerhöchste Kreise der politischen Führung einiger Länder als äußerst wichtig angesehen wurde. Und Monsieur Deville hatte auch ausdrücklich erwähnt, sie solle keine Fragen stellen.

Das gehörte zum Deal!

Trotzdem war sie einigermaßen schockiert, als ihr die Auswertungen des Scans vorlagen. Es war eine Mischung verschiedener negativer Emotionen, wie, Verzweiflung, Todesangst, Lethargie und letzten Endes vollkommener Agonie.

Immer wieder verglich sie die Ausschläge mit den Daten, welche man aus der ‚Weißen Pyramide' gewonnen hatte.

Ein Irrtum war ausgeschlossen!

Hartnäckig versuchte sie, die Gedanken darüber in ihrem Kopf nicht zuzulassen. Aber sie verfolgten sie noch nachts, in ihren Träumen.

Am nächsten Morgen fand sie in der Post den Vorabdruck eines Artikels, für die demnächst erscheinende *'Science'*-Ausgabe über ihre Forschung mit dem Titel:

*Verhaltensübertragung mittels Quantentransmitter, im Tierversuch.*

In der Abhandlung war von einer bahnbrechenden Arbeit die Rede. Der Artikel war insgesamt sehr positiv gehalten und brachte sie sogar mit einer Nobelpreis-Nominierung in Zusammenhang. Auf einer beigelegten Visitenkarte stand, von Deville mit der Hand geschrieben:

‚Mit den besten Empfehlungen! - Claude'

Dr. Zhìxiàng fühlte eine schmeichelnde Woge des Stolzes in sich aufsteigen. Einmal so richtig im Mittelpunkt zu stehen, wer hätte das schon verdient, wenn nicht sie?

‚*Es wird schon alles seine Richtigkeit haben. Wissenschaft darf keine Denkverbote zulassen*“,‘ sagte sie sich, im Stillen und gedachte zufrieden ihres Nummernkontos in Honkong.

***

## MEHR FRAGEN ALS ANTWORTEN

Elena versuchte, trotz der aufwühlenden Nachricht, sich ihre innere Ruhe zu bewahren und ging zu Bett. Es war schwer, gegen all die bizarren Gedanken, die in ihrem Kopf aufstiegen, anzukämpfen. Schließlich beruhigte sie sich mit ein paar meditativen Weisheiten, die sie ihre Mutter gelehrt hatte. Dann sprach sie in Gedanken ein Gebet, in dem sie um Kraft für all das Kommende bat und legte ihr Schicksal und das ihrer Lieben in Gottes Hände.

Bald darauf befand sie sich im Tiefschlaf.

Beim Frühstück mit den Großeltern am Sonntagmorgen musste sie sich zusammenreißen, damit man ihr das gestrige Erlebnis nicht anmerkte. Danach, als Selina mit ihren Hausaufgaben beschäftigt war, verließ sie unter einem Vorwand das Haus mit ihrem Fahrrad, nicht, ohne zuvor den Schlüssel für das Schließfach aus dem Werkzeugtäschchen an sich zu nehmen. Es waren wenige Menschen auf den Straßen, trotzdem musste sie in diesen Zeiten vorsichtig sein. Sie hatte nur circa drei Kilometer bis zum Bahnhof zurückzulegen. Dort angelangt kettete sie ihr Rad an einen gusseisernen Laternenpfahl und ging zu den Schließfächern.

Wie ein Geheimagent sah sie sich noch einmal um, bevor sie mit klopfendem Herzen aufschloss. Hastig entnahm sie dem Fach einen etwa drei Kilo schweren, sorgfältig verschnürten Schuhkarton, den sie in ihrem Rucksack verstaute.

Eine Viertelstunde später war sie schon wieder zu Hause. Noch außer Atem, mit hochrotem Kopf und klopfendem Herzschlag schloss sie sich im Badezimmer ein und löste die Schnur vom Karton. Sie fand das Tagebuch ihres Vaters vor. Am Einband war mit Klebstreifen ein Computerstick befestigt. Und da war dann noch dieser seltsame, nur in Zeitungspapier eingewickelte schwere Gegenstand.

Es handelte sich um einen exakt geschliffenen Würfel mit ungefähr fünfzehn Zentimeter Kantenlänge aus durchsichtigem, kristallin anmutendem Material.

Im Inneren war ein Hohlkörper von der Form zweier gegenüberstehender, sich gegenseitig mit den Spitzen durchdringender Dreieckspyramiden ausgespart. Die Spitzen der Pyramiden ragten über die Grundfläche des jeweils anderen hinaus. Dadurch ergab sich in allen sechs Ansichten jeweils die Silhouette eines Sechseck-Sterns, mit jeweils einem Dreieck in der Mitte. Das seltsamste aber war, eine in der Mitte des durch die beiden Pyramiden ausgesparten Hohlraumes, eine exakt auf halber Höhe frei im Raum schwebende Scheibe.

Diese hatte circa fünf Zentimeter Durchmesser und eine silberglänzende Oberfläche - wie eine CD aus der Puppenstube.

Die ‚Puppen-CD‘ drehte sich langsam im Uhrzeigersinn und blieb immer waagerecht ausgerichtet, egal, wie man den Würfel auch drehte.

Ungläubig, mit weit aufgerissenen Augen hielt Elena das ‚Ding‘ in ihren Händen und drehte es immer wieder in alle Richtungen. *'Was ist das?* - so rasten die Gedanken in ihrem Kopf. - *‚Hexenwerk? - ein*

*Perpetuum mobile?'* Doch dann kamen ihr Wortfetzen ihres Vaters aus dem Video in Erinnerung: ... *'Plumperquatsch', ... Bedienungsanleitung, ... ...mehrere Sticks ...denen kann man nicht trauen!'*

Hastig wickelte sie das ,'Geschenk der E.T.s wieder in das Zeitungspapier. Mit einer Nagelfeile drückte sie den Deckel der Revisionsöffnung für den Abfluss der Badewanne aus der Halterung und verstaute das 'Hexenwerk'.

*„Elena, was machst du so lange im Bad?"*, hörte sie Selinas unsichere Stimme. *„Hast du die Hausaufgabe schon fertig? - Warte, ich komme gleich!"*

Schnell verstaute sie das Tagebuch mit dem Stick im Wäschekorb, atmete tief durch. Dann widmete sie sich der kleinen Schwester.

Die Fragen wurden immer mehr, doch die Antworten ließen auf sich warten. In den nächsten Nächten, wenn Selina schlief, würde sie sich die anderen Videos und Vaters Tagebuch vornehmen.

***

## SEELENREISEN

Chris und Phil verbrachten die nächsten Tage mit endlosen Wanderungen über die umliegenden Hügel, oder sie unternahmen Bootsfahrten zu den Inseln, die dem Ufer des Loch Lomond vorgelagert sind.

Chris genoss jede Minute mit Phil. Wie ein Schwamm saugte er das verborgene uralte Wissen, über das dieser verfügte, begierig auf.

Einmal, als sie abends am offenen Kamin saßen und sich angeregt unterhielten, sagte Phil plötzlich:

*„Weißt du was, Chris? - ich denke, du bist jetzt so weit, mit mir auf Seelenreise zu gehen."*

Chris sah ihn teils verwundert, teils ungläubig an.

*„Du machst Spaß, oder?"*

*„Nein! - Ganz und gar nicht. - Für Späße sind Sie doch zuständig, Herr 'Jester'"*, warf Phil in einem Anflug von Heiterkeit ein. *„Wenn ein Mensch 'stirbt', dann stirbt nur sein physischer Körper, den er zum ‚Leben' in der diesseitigen Welt benötigt. Seine Seele hingegen ist unsterblich. Sie löst sich, mehr oder weniger schnell von der materiellen Welt und wird - wenn du so willst - in der jenseitigen Welt geboren.*

*In den östlichen Religionen gilt deswegen die Farbe 'weiß' als Farbe der 'Trauer', weil die Seele des Verstorbenen nun befreit von den fesselnden Ketten der Materie ist. Wir im Westen tragen schwarze Kleidung, wenn unsere verstorbenen Angehörigen ‚ins Licht' gegangen sind. – Wie absurd!*

*Der Schlaf nun, - er wird in Philosophie und Dichtung als ‚Des Todes kleiner Bruder' bezeichnet - erlaubt es der Seele auch auf Jenseitsreise zu gehen. Dabei macht sie außerhalb ihres Körpers Erfahrungen, bleibt aber stets über ein dünnes Band mit ihm verbunden. Hellsichtige nennen es die 'silberne Nabelschnur'. Die Menschen erinnern sich teilweise daran. Sie nennen es ‚Träume'."*

*„Wie weit kann sich denn die Seele von ihrem Körper entfernen?"*, warf Chris ein.

*„In Wahrheit entfernt sie sich überhaupt nicht! Vielmehr überschreitet sie lediglich Dimensionsschranken, denn, außerhalb unserer begrenzten ‚3D-Welt' gibt es weder Zeit noch Raum"*, war die Antwort.

*„Du bist sicher schon öfters im Schlaf hochgeschreckt oder dich hat das Gefühl durchzuckt, du wärst in dein Bett gefallen. Das passiert, wenn sich, infolge einer Störung oder eines Geräusches in deiner Umgebung die, ‚Silberschnur' plötzlich, schlagartig zusammenzieht.*

*Manche Menschen können in der Meditation bewusst auf ‚Seelenreise' gehen."*

*„Du auch?" - „Allerdings!", sagte Phil.*

*„Wenn du dich vor dem Einschlafen bewusst darauf einstellst und es zulässt, dann nehme ich dich heute Nacht an der Hand und nehme dich mit."*

*„Wohin?" - „Lass dich überraschen!"*

***

## LAUS IM PELZ

Mr. Hain, oder Minho, wie Dr. Zhìxiàng ihn neuerdings nannte, war ein Mann um die Sechzig, unverheiratet, mit leicht angegrauten Schläfen. Man merkte ihm an, dass er wusste, dass er mit seiner jugendlichen Art sich zu bewegen und seinem markanten Äußeren durchaus einen gewissen Eindruck auf Frauen ausübte.

Bei Dr. Zhìxiàng war er sich seltsamerweise nicht so sicher. Dabei fiel ihm auf, dass sie ihm nicht mal ihren Vornamen verraten hatte. War sie wirklich nur die spröde Wissenschaftlerin, die ausschließlich mit ihrer Arbeit verheiratet ist? Oder war sie der Typ ‚schlafender Vulkan', der lediglich auf den richtigen Moment wartete, um dann umso hemmungsloser auszubrechen? Aber er war sich sicher: Er würde es herausfinden!

Was seinen Auftrag anbelangte, so war er im Zwiespalt. Einerseits musste er jede Woche einen kurzen Bericht an seinen Führungsoffizier schicken. Andererseits, so viel hatte er mittlerweile bemerkt, ist das Vorhaben von Frau Dr. Zhìxiàng und somit letztlich auch seiner Regierung, mit seinen ethischen Grundsätzen nicht vereinbar.

Wie immer mehr in der nordkoreanischen Gesellschaft sympathisierte auch er mit den aus dem Nachbarland eingesickerten Prinzipien des Falun-Gong. Allerdings wurde diese Glaubensrichtung, die in Folge der äußerst engen Handelsbeziehungen mit dem kommunistischen Bruderland Einzug gefunden hat, vom Regime gnadenlos verfolgt und sie war offiziell verboten.

Minho war in gewisser Weise ein Doppelagent, denn über seine Glaubensbrüder hatte er auch Kontakt zu der Pekinger Untergrundbewegung und pflegte regen verschlüsselten Mailaustausch über sein Privat-Handy mit Han und Huan, die somit über den Stand der Dinge unterrichtet waren.

***

## FLUG DURCH DIE NACHT

Chris war mitten in der Nacht aufgewacht. Erst dachte er, er müsse nur einen Schluck Wasser aus seinem Glas auf dem Nachttisch nehmen. Doch dann sah er Phil am Fußende auf dem Bettrand sitzen.

Er wollte etwas sagen, aber kein Laut drang aus seiner Kehle. *'Bist du bereit, Chris?'* Es war nicht so, dass Phil etwas gesagt hätte, aber er fühlte deutlich dessen Gedanken in seinem Kopf.

*'Ach ja, die Seelenreise. Jetzt erinnere ich mich wieder.'* dachte Chris.

Phil nahm Chris an der Hand. *‚Dann lass uns starten!‘*

Vollkommen laut- und schwerelos schwebten sie dahin. Zurückblickend sah Chris sich selbst friedlich schlafend auf dem Bett liegen.

Mit rasender Geschwindigkeit ging der Flug über ein großes Wasser. Chris spürte weder ein Luftwiderstand noch Kälte oder Erschöpfung. Dann ging es über Land. ‘Nordamerika‘..., ‘Kalifornien…, ‘ein schneebedeckter Berg, ‘Mount Shasta, der heilige Berg der indianischen Ureinwohner!

*‚Hab keine Angst!‘* war Phils Gedanke. Dann ging es auf den Berghang zu und, als wäre es nur eine Nebelwand, tat sich tief im Inneren des Bergmassives eine große, feierlich geschmückte Halle auf. Ringsum an den Wänden tauchten unzählige Leuchter die Szene in erhabenes Licht. In der Mitte, des mit edlem weißem Marmor ausgelegten Raumes, saßen mehr als fünfzig, völlig weiß gekleidete Gestalten, um einen farblich im Marmor abgesetzten Kreis mit einem Punkt in dessen Mitte.

Beim Eintreffen der Beiden erhoben sich alle.

Die Versammelten waren Männer sowie auch einige Frauen, aller Hautfarben. Manche hatten fremdartiges Aussehen. Aber allen waren edle Gesichtszüge sowie ein klarer Blick gemeinsam.

*‘Das ist Chris. Wir sprachen bereits darüber. Ich konnte ihn die letzten Tage besser kennenlernen und ich denke, er ist der Richtige!‘*

Alle wandten sich Chris zu, kreuzten ihre Arme vor der Brust und senkten leicht ihr Haupt. Dann setzten sich alle wieder um den Kreis. Phil bedeutete Chris in der Mitte Platz zu nehmen, bevor er sich bei den anderen niederließ.

Leise Musik, wie von Orgelklang und Engelsstimmen setzte ein und alle Umsitzenden schlossen ihre Augen, um sich zu versenken. Chris spürte, wie ein gleißend heller goldener Strom warmen Lichts in seiner Wirbelsäule aufstieg, und er fühlte eine nie gekannte Glückseligkeit. Einer der Umsitzenden verließ den Kreis, um kurz darauf mit einem weißen Umhang wieder zu erscheinen und ihn Chris überzuhängen. Ein anderer sprach, nachdem wieder alle aufgestanden waren, eine Initiationsformel, die für ihn unverständlich war.

Jetzt war er einer der Ihren, ein Mitglied der

*‚Weißen Bruderschaft!‘*

***

## DIE ERWECKUNG

Mr. Hains Auftrag seinem Arbeitgeber, dem koreanischen Auslandsgeheimdienst ‚RGB‘ gegenüber war es, die Aktivitäten von Dr. Zhìxiàng zu überwachen. Nach dem streng eingehaltenen *‚Need-to-know-Prinzip‘* war es der Führung wichtig, ihn nicht in die Zielsetzung der Forschung einzuweihen. Gerade das forderte seine Neugier und seine Kombinationsgabe heraus.

Das Gefühl, auf der falschen Seite zu stehen, hatte er bereits kurz nachdem er für diesen Auftrag verpflichtet wurde. Das Angebot für den RGB zu arbeiten, bekam er erst gegen Ende seiner elfjährigen Dienstzeit bei der koreanischen Volksarmee. Seine Vorgesetzten waren aufgrund seiner Intelligenz und seiner gewissenhaften Dienstauffassung auf ihn aufmerksam geworden.

Er zögerte nicht lange, denn die Bezahlung war wesentlich besser als er sie je in einem Zivilberuf hätte erreichen können. Außerdem versprach er sich damals, mit gerade mal neunundzwanzig Jahren, ein aufregendes Leben voller Abenteuer.

Das aufregende Leben ist inzwischen längst einem mehr oder weniger monotonen Beamtenalltag gewichen und in allgemeiner Routine erstarrt.

Bei oft nächtelang andauernden Überwachungsaktionen hatte er genügend Zeit, über seine Bestimmung und den Sinn des Lebens nachzudenken. Dabei erwachte nach und nach seine bislang schlummernde Spiritualität. Somit war es, dem Gesetz der Resonanz entsprechend, folgerichtig, dass sich sein Schicksalsweg mit den Falun-Gong Leuten kreuzte. Eines war ihm nun sonnenklar:

Er musste was unternehmen!

Da traf es sich gut, dass er gerade heute seinen sechzigsten Geburtstag hatte, was in Korea traditionellerweise groß gefeiert wird. Minho erinnerte sich daran, dass er eine Flasche chinesischen Rotweins der Sorte Marsala im Gepäck hatte, die ihm einmal ein Nachrichtenoffizier des Bruderlandes für besondere Dienste überreicht hatte.

Er nahm all seinen Mut zusammen und klopfte, damit und mit zwei Gläsern bewaffnet, spätabends an Dr. Zhìxiàngs Tür. - *„Ja bitte?“*

*„Ich bin's, Minho! - Kann ich kurz stören?“*

Die Tür wurde einen Spalt geöffnet. Dr. Zhìxiàng blickte etwas verwirrt und verwundert, bat ihn aber einzutreten.

„Ich muss nur noch schnell diese E-Mail abschicken.“

Mr. Hain bemerkte, dass Dr. Zhìxiàng schon in einen blumenverzierten Kimono gekleidet war, was ihn veranlasste, zu denken, dass sie wohl bereits im Begriff war, sich für die Nacht vorzubereiten.

*„Entschuldigen Sie! Ich glaube es war eine dumme Idee von mir, aber ich habe heute meinen sechzigsten Geburtstag und ich dachte, vielleicht wollen Sie mit mir anstoßen?"*

Da war sie plötzlich wieder, die rötliche Färbung auf Dr. Zhìxiàngs Wangen. *„Dann sind Sie ja jetzt eine richtige Respektsperson, Minho!"*

*„Ja, so sagt man wohl auch in Ihrem Land. - Dabei fällt mir ein, ich kenne ja ihren Vornamen noch gar nicht."*

*„Yini",* war die verschüchterte Antwort.

*„Das bedeutet ‚die Betörende', nicht wahr? - Wie passend!"*

Man hätte nicht geglaubt, dass sich die Intensität ihrer Gesichtsrötung noch steigern lassen würde. Minho lächelte innerlich, öffnete die Flasche und goss die beiden Gläser randvoll.

*„Auf den Respekt, auf unsere Vorfahren, auf das Leben und auf die Liebe",* brachte Minho einen Toast aus.

Sie stießen an und nahmen einen Schluck. Je leerer die Flasche wurde, desto angeregter wurde die Unterhaltung. Man merkte, dass Yini nicht gewohnt war Alkohol zu sich zu nehmen. Der kostbare Tropfen löste nicht nur Yinis Zunge, sondern auch all ihre Hemmungen. Sie begann zu kichern und zu glucksen. Schließlich brach die ganze in Jahrzehnten aufgestaute Mauer unterdrückter Sexualität mit Urgewalten in sich zusammen. Unter Minhos zärtlichen Berührungen wurden all deren

Ziegel und Mörtelreste von einer Woge ungezügelter Leidenschaft hinfort gespült.

Yini versank in Minhos Armen in einen seligen Schlaf. Vorsichtig befreite er sich aus der Umklammerung, legte seine Kleider an und startete Yinis PC, der sich noch im Standby-Betrieb befand. Er zog alle Dateien zu den Versuchen im Labor sowie den E-Mail-Verkehr der letzten Tage auf einen Stick.

Vorsichtig schloss Minho hinter sich die Tür zu Yinis Kemenate.

***

## WACHEN UND TRÄUMEN

Als Chris am nächsten Morgen erwachte, suchte er unbewusst nach einem weißen Umhang in seiner Garderobe. *‚Es muss wohl nur ein Traum gewesen sein.‘*, dachte er bei sich.

*„Guten Morgen, Bruder!“*, begrüßte ihn Phil, als er die Treppe hinunter ging. *‚War das Zufall, oder kannte Phil wirklich seinen Traum?‘*, schoss es Chris in den Kopf.

*„Guten Morgen Bruder! - Der Kaffeeduft hat mich aufgeweckt.“*

*„War ja auch eine lange Reise.“, bemerkte Phil.*

*„Wie meinst du das?“ - „Na ja, 10.000 Kilometer sind doch schließlich kein Pappenstiel, oder?“*

Chris wurde augenblicklich blass. *„Du meinst ...?“ - „Ja, das mein ich!“*, grinste ihn Phil an.

Das Frühstück verlief fast wortlos, doch später, wieder auf der Sonnenbank, ergriff Phil das Wort:

*„Was du gestern Nacht erlebt hast, ist genauso real, wie das, dass wir hier sitzen. Nur dass du das in einer anderen Dimension im ‚Traumzustand' erfahren hast. Das Leben, das die meisten Menschen als real bezeichnen, ist jedoch aus der Perspektive der ‚Ander Welt' betrachtet der 'Traum'.*

*‚Träumen' und ‚Wachen' – ‚Wachen' und ‚Träumen', das ist deine Existenz! - Das ist dein Leben!*

*Wir sind jetzt Brüder, - und das ist erst der Anfang!"*

Für einen Augenblick fühlte Chris wieder diese goldene Flamme in seinem Rückenmark aufsteigen. Wieder spürte er dieses warme Gefühl der tiefen Verbundenheit mit der gesamten Schöpfung in seinem Herzen. Sie vielen sich in die Arme und mit Tränen in den Augen verharrten sie so, in innigem Schweigen.

*„Chris, du musst wissen, genau wie alle Menschen, wie alle beseelten Lebewesen, besitzt auch 'Gaya', unsere Mutter Erde, Energiewirbel, sogenannte 'Chakren'. Über sie werden Energien aus dem Kosmos aufgenommen und in diesen abgegeben. Sind diese Wirbel intakt, also lebendig, ist das Wesen ‚gesund'. In dieser Bezeichnung steckt das Wort 'Sünde'. Gesund zu sein heißt also: 'frei von Sünde'.*

*Das Wurzel-Chakra des Planeten, welches die lebendige Verbindung zur Schöpferquelle herstellt, liegt im Norden Kaliforniens, im heiligen Bergmassiv des 'Mount Shasta'.*

*Wir konnten ihm letzte Nacht einen Besuch abstatten. Die anderen Chakren sind über den Globus verteilt. Das sogenannte ‚Kronen-Chakra', das für eine Verbindung zu den höheren Dimensionen und*

*Daseinsformen sorgt, liegt in Tibet, in dem von allen östlichen Religionen verehrten und angebeteten Berg 'Kailash'. Auch dort hält unsere Bruderschaft Versammlungen ab.*

*Tief unter der Sphinx, auf dem Plateau von Gizeh, bei der großen Pyramide, befindet sich eine uralte Kultstätte. Dort ist das ‚Hals- oder Kehlkopf Chakra' beheimatet. Es steht für Kommunikation und Informationsaustausch. Wenn du tiefer in die Thematik einsteigen willst, in der Wandbibliothek findest du interessante Literatur zu allen Themen.*

*„Phil, - können wir heut Nacht zu Elena reisen?"*

*„Auf diese Frage hab ich gewartet! - Ja, Chris!"*

***

## RÜCKSCHLAG FÜR DIE KABALE

Claude Deville saß in seinem Arbeitszimmer am PC und las die entschlüsselte Mail von Dr. Zhìxiàng:

*Mr. Deville,*

*im Grunde läuft hier alles nach Plan. Die Laborversuche waren alle vielversprechend. Das Medium ist äußerst wirkungsvoll. Jedoch bei ersten Versuchen mit dem Transmitter stellte sich heraus, dass die Rückantwort der aufmodulierten Infos von den 'Star-Connect'-Satelliten viel zu schwach auf der Erde ankommt.*

*Wir können hier leider nicht feststellen, ob dies an dem hier ohnehin schwach ausgebauten Funktelefonnetz liegt, oder ob es mit dem weltweiten Stopp des Ausbaus der 5/6G-Netze zusammenhängt.*

*Ich wäre froh, wenn Sie darüber nähere Informationen besorgen könnten. Mir sind hier, in dieser Sache, die Hände gebunden.*

*Mit untergebenen Grüßen*

*Dr. Zhìxiàng*

Deville war so leicht nicht zu entmutigen. Er war es gewohnt, dass seine Leute für alles eine Lösung parat haben würden. Nach kurzem Grübeln erinnerte er sich an einen alten Freund und treuen Gefährten, dessen Bekanntschaft er bei früheren konspirativen Treffen des Kultes machen konnte.

*Dr. David Bloomfield* ist der derzeitige Direktor des JRO, des Jicamarca Radio Observatoriums bei Lima, Peru. Das JRO bezeichnet sich selbst als ‚äquatorialen Anker' des Netzwerks von Scatter-Radaranlagen, in der westlichen Hemisphäre, das sich bis zum Søndre Strømfjord, in Grönland, erstreckt. Es ist die weltweit führende Anlage zur Untersuchung der äquatorialen Ionosphäre. Deville beauftragte Fernand, sich telefonisch von Bloombergs Sekretärin einen Termin für eine Video-Konferenz mit E2E-Verschlüsselung geben zu lassen und die Daten per E-Mail zu bestätigen. Diese wurde für morgen 10:00 Uhr anberaumt, was in Peking 23:00 Uhr sein würde.

***

## HACKING

Han und Huan hatten die Berichte von Dr. Zhìxiàng an Monsieur Deville, die ihnen ihr Glaubensbruder Minho zuschickte, erhalten. Endlich hatten sie Devilles E-Mail-Account, wenngleich auch der Inhalt der Nachrichten verschlüsselt war.

Dieses Problem würde sich lösen lassen. Jetzt war es aber wichtig, sich in Devilles Computer zu hacken, um all dessen Aktivitäten überwachen zu können. Das war Huans Metier. Er arbeitete wirklich bei den Stadtwerken, jedoch nicht als Servicetechniker, sondern als Informatiker und Systemadministrator. Eifrig stürzte er sich sofort in die Arbeit.

Nach einer Stunde und dem etwa fünfzigsten Versuch ein Passwort zu finden, war er drin!

*'augedeshorus666'* - *'Sehr witzig!'*, dachte Huan.

***

## TRAUM-BEGEGNUNG

Vor lauter aufgeregter Erwartung lag Chris noch lange wach in seinem Bett. War es nicht unanständig, jemanden zu besuchen, den man nicht kennt und der nichts von dem Besuch weiß, ja, ihn nicht mal mitbekommt?

Und als er so darüber nachdachte und sich alle möglichen Situationen ausmalte, war er doch eingeschlafen.

*'Bist du bereit Bruder?'* Wieder saß Phil am Bettende.

*'Ich bin bereit!'*

Und wieder schwebte Chris' Seele über seinem tief schlafenden Körper und Phil nahm sie bei der 'Hand'. Auch diesmal ging es über endloses Meer, dann über die unberührten Wälder des Amazonas, über Bolivien, bis nach Santiago de Chile.

Unzählige Lichter erhellten die Fünfmillionenstadt. Mitten in deren Herzen ging es tiefer und tiefer, bis das kleine villenähnliche Gebäude unter ihnen auftauchte.

*'Hier ist es jetzt 23:00 Uhr, sie schläft schon. - Es ist im Dachgeschoss. - Ich warte hier auf dich. - Nur zu, Chris!'*

Vorsichtig, mit pochendem Herzen, löste er sich von Phil, schwebte lautlos durch die ‚Nebelwand' des Dachgebälks. *‚Das muss ihr Zimmer sein.'* - Die Anspannung wurde fast unerträglich. - Langsam steckte er seinen Kopf durch die Türfüllung, dann trat er ein. - Da lag sie nun, unschuldig schlafend, wie ein Engel, in ihrem Bett:

Elena!

Noch nie hatte er ein so anmutiges Wesen in seinem Leben gesehen. War es Dornröschen, in ihrem hundertjährigen Schlaf? - War er der Prinz, der gekommen war, um sie wach zu küssen?

Er setzte sich auf einen Stuhl und vermochte nichts zu tun, als sie nur, immerfort, anzuschauen.

Plötzlich regte sie sich, stöhnte leise in ihrem Schlaf. Fast wäre er aufgesprungen und durch die Tür entschlüpft, da bemerkte er, wie sich ihre Seele langsam aus dem Körper, der schlafend dalag, aufrichtete und sich ihm zuwandte.

*‚Wer bist du?'*

*‚Ich bin dein Spiegelbild!'*

*‚Ich hab dich noch nie in meinem Spiegel gesehen!'*

*‚Ich bin das Spiegelbild deiner Seele!'*.

*‚Endlich lern ich dich kennen. Du bist schön!*

*‚Ja, und du bist noch schöner als in all meinen Träumen!‘*

Er nahm all seinen Mut zusammen, beugte sich zu ihr und küsste sie behutsam auf die Stirn. Dann sah er, wie sich ihre Seele wieder mit dem Leib verband und mit einem sanften Lächeln auf den Lippen weiterschlief.

Als Chris am Morgen erwachte, fühlte er sich so leicht, wie eine Daunenfeder. Seit langem konnte man ihn wieder mal unter der Dusche singen hören. Er nahm immer zwei, drei Stufen auf einmal, als er die Treppe, zu Phil, hinunterstürmte. *„Weißt du was, Bruder? - Mich hat's total erwischt!*

*Ich bin verliebt!“*

*„Da wär ich jetzt nicht drauf gekommen!“,* sagte Phil mit einem triumphierenden Grinsen im Gesicht.

*„Ich freu‘ mich für dich, Chris. Ich weiß, wie du dich jetzt fühlst. Die Liebe ist die stärkste Macht im Universum. Aber du musst dich noch in Geduld üben!“*

***

## DAS TAGEBUCH

Am nächsten Morgen, als Elena erwachte, stieg als Erstes dieser seltsame Traum in ihrer Erinnerung auf. Erstaunlich fand sie dabei den unbeschreiblich plastischen, fast realen Eindruck, den er bei ihr hinterlassen hat, im Gegensatz zu dessen völlig surrealer Handlung.

Aber es war ihr in keiner Weise unangenehm. Vielmehr spürte sie eine innige Vertrautheit mit dem nächtlichen Besucher in ihrem Traum.

*'War das wirklich das Spiegelbild ihrer Seele?'*

Nach einem kurzen Frühstück begleitete sie Selina auf ihrem Weg zur Schule. Sie selbst hatte heute frei. Kurz darauf verabschiedete sie ihre Großeltern. Diese wurden von einem befreundeten Ehepaar zu einem Tagesausflug nach Valparaiso, an der Pazifikküste, abgeholt.

Mit ungewissen, eher unheimlichen Gefühlen ging sie hoch in ihre Dachwohnung und befreite das Tagebuch aus dem Wäschekorb. Dann setzte sie sich in der Wohnküche in den Schaukelstuhl am Giebelfenster und begann mit leicht zittrigen Händen zu lesen:

*15. April*

*Seit heute habe ich Gewissheit: Sie sind da! Sämtliche Algorithmen passen und ich konnte ihre Botschaften entschlüsseln.*

*16. April*

*Seit Tagen habe ich das Gefühl, dass versucht wird, sich in unseren Zentralrechner einzuhacken. Ich muss meine Ergebnisse vom System trennen. Ich hab jetzt von meinem Privat-PC aus eine Passwortgeschützte Verbindung in den SETI-Rechner. - Die Sache wird langsam heiß!*

*22. April*

*Wieder Wochenende. Ich bin hier der Einzige, der für SETI die Stellung hält. Sie wollen sich mit mir in der Wüste treffen. Sie wissen alles über uns, und sie wollen uns helfen. Morgen ist es so weit!*

*24. April*

*Gestern, Sonntagabend. Ich bin mit dem Land Cruiser zum Fuß des 'Complejo de Puricó', einem erloschenen Vulkan in der Nähe des Camps, gefahren. Ich hatte die genaue Zeit und die Koordinaten und wartete. - Nichts!*

*Plötzlich, nach Einbruch der Dämmerung materialisiert sich ein Kerl neben mir auf dem Beifahrersitz. - Schreck! Doch er lächelt mich an. Er schaut aus wie wir, vielleicht etwas blassere Haut. Dann reicht er mir eine Art Stirnreif, der mit diamantähnlichen Prismen besetzt ist. Er deutet mir an, ich solle ihn anlegen. Und im selben Moment kann ich alle seine Gedanken wahrnehmen. Er braucht so ein 'Ding' natürlich nicht.*

*Unsere 'Unterhaltung' verlief ungefähr so:*

*'Hab keine Angst, ich wollte auf Nummer sichergehen! Mein Name ist ‚Boq'. Wir kommen von einem Stern, den ihr ‚Altair' nennt, siebzehn Lichtjahre entfernt, im Sternbild 'Adler'. - Wir sind also fast Nachbarn.'*

*'Wie seid ihr hergekommen?'*

*Boq zeigte aus der Windschutzscheibe. Plötzlich war, nur für wenige Augenblicke, in etwa fünfzig Meter Entfernung ein hell beleuchtetes, matt schimmerndes ‚UFO' zu sehen.*

*'Das ist nur ein Aufklärungs-Shuttle. Unser Mutterschiff ist hinter eurem Mond geparkt. - Dirk', wir sollten uns ein andermal treffen. Wir haben viele Fragen an euch! - Den ‚Kopfschmuck' kannst du behalten!'*

*Und so schnell, wie er erschienen war, war er wieder weg. Ein leises Summen war zu hören und die Bordinstrumente des Wagens spielten verrückt. Ich schaltete das Fernlicht ein, aber das ‚UFO' war nicht mehr zu sehen.*

*26. April*

*Ich hab heute mal zum Spaß den Stirnreif aufgesetzt und hatte sofort eine Simultanverbindung zu Boq. Das ist völlig verrückt! - Er saß im Mutterschiff und ich konnte mich genauso mit ihm per Gedanken austauschen, wie kürzlich im Wagen. - Jetzt kann ich die ganzen Hinweise auf einen Kontakt, im System löschen, nachdem ich die wichtigsten Daten, extern, gesichert habe.*

*Übermorgen treffe ich Boq wieder!*

*27. April*

*Heute kamen zwei unsympathische Typen ins Camp zu mir. So eine Art 'Men in Black'. Sie hatten einen Ausweis von irgendeiner Regierungsorganisation. Dann wollten sie wissen, wie weit wir bei SETI mit den Kontakten zu E.T.s gekommen sind und haben hier alles auf den Kopf gestellt. Aber die scheinen wesentlich mehr zu wissen. Gott sei Dank hatte ich vorsichtshalber Boqs Stirnreif, die Sticks und das Tagebuch in meinem Spind vom Fitnessraum deponiert. - Jetzt heißt es jedenfalls aufpassen!*

*29. April*

*Gedächtnisprotokoll:*

*Gestern hatte ich meinen freien Tag. Ich war bereits um 5:00 Uhr morgens mit Boq wieder am selben Treffpunkt verabredet. Um mich nicht wieder zu erschrecken, kam er von außen auf den Wagen zu und klopfte an die Scheibe.*

*Ich setzte den Stirnreif auf und er bedeutete mir, das Auto aus der Sichtlinie, von der Straße aus, zu fahren.*

*Ich parkte den Toyota hinter einer Lavasteinformation. Dann gingen wir zusammen ein paar Schritte. Plötzlich hielt er unvermittelt an, packte mich mit beiden Händen an den Schultern und wir wurden sanft emporgehoben.*

*Wir standen im Kommandostand der kleinen 'Untertasse'. Diese hatte von innen wieder ihre materiell sichtbare Form angenommen. Die Crew bestand neben Boq noch aus zwei weiteren Personen, einem Mann und einer Frau, die Boq als ‚Kiruh', einen Maschinisten sowie die Aufklärungs-Offizierin ‚Kailah' vorstellte. Ich konnte auch ihre an mich gerichteten Gedanken empfangen. Boq nannte meinen Namen und meine berufliche Tätigkeit.*

*Man wies mir einen freien Platz zu. Kiruh hantierte am Steuerpult. Ein leises Summen und Vibrieren setzte ein und das umlaufende Lichtband, das den Blick auf die karge Vulkanlandschaft freigab, verdunkelte sich. Auf einem riesigen 3D-Bildschirm konnte ich sehen, wie wir langsam abhoben.*

*In ein paar hundert Metern Flughöhe begann das ‚Ding' plötzlich, in unvorstellbarer Geschwindigkeit, in eine Flugbahn einzuschwenken. Das Verrückte war, dass ich keinerlei Beschleunigungskräften ausgesetzt wurde. Ich war nicht mal angeschnallt!*

*Dann ging es im Tiefflug über den Amazonas-Regenwald.*

*'Wisst ihr Menschen eigentlich in was für einem Paradies ihr lebt? Aber ihr seid dabei, dies alles für egoistische Einzelinteressen aufs Spiel zu setzen.', empfing ich Boqs Gedanken.*

*Dann ging es noch tiefer und wir überflogen ein riesiges Gebiet abgeholzter Urwaldflächen. Nebenan zerrten die Arbeiter mit gigantischen Maschinen viele Jahrhunderte alte Baumriesen aus der geschundenen Landschaft.*

*Unser nächstes Ziel war der Nordatlantik. Wir überflogen ausgedehnte Wirbel von Plastikmüll, die wie riesengroße Inseln, gebildet aus unseren Wohlstandsabfällen, im Meer trieben.*

*‚Ihr Menschen, ihr seid eine seltsame Spezies. Ihr habt, einerseits, eine Vielzahl liebevoller, hoch spiritueller und verantwortungsbewusster Seelen auf eurem Planeten. Andererseits legt ihr die politischen Entscheidungen in die Hände korrupter, geldgeiler, machtbesessener Egomanen.*

*Und dazwischen gibt es eine dumpfe Mehrheit von, durch Medien, Werbung und seichter Vergnügungsindustrie, Gehirngewaschenen. - Für uns Außenstehende seid ihr wie eine Familie, in der der eine sich abrackert, um Geld ‚ranzuschaffen, ein anderer sorgt für einen vollgefüllten Kühlschrank und der Rest sitzt vorm Fernseher, lässt sich bedienen, rülpst und kackt in die Ecken!', bemerkte Boq.'*

*‚Ich muss dir leider recht geben.', warf ich beschämt ein. Es ist, als ob irgendeine verborgene Macht im Hintergrund eine Höherentwicklung der Menschheit unterbindet.'*

*‚Das hast du sehr gut erkannt, Dirk!' Ich habe den Auftrag, dich auf unser Mutterschiff einzuladen. Du müsstest aber einen ganzen Tag an Zeit mitbringen. Frag deine Frau, ob sie auch an einem Trip zum Mond interessiert ist!'*

Elena wurde, beim Lesen des Tagebuchs, von Seite zu Seite mehr, wie in einem Strudel, in das Geschehen hineingezogen. Sie musste sich zwingen, es wegzulegen, denn es war Zeit, das Mittagessen für Selina vorzubereiten.

Selina war ja, wegen des großen Altersunterschiedes zu ihr, ein 'Nachzügler-Kind', das ihre Eltern als ein spätes Geschenk Gottes ansahen. Elena verspürte eine tiefe Zuneigung zu ihrer 'kleinen Schwester'. Und durch die Ereignisse um den tragischen Verlust der Eltern war sie ihr mittlerweile noch mehr ans Herz gewachsen, so, als wäre Selina ihr eigenes Kind.

***

## ZOOM-KONFERENZ

Huan hatte es, vor 23:00 Uhr, gerade noch rechtzeitig geschafft, sich in die Zoom-Konferenz Devilles, mit Dr. Bloomfield vom Jicamarca Radio Observatory in Lima, reinzuhängen.

Dass er die Verschlüsselung umgehen konnte, verdankte er natürlich der Tatsache, dass, wie so viele, auch Deville dazu neigte, ein und dasselbe Passwort für alle möglichen Accounts zu benutzen.

*„Hallo Claude. Ich war einigermaßen überrascht, von dir zu hören. Aber ich freu' mich!"*

*„Ganz meinerseits, Dave! Ich glaub' wir trafen uns zuletzt in Glasgow, beim UNO-Klima-Gipfel, - hab' ich recht?"*

*Ja, ich erinnere mich. Claude, was kann ich für dich tun?"*

Und Deville erzählte ihm, dass er für den ‚Kult' an einer Möglichkeit arbeite, dessen Aufenthalt auf der Erde noch etwas länger gemütlich zu gestalten, ... dass er mit einer genialen Wissenschaftlerin dabei sei, dies umzusetzen … und dass sich dabei diese oder jene Schwierigkeiten, aufgetan hätten.

*„OK Claude, ich glaube ich weiß, was euer Problem ist. Da bist du bei mir natürlich genau an der richtigen Stelle. Nordkorea sagst du? - Hmm, - weißt du was? Wenn du für reibungslosen Transfer und sicheres Geleit sorgen kannst, dann schick ich dir für, sagen wir zwei drei Wochen, den besten Mann für diese gute Sache. Mr. Callidus wird euch sicher helfen können.*

*Aber, dass ich's nicht vergesse, du müsstest natürlich das Finanzielle regeln. Ich kann das nicht über den regulären Etat der Uni laufenlassen. Glaub' mir, ich wär' gern dabei, aber ich kann hier nicht weg."*

*„Danke Dave, das hört sich alles ziemlich gut an. Mit den Finanzen, das geht selbstverständlich klar. Ich lass dir die Details über meinen Sekretär, Monsieur Cerbére zukommen.*

Huan hatte alles im Kasten. Jetzt bräuchte er nur noch nach Cerbéres E-Mail-Adresse in Devilles PC zu suchen. Zusammen mit der Wanze im Maybach wäre dann die Überwachung komplett.

***

## DER MORGEN DANACH

Als Mr. Hain am Morgen im Labor auftauchte, tauschte er mit Dr. Zhìxiàng vielsagende Blicke aus. Obwohl sie sich weiterhin bemühten, förmliche Distanz zu wahren, glaubte Minho bei Yini eine gewisse Veränderung zu bemerken. Sie wirkte insgesamt weniger spröde im Umgang mit ihrem Team und des Öfteren ließ sie eine zuvor nicht gekannte Unkonzentriertheit erkennen.

Trotz allem, er musste vorsichtig sein. Einerseits würde ihm die Aufrechterhaltung der Beziehung zu Dr. Zhìxiàng unschätzbare Vorteile bei der Informationsbeschaffung bringen. Andererseits könnte jedoch das Auffliegen einer Liaison mit der Person seines Überwachungsauftrages schwerwiegende Folgen für ihn haben.

Wie er es auch drehte und wendete, die Loyalität seinen Freunden bei *Falun Gong* gegenüber würde die Oberhand behalten. Dessen war er sich schon lange bewusst: Seine Regierung steht auf der falschen Seite der Geschichte!

Trotzdem, es ist ein Ritt auf der Rasierklinge!

Aber jetzt fühlte er sich erst mal in dem Selbstverständnis seiner Rolle als Mann bestätigt. Und das gab ihm ein gutes Gefühl.

***

## SEELENSCHMERZ

Chris hatte seine innere Ruhe verloren! Er ertappte sich immer öfter dabei, wie er während der tiefschürfenden Gespräche mit Phil auf der Sonnenbank abschweifte. Seine Gedanken waren gefangen, wie die Abtastnadel in der Rille einer ‚hängenden' Schellack-Platte. Aus dem Grammophontrichter in seinem Kopf tönte es immerfort:

*„Elena...Elena...Elena..."*

Doch was wäre, wenn sie ihm seinen nächtlichen Besuch übelnehmen würde, was, wenn ihr Herz schon einem anderen gehörte? All das wühlte in seinem Innersten. Natürlich hatte er in früheren Jahren Schwärmereien für so manches Mädchen empfunden.

Aber das jetzt mit Elena, das ging viel tiefer. Damals hatte es das Schicksal ja auch immer wieder verstanden, es so einzurichten, dass es nicht zu mehr gekommen ist. Er war auch nicht traurig darüber, denn in seinem Innersten fühlte er:

*Da muss es noch was anderes geben. Und da war es!*

Phil blieb das natürlich nicht verborgen. Abrupt brach er mitten in seinem Satz ab:

*„...Chris, ich glaube wir haben kein Kaminholz mehr!"*

Dieser hatte sofort verstanden, stand auf und ging zum Schuppen. Und jedes einzelne Holzscheit bekam mit der Axt ein wenig von Chris' Seelenschmerz mit auf den Weg, auf dass er heute Abend im Kamin verzehrt werden möge.

Und mit jedem Axthieb wurde ihm leichter ums Herz, bis er schließlich sein Selbstvertrauen wiederfand und zu sich selbst sagte: *„Wenn es Gottes Wille ist, wird alles gut!"*

***

## DER EXPERTE

Fernand war zum Beijing Airport Daxing gefahren, um Dr. Callidus vom Flug aus Lima abzuholen. Dessen Gepäck war bereits vor Tagen angekommen und lag im Kofferraum des Maybach, den Fernand direkt im VIP-Bereich parken konnte.

Dr. Raul Callidus war ein eher schüchtern wirkender Mann, spanischer Abstammung. Er war nicht gerade besonders groß gewachsen und wirkte neben Fernand eher wie der kleinere Part einer Zirkusnummer. Die kurze Fahrt zum Hangar der Falcon 7X verlief wortkarg. Die Piloten und die Maschine standen schon startklar bereit. Fernand wuchtete Callidus‘ schweren Reisekoffer aus dem Kofferraum, als wäre es ein Damenhandtäschchen.

Knappe zwei Stunden später setzte die Falcon auf dem Baishan-Airport auf. Dort wurde Dr. Callidus von Fernand an den nordkoreanischen Hubschrauberpiloten übergeben. Zwar gab es südöstlich des Paektusan, ganz in der Nähe, den *‚Samjiyon-Airport‘*, des beliebten Wintersportortes gleichen Namens, doch die Erlaubnis für einen Direktflug, über die Grenze nach Nordkorea, hätte auch Deville mit all seinen Möglichkeiten nicht bewerkstelligen können.

Diese Abgeschiedenheit und Abschottungsmentalität des Landes war ja von Deville und Minister Cheng Li gerade aus diesen Gründen gewählt worden. Nicht umsonst war Nordkorea für alle Geheimdienste der Welt als das mit Abstand schwierigste Operationsgebiet berüchtigt. Spätabends, nach der Landung des Helikopters am Stolleneingang, wurde Dr. Callidus von Mr. Hain in Empfang genommen und zu seinem Quartier eskortiert. Morgen früh würde er Dr. Zhìxiàng im Labor treffen.

***

## GLÜCKLICHE FÜGUNG

Am andern Tag läutete, früh am Nachmittag das Telefon. Elena nahm den Hörer ab.

*„Elena? - Hier ist Dr. Schulte. Entschuldigen Sie, dass ich mich nochmal melde. Aber unser Facility-Manager hier bei ALMA hat mit seinem Generalschlüssel den Spind ihres Vaters, im Fitnessraum, geöffnet. Dabei fand er ein Paar Sportschuhe und einen Schmuckgegenstand. Der sieht aus wie ein diamantbesetztes Diadem, ein Haarreif oder so. - Es macht jedenfalls einen sehr wertvollen Eindruck. Es muss ihrer Mutter gehört haben. Ich wollte es ihnen schicken. Aber in diesen unsicheren Zeiten? - Na ja, Sie wissen schon."*

Elena fiel beinahe der Hörer aus der Hand! Sie erinnerte sich sofort an das Tagebuch. Geistesgegenwärtig sagte sie deshalb:

*„Ach ja, der Haarreif meiner Mutter. Wir haben schon danach gesucht. Das ist ja toll. Er bedeutet mir sehr viel."*

*„Morgen ist ein Kurier vom Institut in Santiago. Er begleitet eine Studentengruppe vom Bahnhof ‚Central' zum Airport. Ich gebe ihm ihre Nummer, dann können Sie sich mit ihm verabreden"*, schlug Dr. Schulte vor. *„Ja sicher, Herr Schulte! - Das ist fantastisch. - Vielen, herzlichen Dank!"*

Elena war völlig aufgelöst. Eine Telepathie-Maschine von einem anderen Stern. Sie konnte es kaum erwarten, den Kurier zu treffen. Wer weiß? - Vielleicht könnte sie sich dann mit dem ‚Spiegelbild ihrer Seele' unterhalten?

***

## KLARHEIT

Huan hatte Kontakt mit einem ehemaligen Studienkollegen, der ebenfalls *Falun Gong*-Anhänger war, aufgenommen. Dieser hatte eine

Doktorandenstelle, am National Computing Center in Wuxi, Südostchina, inne, das den *Sunway Taihu Light-Superrechner'* beherbergt.

Er sollte herausfinden, ob er eventuell in der Lage wäre, unbemerkt den von ihm kopierten E-Mail-Verkehr von Deville und Dr. Zhìxiàng zu entschlüsseln.

Der Glaubensbruder meinte, es handle sich lediglich um eine normale 256 Bit Kryptisierung. Dazu bräuchte er nicht den Supercomputer zu bemühen, was ohnehin Probleme sicherheitstechnischer Art verursachen würde.

Ein paar Tage später bekam Huan was er wollte und gab es an sein gesichertes E-Mail-Verteilernetz weiter.

***

## DIE EINLADUNG

Am Abend, als Selina eingeschlafen war, befasste sich Elena weiter mit den Einträgen im Tagebuch ihres Vaters.

2. Mai

Gedächtnisprotokoll:

Sarah ist übers Wochenende bei mir im Camp. Sie hilft mir bei Computerauswertungen und wir genießen die rare Zeit miteinander. Ich hab sie inzwischen in die ganze Sache eingeweiht. Das mit den komischen MIB-Leuten hab ich nicht erwähnt, denn ich wollte sie nicht beunruhigen. Sarah hat es erstaunlich gefasst aufgenommen. Sie war von Anfang an immer sehr am SETI-Projekt interessiert. Auch sprach sie des Öfteren davon, dass dieser Tag einmal kommen würde.

Wir saßen gerade beim Abendessen, als der ‚Stirnreif‘ zu blinken begann. Ich setzte ihn auf und hatte sofort einen Gedankenkontakt zu Boq.

*‘Der Kommandant des Mutterschiffes möchte dich morgen kennenlernen, Dirk.‘*

*‘Letztes Mal hast du davon gesprochen, dass meine Frau auch mitkommen könne?‘*

*‚Na klar, umso besser! Ich habe auch noch einen zweiten Telepator für sie.‘ Wir erwarten euch um 8:00 Uhr am Treffpunkt.‘*

Als ich Sarah von der Einladung berichtete, fragte sie nur:

*‘Was trägt man auf ‚Altair‘ denn so, dieses Frühjahr?*

3. Mai

Gedächtnisprotokoll:

Wir standen schon vor 6:00 Uhr auf, obwohl in der Nacht nicht viel an Schlaf zu denken war. Nach einem kurzen Frühstück schlichen wir uns aus dem Camp und fuhren zum Landeplatz. Wir waren etwas zu früh und Sarah wollte sich noch zurechtmachen, als diese ‚Wanze‘ aus der Schminkspiegelhalterung auf den Wagenboden fiel. Sarah hat es glücklicherweise nicht bemerkt.

Unter dem Vorwand, den Frühstückskaffee loswerden zu wollen, entfernte ich mich vom Auto und zertrümmerte den Minispion mit einem Stein. Kaum saß ich im Toyota, drehten sich wieder sämtliche Bordinstrumente. *„Sie sind da!“*, sagte ich zu Sarah, die jetzt, trotz der aufgebrachten Schminke, etwas Farbe im Gesicht verlor. Ich setzte meinen Kopfschmuck auf und wir gingen zu dem UFO, das sich inzwischen, wie eine Fata Morgana, schwach gegen den Hintergrund abzeichnete.

Boq erwartete uns und war beim Einstieg behilflich. Kailah gehörte diesmal nicht zur Crew, wohl, weil ihr Sitzplatz für Sarah gebraucht wurde.

Boq reichte Sarah einen Stirnreif und mit leisem Summen hoben wir ab. Gefühlte dreißig Minuten später erreichten wir den Orbit des Mondes. Wir waren so nah, dass sich dessen Horizont fast waagerecht auf dem riesigen Schirm abzeichnete.

Kiruh hantierte am Pult und das umlaufende Fensterband gab eine unbeschreibliche Panoramasicht frei. Da tauchte es plötzlich ehrfurchteinflößend unmittelbar über uns auf:

Das Mutterschiff!

Es sah aus, wie ein riesiger weiß glänzender Ring von vielleicht dreihundert Metern Durchmesser. An seiner uns zugewandten Seite befanden sich mehrere umlaufende Fensterreihen. In der Mitte des Ringes war mit drei riesigen Streben eine gigantische Kugel mit farblich abgesetzter Kuppel aufgehängt. Die Verbindungsstreben waren in ihrem Innern zugleich auch als Durchgänge ausgebildet.

An der Unterseite der Kugel blinkten zwei Lichterreihen so wie die Begrenzung einer Flugzeuglandebahn. Kiruh stellte den Autopiloten ein und wie von Geisterhand gesteuert, schwebte unser Shuttle auf die Kugel zu. Im letzten Moment öffnete sich am Ende der Lichterreihen eine Luke gerade groß genug, um die Durchfahrt zu gestatten. Unser Gefährt setzte sanft auf dem Hangar-Deck neben anderen Shuttles auf.

Dann wurden Sarah und ich von Boq zu einem Fahrstuhl begleitet, der uns nach oben in die Kuppel beförderte. Unser Erstaunen war groß, als wir dort angekommen bemerkten, dass diese von innen durchsichtig war und somit einen 3D-Rundumblick auf die Mondrückseite und das Weltall freigab.

Wir befanden uns wohl auf einer Art Kommandobrücke. Etwas unterhalb hantierten einige in azurblaue anliegende Suits gekleidete Mitglieder der Besatzung an Pulten und Bildschirmen. Die Anzüge der ‚Altairianer' unterschieden sich lediglich durch kleine goldene Abzeichen, die wohl auf verschiedene Dienstgrade hinwiesen. Alle hatten vollkommen menschliches Aussehen, auffallend war lediglich, dass sich keine Frau unter ihnen befand.

Umso überraschter waren wir, als kurz darauf eine sehr attraktive Frau mit langem rötlichen Haar dem Lift entstieg. Sie war in einen völlig weißen Body gekleidet, der lediglich durch einen schmalen, goldfarbenen Kragen am Hals abgesetzt war.

Total komplett war die Überraschung, als sie auf uns zukam, um uns in akzentfreiem Englisch zu begrüßen:

*„Herr Dr. Schumann, ich darf Sie und Ihre Frau herzlich an Bord der ‚Starseed' willkommen heißen. Ich bin der Kommandant. Mein Name ist 'Shamira'. Ich bin sehr froh, dass Sie meiner Einladung gefolgt sind. Wenn Sie erlauben, dann bringt sie Boq nach oben in die ‚Sky Bar'. Wir nennen sie das 'Adlernest'.*

*Dort können wir uns ungestört unterhalten. Ich bin gleich wieder bei Ihnen!"*

Boq bedeutete uns, ihm zu folgen. In der Mitte der Kuppel gab es einen zylindrischen Bau, der die Liftschächte sowie die Sanitär- und Versorgungseinrichtungen beherbergte. Mit dem Aufzug ging es bis kurz unters Dach. Dort war eine gemütliche Lounge untergebracht, deren Aussicht auf den Weltraum, durch keinerlei Ablenkung gestört, noch beeindruckender war. Boq bot uns einen Platz an und machte sich an der Bar zu schaffen.

Als er auf einem Tablett mit vier Tassen, einem heißen Getränk und einer Art Gebäck ankam, betrat auch Shamira das ‚Adlernest'. Sie stellte einen seltsamen Kristallwürfel in die Tischmitte. Im Innern des Würfels war freischwebend eine silberne Scheibe zu sehen.

Sarah und ich sahen verblüfft, abwechselnd erst den Würfel, dann uns, gegenseitig an. Schließlich richtete ich meinen fragenden Blick auf Shamira.

*„Ich weiß, dass Sie dies alles sehr verwundern, wenn nicht sogar verstören muss. Lassen Sie uns aber erst einmal auf unsere Bekanntschaft anstoßen!"*

*Shamira goss ein dampfendes Getränk in die Tassen.*

*„Wie sagt man bei Ihnen zu Hause, Herr Schumann? - ‚Zum Wohlsein!' - nicht wahr?*

Alle nahmen die Tassen auf und tranken. Das Getränk war süßlich, äußerst wohlschmeckend und anregend.

*„Was ist das?"*, fragte Sarah, zu Shamira gewandt.

*„Sie würden es einen Tee nennen. Ja, es handelt sich um einen Aufguss von auf ‚Altair' gewonnenen Kräutern, die in einem speziellen Verfahren energetisiert wurden. Wir sagen ‚Manasse' dazu."*

*„Wieso sprichst du unsere Sprache? Mit Boq können wir nur telepathisch kommunizieren"*, war meine Frage.

*„Wir auf Altair verständigen uns normalerweise auf der geistigen Ebene. Trotzdem sprechen und verstehen wir unsere eigene Sprache. Einige von uns, hauptsächlich Frauen, besitzen jedoch die angeborene Fähigkeit, sich telepathisch in das Sprachzentrum jedes Individuums einzuklinken und in dessen Sprache zu kommunizieren. Boq, hier zum Beispiel, hat diese Gabe nicht. Trotzdem kann er auf geistiger Ebene unserer Unterhaltung folgen, weil ja jedes Wort, bevor es ausgesprochen wird, zuerst in Gedanken in der Muttersprache formuliert wird."*

*„Welche Rolle spielen Frauen in Altairs Gesellschaft?", warf Sarah ein.*

*„Eine gänzlich andere als hier auf der Erde. Bei euch wird auf Frauen nur gehört, wenn sie möglichst viele männliche Eigenschaften aufweisen. Das bringt aber dann mit sich, dass sie ihre enorm wichtigen weiblichen Attribute verkümmern lassen. Auf der Erde sind zwar mittlerweile in Politik und Wirtschaft auch viele Frauen anzutreffen. Diese bringen aber fast ausschließlich weitere männliche Aspekte und Gedankengänge ein.*

*Auf Altair hatten wir vor vielen Generationen die gleichen Probleme, wie ihr hier zurzeit. Nach einem vernichtenden Krieg mit totalem wirtschaftlichen Zusammenbruch waren wir gezwungen, aus allen Fehlern zu lernen. Eine der wichtigsten Lehren, die wir daraus zogen, war die absolute Gleichberechtigung von Frau und Mann.*

*Ihr habt hier auf der Erde zwar auch eine sogenannte Emanzipation der Frau erreicht. Diese ist unseren Augen jedoch nur eine Farce. Eure Frauen fühlen sich emanzipiert, wenn sie wie Männer handeln können. Sie sollten sich ‚e**mann**zipiert' nennen. Diese Art Frauenbewegung kann sicher nur männlichen Gehirnen entsprungen sein."*

*„Was macht ihr also anders?",* fragte ich.

*„Wir lassen prinzipiell alle Frauen weiblich und alle Männer männlich sein. Männer und Frauen haben grundsätzlich evolutionsbedingt verschiedene Ansätze Probleme zu lösen. Den Idealfall stellt es unserer Erfahrung nach dar, wenn Frauen nach ihrer generell höher ausgebildeten Intuition entscheiden und Männer dann die Einzelheiten analytisch ausarbeiten.*

*Die Entwicklung auf unserem Planeten hat seitdem einen bemerkenswerten Aufschwung genommen, sodass wir uns sogar den Problemen anderer Zivilisationen widmen können. Männliche Entscheidungen sind vom Verstand getragen, die weiblichen vom Herzen. Wenn beide eine Fusion eingehen, entsteht das, wofür ihr in der deutschen Sprache dieses wunderbare Wort benutzt:*

*'Vernunft!'*

*Dirk, Sarah, ich denke, eine Pause würde uns guttun. Können wir uns nach dem Mittagessen nochmal treffen? Boq, zeigst du unseren Gästen ihre Unterkunft und die Offiziers-Messe?"*

Alle nickten zustimmend.

# BRAINBOW

***

## UNTERNEHMEN BRAINBOW

Mr. Hain holte gegen 8:30 Uhr Dr. Callidus in seinem Quartier ab und brachte ihn ins „Casino“, einer Art Kantine für die Beschäftigten der Untergrund-Basis, tief im Inneren des Bergmassivs.

Es gab dort auch einen abgetrennten Bereich, der den Führungskräften des Militärs vorbehalten war. Hier wurden sie bereits von Dr. Zhìxiàng erwartet, um das Frühstück einzunehmen.

Nach einer freundlichen Begrüßung und dem Austausch von Höflichkeiten gab es ein ausgiebiges Frühstück, das sich fundamental von jenem unterschied, das den unteren Rängen zugemutet wurde. Die Konversation wurde immer gelöster, ja vertrauter und Minho musste sich bemühen, Yini gegenüber nicht zu sehr aus seiner Aufpasser Rolle zu fallen. Ihrer beider süßes Geheimnis durfte keinesfalls offensichtlich werden.

Als der Tisch von der Ordonnanz, bis auf die Getränke, abgeräumt war, holte Dr. Zhìxiàng ihre Unterlagen hervor und begann einen mit vielen wissenschaftlichen Termini gespickten Vortrag über ihre Mission. Mr. Hain war mit dem Verfolgen der normalen Konversation auf Englisch schon ziemlich überfordert. Aus diesem Grund drückte er den Knopf seines Aufzeichnungsgerätes in der Brusttasche seiner Jacke und widmete sich, unbeteiligt wirkend, einer herumliegenden Zeitschrift.

Dr. Callidus hörte aufmerksam zu, stellte ab und zu eine Detailfrage und blätterte in den Aufzeichnungen und Bildern der Transmitter-Anlage. Schließlich lehnte er sich zurück, räusperte sich, schloss die Augen und sagte:

*„Frau Dr. Zhìxiàng, wie ich die Sache sehe, ist sie ziemlich einfach gelagert. Meiner Meinung nach brauchen wir die ‚Star Connect' Satelliten überhaupt nicht, was, wie sie ja erwähnten, bei dem augenblicklichen Ausbauzustand von 5/6 G ohnehin nicht funktionieren würde. - Kennen sie 'HAARP'?"*

*„Sie meinen die Sendeanlage in Alaska zur Erforschung der Ionosphäre, die schon vor langer Zeit eingestellt wurde?*

*„Ja, die meine ich. Aber was Sie sonst noch dazu bemerkt haben, das ist lediglich eine Tarngeschichte für die Medien. Vielmehr ist es so, dass die Militärs zwar ‚offiziell' aus dem Projekt ausgestiegen sind, die Anlage jedoch unter privater Trägerschaft bis heute aktiv ist.*

*Aber es geht noch viel weiter. Mittlerweile gibt es weltweit verstreut sechzehn solcher Anlagen, mit speziell auf deren Ort zugeschnittenen Aufgaben. ‚Verschwörungstheoretiker' mutmaßen schon lange, dass mit dem HAARP-Prinzip das weltweite Wetter manipuliert werden kann, bis hin zu regelrechten Wetterkriegen.*

*Frau Dr. Zhìxiàng, wir können heute an jedem beliebigen Ort auf dem Globus Tsunamis, einen Vulkanausbruch oder ein Erdbeben provozieren. Auch ist es möglich, mittels der durch die HAARP-Technik erzeugten ELF-Wellen - das steht für ‚**E**xtreme **L**ow **F**requences' - das Bewusstsein der Menschen zu beeinflussen. Im Militärbereich eingesetzt, haben wir die Möglichkeit, feindliche Armeen vollkommen zu desorientieren und somit kampfunfähig zu machen. Aber, wie gesagt: Das sind selbstverständlich alles lediglich wilde Verschwörungstheorien."* Dabei hatte Dr. Callidus ein breites Grinsen im Gesicht.

Dr. Zhìxiàng hatte fassungslos zugehört.

*„Was bedeutet dies jetzt in unserem Fall, Dr. Callidus?"*

*„Hören Sie, Frau Doktor! - Es ist nicht so, dass sich diese sechzehn 'HAARP'-Anlagen in einer Konkurrenzsituation zueinander befinden. Sie wirken vielmehr in geheimer Absprache als Einheit. In Wahrheit arbeiten auch alle Schattenregierungen dieser Erde zusammen. Man kann deshalb sagen, eine funktionierende Weltregierung ist, im Geheimen, längst installiert. Regierungen und Parlamente, als Gegenstand täglicher Nachrichtensendungen, sind nichts weiter als reine Showveranstaltungen für die Masse. Die Bühne der Politik bietet lediglich ein Betätigungsfeld für profilierungssüchtige Laiendarsteller, die in wichtigen Fragen keinerlei Entscheidungsbefugnis haben.*

*Entschuldigen Sie! Ich bin etwas abgeschweift. Also, den HAARP-Stationen wird die Aufgabe zukommen, hier, über Ihrem Gebiet eine stehende Welle aufzubauen, und damit ein Loch in die Ionosphäre zu reißen und diese dadurch aufzuheizen.*

*Neben den HAARP-Anlagen gibt es neun sogenannte 'Scatter-Radaranlagen'. Diese sind hauptsächlich auf der nördlichen Halbkugel verteilt. Mein Arbeitsplatz ist, wie Sie wissen, das Jicamarca Radio Observatorium (JRO) in Lima. Peru. Wir sind die weltweit führende Einrichtung, was die Untersuchung der Ionosphäre im äquatorialen Bereich betrifft.*

*Scatter Radar bezeichnet eine Streuradar-Technik, bei der Impulse verschiedener Frequenzen in die Magnetosphäre der Erde gelangen. Sie lassen sich dort spiralförmig auf die Magnetfeldlinien aufmodulieren. Somit folgen sie diesen und treten mit ihnen am Südpol in die Erdachse ein. Dort geben sie ihre Information in den Erdkern.*

*In Wechselwirkung des festen inneren Eisen-Nickel-Kerns mit dem äußeren Kern, der aus flüssigem Eisen besteht, werden somit, wie in einem riesigen Geo-Dynamo, die magnetischen Feldlinien erzeugt. Sie treten dann am Nordpol wiederum aus und dienen den Informationen des Radars erneut als Transportmittel. Die aufmodulierten Impulse dürften sich damit kontinuierlich verstärken und das quantenmechanische Feld der Erde nachhaltig im Sinne dieser Information verändern. Können Sie mir folgen?"* - Callidus nahm einen großen Schluck aus der Kaffeetasse.

*„Ich glaube schon, ..."*

*„Es ist, wenn Sie so wollen, ein weltumspannendes Netz, das entlang der Magnetfeldlinien den Globus umspannt. Einem riesigen Regenbogen gleich wölbt sich das System, den Längengraden folgend, über die gesamte Menschheit. Die durch den ‚Geo-Dynamo' perpetuierten Informationen dringen somit in alle Gehirne. Wäre ich ein Sarkast, Frau Dr. Zhìxiàng, würde ich das Ganze ‚Unternehmen BRAINBOW' nennen."*

*„Das alles hört sich für mich geradezu fantastisch an. Aber, wie muss ich mir die genauen Abläufe vorstellen, Dr. Callidus?"*

*„Also, ich denke, wir müssen ihren Transmitter ein wenig aufpäppeln. Ich werde Ihnen eine Reihe von Komponenten aufschreiben und Sie müssten mir kurzfristig Bescheid geben, ob Sie diese beschaffen können. Ansonsten muss ich meine Kollegen vom JRO bemühen, was letztlich mehr Zeit benötigen dürfte.*

*Dann müssen alle Koordinaten in das Verbundsystem von HAARP eingegeben werden. Wenn dann von dort, zu einem vereinbarten Termin, das Loch in die Ionosphäre geschossen wird, müssen wir hier mit dem modifizierten Transmitter und Ihrem Medium bereitstehen. That 's it!"*

*„Monsieur Deville meinte, Ihr Chef, Dr. Bloomfield könnte Sie für drei Wochen entbehren. Schaffen wir das?"*

*„Das sollte machbar sein, vorausgesetzt, wir haben bald die Teile. Ich fange gleich mit der Liste an!"*

Mr. Hain stoppte das Aufnahmegerät in seiner Jacke und man ging auseinander.

***

**DIE ÜBERGABE**

*„Hallo Señorita Elena, ich bin Sergio. Ich habe ein Paket von Mr. Schulte für Sie. Können Sie morgen um 10:00 Uhr am ‚Central' sein, sagen wir am Taxistand?"*

*„Ja sicher, ich werde da sein. Danke!"* Elena legte auf.

Am nächsten Morgen war Elena pünktlich zum Taxistand an der *Estación Central* geradelt. Sergio war nicht zu sehen. Nach einigen Minuten trat ein eher einheimisch aussehender junger Mann, gefolgt von einer Gruppe Touristen, aus der Bahnhofshalle und steuerte einen Kleinbus an. Elena ging darauf zu.

*„Sie müssen Sergio sein?"*

*„Si, Señorita Elena? - Sekunde, ich hab was für Sie!"*

Dann kramte er ein Päckchen aus der Ablage in der Fahrertür und überreichte es Elena mit bewunderndem Blick.

*„Mr. Schulte ist ein Glückspilz!"*

*„Oh nein, er ist nur ein Kollege.“*

*„Geht mich ja nichts an. Hola bella Señorita!“*, verabschiedete sich Sergio, mit anzüglichem Grinsen.

Elena lächelte etwas gequält zurück und setzte sich aufs Fahrrad. Sie konnte es kaum erwarten, das Päckchen aufzumachen.

***

## VITAMIN „B“

In dem prächtigen, in der Kaiserzeit erbauten Anwesen am Zhonghai-See klingelte das Telefon.

*„Deville!“*

*„Hallo Claude, hier ist Dave. Raul, das heißt Dr. Callidus berichtete mir, dass alles so weit gut läuft, bei euch. Aber ich denke, Dave, dass du mit deinem Einfluss, bei den Schlitzaugen etwas Druck machen solltest. Dr. Callidus meint, denen wäre die Dringlichkeit der Sache nicht ganz bewusst. Ich meine das mit den Teilen auf Rauls Liste. Weißt du, von hier aus ist es schwierig. Die Sanktionen werden von Woche zu Woche immer restriktiver.“*

*“Ich verstehe. Gut, dass du anrufst, Dave. Ich sehe den Minister eh morgen bei einem geheimen Treffen des Kultes. Ich werde ihn darauf ansprechen. Das sollte in Ordnung gehen. Aber, kannst du mir die Liste zukommen lassen?*

*„Ist schon geschehen. Schau in deine Mail!“*

*„OK! - Wann geh'n wir wieder mal Golfen?“*

Bloomfield lachte laut - *„Vergiss es!“* - und hängte auf.

***

## FERNGESPRÄCH ZUM MOND

Endlich war Elena zu Hause angekommen. Selina war noch in der Schule. Zum Platzen gespannt, öffnete sie das kleine Päckchen. - Und da war er: der *Telepator*!

Ja, man konnte den ‚Stirnreif‘ wirklich als Schmuckstück durchgehen lassen, mit dem schlichten matten Metall und darauf, den kostbar anmutenden Kristallen. Sollte sie? - Elenas Herz klopfte. - Schließlich nahm sie all ihren Mut zusammen und setzte ihn auf. Einige Sekunden *vergingen, wie eine Ewigkeit. Dann:*

*‘Dirk? ....‘*

*‘Nein, hier ist Elena, Dirk war mein Vater.‘*

*‘Elena, entschuldige, ich dachte für einen Moment, dein Vater wäre von den Toten auferstanden. Hier ist Boq. Wie ich annehme, bist du jetzt im Besitz des Telepators. Das ist sehr gut!‘*

*‘Ja, Boq, ich weiß, wer du bist, ... aus Vaters Tagebuch. Ich habe es noch nicht ganz zu Ende gelesen. Es ist alles ziemlich befremdlich, was in letzter Zeit so alles passiert ist. Aber ich bin froh, dass ich mit dir sprechen ... eh, unterhalten kann. Jetzt weiß ich, dass alles wahr ist.‘*

*‘Gut Elena, Kommandant Shamira würde bestimmt gerne mit dir kommunizieren. Sie ist gerade in einer Konferenz. Ich werde sie über unsere Unterhaltung informieren. Du hörst bestimmt bald von ihr.‘*

Elena konnte das alles gar nicht so recht fassen. Was passiert hier gerade? - Warum ihre Eltern? - Warum sie? Es war Zeit, sich auf Selinas Ankunft von der Schule vorzubereiten.

***

## ZWEI IN EINEM BOOT

Chris hatte die Axt zur Seite gelegt. Er trug die Scheite in einem Korb zum Kamin und begann sie aufzuschichten. Phil kam zur Tür herein.

*„Jetzt gefällst du mir schon wieder besser. Chris, du bist schon ziemlich weit gekommen, bei unserem Crashkurs. Die Sonne scheint für uns, da draußen. Lass uns noch mal auf den See rudern! Ich möchte mich noch über einiges mit dir unterhalten.“*

*„OK, ich hol mir nur noch einen Pullover.“*

Auf dem See war es angenehm warm. Die Herbstsonne zeigte einmal mehr, so richtig, was sie kann. Reflexionen von der spiegelglatten Wasseroberfläche taten ein Übriges. Phil legte sein Ruder zur Seite, lehnte sich zurück und blinzelte zum Himmel, bevor er begann.

*„Chris, du weißt, wir haben dich und Elena als die zwei Teile einer perfekten Dualseele identifiziert und dafür auserwählt, auf der Erde ein noch nie zuvor gemachtes Experiment zu wagen. Dieser Planet ist etwas ganz Besonderes. Seit Anbeginn, als die ersten Menschen in der Evolution auftauchten, ist er in einem ewigen Kampf zwischen ‚Gut‘ und ‘Böse‘.*

*Dies bezeugt schon die Bibel, mit der Geschichte von Kain und Abel. Auch gibt es in den Mythen und Überlieferungen fast aller Völker Le-*

*genden und Märchen von bösen Drachen, die jedes Jahr eine ‚Jungfrau' als Tribut einforderten. Dann kam der tapfere Königssohn, um die Unglückliche zu befreien und den Drachen zu töten. Oftmals wuchsen dem Untier aber auch für jeden abgeschlagenen Kopf wieder neue Häupter nach."*

*„Vielleicht sollte damit ja deutlich gemacht werden, dass eine Auflehnung gegen die Tyrannei völlig vergeblich ist."*, sagte Chris.

*„Das ist gut möglich. Auf jeden Fall, wie es scheint, haben sich diese Geschichten in das kollektive Gedächtnis der Menschheit eingebrannt. Das würde diese unbewusste Erinnerung an parasitäre Reptilienwesen, die sich vom Blut unschuldiger Jünglinge oder Jungfrauen ernähren erklären."*

*„Aber es gibt doch auch positive Charaktere bei all diesen Reptilien-Geschichten"*, drängte es Chris beizusteuern. *„Da hast du recht. Du denkst dabei bestimmt an 'Helden', die der Fantasie der Drehbuchschreiber für Hollywood-Filme entsprungen sind."*

*„Ja, jedes Kind hat doch heute ein süßes Saurierbaby als Kuscheltier"*, meinte Chris.

*„Genau, aber das ist, wie du dir denken kannst, bewusst gesteuert. Ich möchte dir jetzt ein paar Hintergründe geben über die verborgene Wahrheit, über die sogenannten*

*'Drakos'.*

*„Die ‚Drakos' sind eine Rasse, die vor Urzeiten aus dem dreihundert Lichtjahre entfernten 'Alfa Drakonis-System' auf die Erde kamen und dort in unterirdischen Basen lebten. Sie lieferten für all die beschriebenen Mythen die Grundlage. In den 50er-Jahren des letzten Jahrhun-*

*derts konnten sie einen Vertrag mit der amerikanischen ‚Schattenregierung' schließen. Dieser erlaubte es ihnen, im Austausch für fortschrittlichen Techniktransfer, mit ihrem Genmaterial eine ‚menschliche' Hybridrasse zu züchten. Dieses ‚Brutprogramm', das bereits in der dritten Generation (G3) angelaufen ist, führte dazu, dass nach und nach die reptiloiden Körpermerkmale verschwanden. 'Shapeshifting' bei Kontakt mit den ‚SOL 3-lingen' war also nicht mehr notwendig.*

*Diese reptiloide Rasse hat es im Lauf ihrer Entwicklung zu höchstem wissenschaftlichen Fortschritt und zu immensen technischen Höchstleistungen gebracht. Infolge massivster Übertretung kosmischer Gesetze kam es jedoch zu einer galaktischen Katastrophe.*

*Dabei wurden ihre unteren drei Chakren geschlossen und sie büßten die Anbindung ihrer Spiritualität an die kosmischen Entwicklungsgesetze ein. Dabei gingen sie der Fähigkeit verlustig, Emotionen zu empfinden. Außerdem verloren sie die Möglichkeit, sich auf natürlichem Wege fortzupflanzen.*

*Im Zusammenspiel mit den korrupten Kollaborateuren auf der Erde, die sich aus dem reichlichen Reservoir all der seelenlosen Psychopathen speiste, konnten sie ihr übles Netzwerk aufbauen. Im Gegenzug zum Austausch ihrer überlegenen Technik erhielten sie von der verborgenen Schattenregierung Erlaubnis, ihr unterirdisches Habitat auszubauen.*

*Dies alles geschah unbemerkt von der Weltöffentlichkeit. Die ‚Drakos' waren so in der Lage, ihr Zuchtprogramm für die Schaffung einer Hybrid-Rasse durchzuführen.*

*Mit den ‚Hybriden' der zweiten Generation (G2) konnten sie mittlerweile, aufgrund ihrer enormen Intelligenz sowie des nicht Belastet-Seins mit irgendwelchen Skrupeln, die allerhöchsten Positionen in Finanzwelt, Politik, Medien und Wissenschaft besetzen.*

*Die unvorstellbar hohen finanziellen Mittel, die das alles verschlang, konnten selbst die westlichen 'Schaufensterdemokratien' der Staatengemeinschaft nicht in ihren öffentlichen Etats verstecken. Aus diesem Grund mussten in den letzten Jahrzehnten perfekte Strategien entwickelt werden, um, an der Öffentlichkeit vorbei, Schatten-Finanzierungen über ‚schwarze Haushalte' zu etablieren.*

*Dies geschah hauptsächlich über den internationalen Drogenhandel, der an der Spitze der Befehlsketten fast zu hundert Prozent von den Geheimdiensten kontrolliert wird.*

*Dabei gibt es, aus Sicht der reptiloiden Usurpatoren noch den ‚schönen' Nebeneffekt, dass durch den ‚legalen' Konsum von Drogen - nur der Besitz und der Handel sind ja offiziell verboten - die jungen Seelen bemitleidenswerter Suchtopfer zerstört werden. Dadurch wird im Verlauf der traurigen Biografien der vor allem jugendlichen Konsumenten, in deren meist kurzem Leben, Leid, Verzweiflung und Ausweglosigkeit über ihr verkorkstes Dasein verursacht. Weitere Kollateralschäden der Seelen entsteht durch die Beschaffungskriminalität.*

*Außerdem lässt sich in sogenannten Drogenkriegen die unliebsame Konkurrenz ausschalten. Den Gipfel all der Bosheit und Dreistigkeit stellt jedoch der seit Jahrzehnten andauernde, sich immer wieder selbst perpetuierende Kampf gegen den ‚Terror' dar. Die Kabale hat somit eine 'eierlegende Wollmilchsau' geschaffen."*

*„Wie meinst du das, Phil?"*

*„Na ja, die Schattenregierung hat immer volle Kassen durch illegalen Drogen- und Waffenhandel. - NGOs und Medien schüren Zwiespalt und Unzufriedenheit unter den Völkern, was den ‚Terror' befeuert. Ist der aufgestaute Hass nicht groß genug, wird mit 'False-Flag-Aktionen ein wenig nachgeholfen. - Das wiederum rechtfertigt überall weltweite*

*Antiterror-Maßnahmen. - Dabei lassen sich, als Dreingabe, die Freiheits- und Bürgerrechte einschränken. - Polizeikräfte werden aufgerüstet und zuvor provozierte Bürgerproteste niedergeknüppelt. - Eine Spirale ohne Ende!*

*Und bei all dem verdienen sich die Bosse in der Öl- und Rüstungsindustrie eine goldene Nase. Und das brave, ahnungslose Wahlvolk wundert sich über Steuerquoten von siebzig Prozent!*

*Aber das absolute Sahnehäubchen ist, dass durch all die niederen, negativen Schwingungen eben der Stoff erzeugt wird, der unseren ungebetenen 'Gästen', den parasitären Wesenheiten, als Nahrungsquelle dient."*

*„Ja, aber auch darüber gibt es unzählige Hollywoodfilme.",* warf Chris ein.

*„So ist es. Sie wollen uns langsam an ihre Anwesenheit gewöhnen. Aber seit einiger Zeit weht ein anderer Wind. Der von den Mayas erstellte Kalender sagte ja für 2012 einen Zeitenwechsel voraus. Der alte Zyklus endete und ein neuer begann. Die hinduistischen Religionen sprechen vom Ende des ‚Kali Yuga', des finsteren Zeitalters.*

*Der tiefste Fall der Menschheit in die Materie ist erreicht. Von da an beginnt erneut der Wiederanstieg der menschlichen Spiritualität. Das heißt, für die ‚Zecken in unserem Pelz' wird's langsam ungemütlich. Sie wissen das, und deshalb wird es demnächst zum Showdown kommen. Ich durfte mich im Auftrag der Bruderschaft mit dir treffen, um dich auf deine große Aufgabe vorzubereiten. Von anderer Seite wird das Gleiche mit Elena geschehen. Ich denke, es wird nicht mehr allzu lang dauern und ihr werdet euch in Fleisch und Blut gegenübertreten.*

Bei diesen Worten fuhr ein wohliger Schauer durch Chris‘ Körper und seine kürzlich aufgetretene Wehmut war mit einem Mal wie weggeblasen.

Die Sonne hatte inzwischen einen mehr oder weniger orangefarbenen Ton angenommen. Unaufhaltsam senkte sie sich auf die sanfte Silhouette der Hügel herab. Die beiden begannen zu frösteln.

„Lass uns ans Ufer rudern! Wir können uns ja nach dem Abendessen am Kaminfeuer weiter unterhalten, Chris.“

„Ja gerne, Phil“

***

## IM LABOR

Seit der Nacht von Minhos Geburtstagsfeier war Yini wie ausgewechselt. Minho hatte in ihrem Leben ein völlig neues Kapitel aufgeschlagen, und das hieß: hemmungslose Sexualität. In ihrem ganzen bisherigen Leben hatte sie aufkommende Gefühle und Gedanken dieser Art immer wieder in übersteigertem Arbeitseifer erstickt. Wie heiße Lava, nach einem plötzlichen Vulkanausbruch strömte nach dieser Nacht ihr Blut in den Adern und steigerte von Nacht zu Nacht ihre Begierde.

All die Zahlen, Formeln und Testreihen traten für sie in den Hintergrund. Jedes Mal, wenn Minho das Labor betrat, fiel es ihr schwerer, sich vor Raul nichts anmerken zu lassen.

Dr. Callidus war jedoch, ausschließlich in seine Aufgabe vertieft und nahm rechts und links vom Wege nichts wahr. Er ärgerte sich lediglich darüber, dass die für den Umbau des Transmitters bestellten Komponenten so lange auf sich warten ließen.

Minho hatte inzwischen von seinem Glaubensbruder Huan die dechiffrierten Laborprotokolle und Mails erhalten. Somit war er über die Art und den Zweck des ganzen Vorhabens im Bilde.

Was Yini betraf, war er sich unschlüssig. Auch wenn er sich geschmeichelt fühlte, so war er doch als Offizier des Geheimdienstes gewohnt, analytisch zu denken und zu handeln. So dachte er jedenfalls. Denn als es mitten in der Nacht klopfte und Yini ihm, noch im Türrahmen, seinen Pyjama vom Leib riss, da war es mit aller Analytik dahin!

***

## IM ADLERNEST

Am Abend fand Elena endlich Zeit, die letzten Einträge des Tagebuches zu studieren.

3. Mai

Nach einem wohlschmeckenden Lunch mit unbekannten, exotischen Zutaten, trat Boq an unseren Tisch und führte uns wieder hinauf ins 'Adlernest'.

Shamira wartete bereits und hatte frischen ‚Manasse' gebrüht. Alle setzten sich wieder an den Tisch, auf dem sich immer noch die glänzende Scheibe in dem seltsamen Würfel langsam drehte.

*„Wollen Sie nicht mal von den Plätzchen probieren? Sie sind aus zweierlei Samen gebacken. Sie regen einerseits die Zirbeldrüse, das 'Dritte Auge', also die Intuition an, andererseits die Verstandeskräfte und bringen sie ins Gleichgewicht. In eurer Sprache würden sie womöglich ‚Equilibrio' heißen."*

*„Man sollte das Rezept unseren Politikern auf der Erde geben.“*, scherzte Sarah.

Zumindest in Sachen Humor gab es auf beiden Planeten Gemeinsamkeiten, denn alle lachten.

*„Köstlich! So ähnlich muss das ‘Manna‘, aus dem Alten Testament, den Israeliten in der Wüste geschmeckt haben“,* entfuhr es mir.

*„Lassen Sie uns wieder zu unserem eigentlichen Thema kommen. Sie wollen ja heute noch zur Erde zurück.“,* sagte Shamira in freundlichem Ton. *„Also, wir machen uns Sorgen um euren Planeten. Wenn ich ‚wir‘ sage, dann sind das an die zehn hoch entwickelten Zivilisationen aus dieser, aber auch aus anderen Galaxien. Sie alle sind Mitglied in der ‚Intergalaktischen Konföderation‘ und haben vor langer Zeit eine ähnliche Entwicklung auf ihren Heimatplaneten durchgemacht, so, wie die Erde eben jetzt.*

*Wir beobachten euch schon seit Langem. Dabei haben wir festgestellt, dass ihr in eurer Entwicklung nunmehr an einem kritischen Punkt angelangt seid. Dies war in der Geschichte Menschheitsgeschichte schon mehrmals der Fall. Bei den beiden Hochzivilisationen der Lemurier und Atlanter, die bereits vor langer Zeit untergegangenen sind, endete dies jedes Mal mit einem Totalzusammenbruch.*

*Für die Menschheit besteht jedoch dieses Mal die Chance, dass sie sich, aufgrund der tief im kollektiven Bewusstsein eingebrannten Erinnerung daran, für den Aufstieg entscheidet.*

*Die Erde hat fast ein Alleinstellungsmerkmal im gesamten Kosmos dadurch, dass die ursprünglich auf ihr inkarnierten Seelen sehr starke Herzqualitäten aufweisen. Damit einher geht eine gewisse Unschuldigkeit, um nicht zu sagen Blauäugigkeit.*

*Diese Seelen können sich im Grunde gar nicht vorstellen, dass es auch abgrundtief böse Entitäten im Weltall gibt. Deshalb merken sie nicht, dass diese seit Jahrtausenden von ihrem Planeten Besitz ergriffen haben.*

*Diese Spezies treiben seit Anfang der Zeit ihr Unwesen im Universum und ernähren sich parasitär. Das Schlimme daran ist, dass sie mittlerweile alle kosmischen Gesetze übertreten und durch Zuchtprogramme in die Genetik eurer Fortpflanzung eingedrungen sind. Dadurch sind sie in der Lage, mit ihren hybriden Nachfahren nach und nach alle Schalthebel der Macht zu übernehmen.*

*Auch wenn wir das alles wissen, wir dürfen euren freien Willen nicht verletzen. Ansonsten würden auch wir gegen diese Gesetze verstoßen! Was wir aber können, ist, euch Hilfestellungen anzubieten. Sarah, Dirk, können sie mit diesen Informationen etwas anfangen, oder erschüttert das alles ihr Weltbild?"*

*„Nein, ganz im Gegenteil"*, sagte Sarah. *„Wir beschäftigen uns schon seit Langem mit dieser Problematik. Und es erklärt ja auch so vieles, was auf der Erde passiert."*

Und ich bemerkte *„All diese Dinge haben mich schließlich beflügelt, für das SETI-Programm zu arbeiten. Aber ich musste feststellen, dass es große Interessen zu geben scheint, die dagegen arbeiten."*

*„Ja, Dirk, wir wissen das. Ihr letzter großer Coup war die weltweite Inszenierung einer virtuellen 'Pandemie'. Diese war im Hintergrund minutiös geplant, abgesprochen und perfekt vorbereitet worden. Durch massenpsychologische Tricks und mediale Dauerberieselung der Konzernmedien gelang es, einen Großteil der gutgläubigen Massen völlig gehirnzuwaschen."*

*„Ja, Angst zu verbreiten ist die beste Methode, unseren Verstand auszuschalten"*, sagte Sarah.

*„Natürlich! Aber ihr größtes Pfund war die Tatsache, dass ihr Menschen euch einfach nicht vorstellen könnt, dass jemand so perverse und niederträchtige Pläne haben kann. Jedoch, es ist so! Aber es ist noch viel schlimmer. Sie stehen mit dem Rücken an der Wand. Es gibt für sie kein Zurück mehr. Daher werden all ihre Lügen immer dreister und somit offensichtlicher. Unserer Einschätzung nach gibt es noch zwei Karten, die sie jetzt ziehen können.*

*Erstens: Sie versuchen über eine generelle Impfpflicht, ein Gen einzuschleusen, das bewirkt, die Menschen von ihrer Intuition abzuschneiden, womöglich gar, sie von ihrer Seele zu trennen, sie also zu Zombies zu machen.*

*Zweitens: Sie verhindern das spirituelle Erwachen der Menschheit durch einen weiteren exzessiven Ausbau des Funktelefonnetzes auf der Erde und/oder sie erreichen eine totale Abschirmung des Planeten von kosmischen Energien, mithilfe eines lückenlosen Netzes tausender Satelliten im erdnahen Orbit. Auch das hätte zur Folge, dass die Menschheit zu willenlosen Robotern degeneriert."*

Wir wurden immer nachdenklicher und kleinlauter. Was waren wir doch für eine rückständige Spezies. Shamira und Boq lasen unsere Gedanken.

*„Lasst eure Köpfe nicht hängen, es konnte nur so weit kommen, weil ihr so gute Herzen habt"*, sagte Shamira. *Wir werden ihre weiteren Schritte genauesten beobachten. Unsere Späher sind überall. Wir bekommen jeden Tag neue Informationen. Doch, wenn es so weit ist, dann müsst ihr Menschen euch selbst befreien. Wir sind nur Zuschauer bei diesem Spiel. Aber wir haben enorm viel auf euren Sieg gesetzt!"*

Shamira und Boq blieb nicht verborgen, dass wir immerzu auf den Würfel starren mussten.

*„Ihr fragt euch sicher schon die ganze Zeit, was es damit auf sich hat.“*, sagte Shamira, indem sie auf ihn deutete. *„Es ist ein, ... ihr würdet es einen ‚Emotions-Booster‘ nennen. Er funktioniert nach dem Prinzip der ‘Merkaba‘, so, wie auch der Antrieb unserer Schiffe. Nur dass bei denen zwei dieser Scheiben sich gegensätzlich drehen und damit die Gravitationskräfte aufheben oder steuern. Wenn ihr eure alten esoterischen Aufzeichnungen studiert, könnt ihr mehr darüber erfahren.*

*Alles war schon mal da. Ihr habt es nur vergessen!*

*Der E-Booster verstärkt Emotionen und kann, bei richtiger Anwendung, das ganze Schicksal der Erde wenden.“*

*„Zum Guten oder zum Schlechten?“*, war meine Frage.

*„So, oder so!“*, antwortete Shamira.

*„Ihr müsst jetzt aufbrechen. Boq bringt euch zurück. Den E-Booster könnt ihr mitnehmen. Es ist ein Geschenk an unsere Brüder und Schwestern in der Menschheitsfamilie.*

*Ihr werdet es brauchen!“*

Ziemlich aufgewühlt von all den unglaublichen Eindrücken traten wir die Heimreise an. Als wir bei unserem Toyota am Fuß des *Complejo de Puricó* ankamen, war es immer noch hell.

Wir verabschiedeten uns von Boq und wünschten ihm einen guten Heimflug. Im Auto sprachen wir kein Wort. Wahrscheinlich dachte Sarah das Gleiche wie ich:

*'War das jetzt ein Traum, oder Wirklichkeit?'*

***

## KAMINGESPRÄCH

Chris hatte den Abendtisch abgeräumt und widmete sich dem Abwasch. Phil war inzwischen mit Holz und Spänen am Kamin beschäftigt. Chris meinte, in den Augenwinkeln gesehen zu haben, dass Phil das Feuer ohne Zündhölzer oder Feuerzeug in Gang brachte. Und wenn schon? - Es war schon alles seltsam genug. Er fand es besser, ihn nicht darauf anzusprechen.

Draußen war es kalt und dunkel geworden. Das Feuer würde ihnen jetzt guttun. Phil und Chris ließen sich, jeder mit einer Tasse heißen Tees, am Kamin nieder.

Phil begann das Gespräch.

*„Heute Nachmittag, auf dem See, habe ich mit dir über die ausweglos scheinende Situation auf der Erde gesprochen. Trotzdem möchte ich dich bitten, keinen Groll oder gar Hass gegen diese Kreaturen aufkommen zu lassen. Wir sollten ihnen vielleicht sogar dankbar sein, weil sie durch ihr Handeln so unermessliches Leid schaffen.*

*Das klingt erst mal unlogisch. Wenn man aber weiß, dass der allergrößte Teil der Menschheit ausschließlich dann bereit ist, eine Situation zu überdenken, wenn ihm quasi das Wasser bis zum Hals steht, bekommt es Sinn. Wenn es den Menschen gut geht, dann lehnen sie sich zurück und werden faul. Sie denken, es wird schon immer so weitergehen. Wenn aber ein Problem oder eine ausgewachsene Krise ins Haus steht, dann reiben sie sich die Augen und das Wehklagen ist groß. Aber selbst dann überlassen sie die Lösung der 'Regierung'. -*

*Die da oben, die werden es schon richten. Die werden schließlich dafür bezahlt. Wofür haben wir sie denn gewählt? Die sind ja auch viel klüger als wir. Die haben für alles Spezialisten. Wir sollten uns da raushalten. - Außerdem, beginnt im Fernsehen ja gleich die Fußballübertragung."*

*„Willst du damit sagen, wir haben all die Probleme, weil wir unsere Verantwortung abgegeben haben?"*, fragte Chris.

*„Ja natürlich! Aber es ist noch viel schlimmer. Wir haben darüber schon gesprochen. Durch das in den westlichen Ländern vorherrschende pseudodemokratische Parteien-System kommen gerade die ungeeignetsten Typen an die Spitze. Nicht die Fähigsten und Weisesten gelangen an die Hebel der Macht, sondern die Rücksichtslosesten, die mit den stärksten Ellbogen, die Machtbesessensten, die Gierigsten. Wir haben also eine Negativauswahl der 'Elite':*

*seelenlose Egomanen und Psychopathen!*

*Und was dem Ganzen die Krone aufsetzt: Sie erhalten die Anordnungen, ihren politischen Fahrplan, den aktuell gewünschten 'Zeitgeist' durchzusetzen, sozusagen das Drehbuch, in verborgenen Zirkeln und Logen. Sie bereiten die Umsetzung der Anordnungen des Kultes bei geheimen Absprachen in irgendwelchen Hinterzimmern vor.*

*Bevor etwas in den Schaufensterparlamenten, vor den Augen der Öffentlichkeit, durchgekaut wird, ist längst das gewünschte Abstimmungsergebnis in Einzelgesprächen mit den Alphatieren der Parteien festgeklopft worden."*

*„Und wer hat in den Zirkeln und Logen das sagen?"*, wollte Chris wissen.

*„Dreimal darfst du raten!"*

*„Nein, Phil, ich möchte es wirklich wissen."*

*„Es ist wie in der Politik und in den Geheimdiensten.*

*Das 'Need to know Prinzip'!*

*Jeder weiß nur so viel, wie er wissen soll, um seine Arbeit erledigen zu können.*

*In den Logen sind die unteren Ränge diejenigen, die das Bild für die Außenwirkung darstellen. Das edle Bild von Barmherzigkeit, Verbesserung menschlicher Tugenden, der Pflege von Männerfreundschaften und so weiter. In diesen sogenannten ‚Johannisgraden' werden erbauliche Kurse und Vorträge abgehalten, bei denen auch die Ehepartner zugelassen sind. Das ist ähnlich, wie bei den Rekrutierungsorganisationen, den ‚Rotariern', dem ‚Lions Club' etc. Viele werden nur aus dem Grund Mitglied, um geschäftliche Verbindungen anzubahnen oder zu pflegen.*

*Sollte sich jemand als besonders befähigt, im Sinne der Führung, erweisen, wird er auf Vorschlag der höheren Grade in diese aufgenommen. Stellt sich heraus, dass er für ‚allerhöchste' Aufgaben geeignet ist, wird er in den höchsten Graden, Bekanntschaft mit schwarzmagischen Riten machen. Schließlich wird er sich auf Gedeih und Verderb den Mächten im Hintergrund ausliefern, damit er seine Machtgelüste befriedigen kann. Dann ist er für die gute Seite verloren und es gibt für ihn kein Zurück mehr!"*

*„Du meinst also, dass an der allerhöchsten Spitze der Logen und Geheimbünde die seelenlosen Kreaturen aus den Zuchtprogrammen sitzen?"*

*„Ja, das meine ich."*

*„Aber, was kann man dagegen tun, das ist ja furchtbar!“*

*„Angst zu haben, sich zu fürchten, das spielt dem Gegner in die Hände. Wir haben doch schon halb gewonnen, weil wir die Dinge erkannt haben und sie beim Namen nennen. Außerdem wissen wir, wovon sie sich ernähren, woraus sie ihre Energie beziehen.“*

*„Von unseren negativen Gedanken, von unserer Angst, von unserer Untätigkeit“,* sagte Chris.

*„Genau, das ist es. Wir wissen es also.“*

*„Aber so Viele haben von all dem keine Ahnung, Phil.“*

*„Da hast du natürlich recht. Aber alle werden wohl niemals so schnell aufwachen. Viele wollen weiterschlafen. Sie brauchen noch mehr Hinweise des Schicksals. Dass wir dies jetzt alles reflektieren können, verdanken wir ja auch nur der Tatsache, dass wir diese Lektionen bereits hinter uns haben.*

*Wir durften diese Stupser des Schicksals in früheren Inkarnationen bereits erfahren. Auch ein Kind muss erst auf die heiße Herdplatte greifen, um zu glauben, dass sie wirklich heiß ist. Erst ab einer gewissen Reife ist die Seele imstande, die Erfahrungen anderer anzunehmen. So funktioniert der Mensch nun mal.“*

*„Haben wir Erwachten denn nicht eine Fürsorgepflicht, den noch Schlafenden gegenüber?“*, meinte Chris.

*„Doch, darum haben wir ihnen tausendmal gesagt, dass die Herdplatte heiß ist. Aber sie wollten lieber Fußball schauen, - wenn du weißt, was ich meine.“*

*„Ja, ich verstehe dich.“*

*„Vor Zweitausend Jahren ist eine große Seele auf diesem Planeten Mensch geworden. Dieser hat alles gesagt, was zu sagen ist. Er hat es in Gleichnissen gesagt, sodass jeder, der es hören wollte, auch verstehen konnte. Viele haben es verstanden. Viele sind ihm nachgefolgt. Sogar eine große Kirche hat sich angeschickt, seine Lehre zu verbreiten. Und sieh dir diese Kirche heute an.*

*Sie hat sich zum Kollaborateur der Mächtigen, zu ihrem Büttel und zum Steigbügelhalter degradiert. Das Traurige an der Sache wird noch durch ihre Peinlichkeit übertroffen. Schau dir all die eitlen Pfaffen in ihren Palästen an, in all ihren Talaren, Ornaten und Soutanen! Einen wachen Geist muss es anmuten, wie eine billige Jahrmarktshow für Kinder.*

*Ein großer Mann hat sinngemäß einmal gesagt: All die Anhänger und Gefolgsleute einer Bewegung bilden auch zugleich ihren Trauerzug! Das sehe ich genauso, denn:*

*Das Heil kann jeder nur in sich selbst finden!"*

*Übrigens Chris, ich muss dich leider für ein paar Tage verlassen. Ich habe was zu erledigen. Du solltest in der Zwischenzeit hierbleiben, dich mit dir alleine und ein paar Büchern aus der Bibliothek beschäftigen. Ich werde die Aufwartefrau bitten dafür zu sorgen, dass du nicht gleich verhungerst. - Was meinst du?"*

*„Ich glaub, ich schaff das. - Danke für alles, Phil!"*

Das Kaminfeuer war fast ausgegangen. Chris legte noch ein großes Stück Holz nach, für die Nacht. Dann gingen beide zu Bett.

***

## UNTERGRUND-PARTY

Mitten in Chinas Hauptstadt Peking befindet sich die „Verbotene Stadt“. Sie diente den Kaisern der Ming- und Qing-Dynastie bis zur Revolution im Jahr 1911 als Sitz der Regierung und beherbergt den ehemaligen Kaiserpalast.

Das Areal ist von einer zehn Meter hohen Mauer umgeben und streng bewacht. Zwar gibt es Besichtigungstouren für Touristen, diese ahnen jedoch nicht, dass sich dort auch ein riesiges Untergrundsystem verbirgt, dessen Eingang nur allerhöchsten Kreisen bekannt ist.

Überhaupt sind in China alle größeren Städte unterirdisch miteinander verbunden und von einem ausgedehnten Bunker- und Zivilschutzsystem durchzogen. Die politische Führung hat sich schon seit Jahrzehnten auf einen wohl unvermeidlichen Schlagabtausch in nächster Zeit mit der jetzigen Imperial Macht USA vorbereitet.

Die geheime Schattenregierung in den USA hatte jedoch andere Pläne, nachdem sich abzeichnete, dass die „Great-Reset“-Agenda zu scheitern drohte. Die meisten Häupter der dreizehn Blutlinien hatten sich bereits eine Existenz im Reich der Mitte aufgebaut, oder war im Begriff, dies zu tun.

Diese Entscheidung beruhte auf deren Einschätzung, dass das Pendel der Vormachtstellung unweigerlich, in nächster Zeit, in Richtung China ausschlagen wird.

Außerdem sind die NWO-Pläne der Elite ohnehin in einem kommunistischen Land leichter umzusetzen. Dies war für die chinesische Führung eine Win-win-Situation, denn bei dieser ‚Hochzeit‘ mit den

Freunden im Geiste war eine unvorstellbar hohe Mitgift zu erwarten. Heute Abend parkten unzählige Luxuslimousinen vor den Toren der 'Verbotenen Stadt'. Die Gäste, die sich drinnen im Untergrund versammelten, waren das ‚Who is Who' der chinesischen Parteielite, zusammen mit den Vertretern der weltweiten Hochfinanz. Sie alle waren gekommen, um die Großweichenstellungen der internationalen Politik der Schattenregierungen abzustecken. In den Pausen standen die Teilnehmer in kleinen Gruppen beieinander und plauderten.

Dabei gelang es Deville auch, den Minister Cheng Li auf die Beschaffungsprobleme bei den nötigen Komponenten für die Transmitter-Anlage hinzuweisen. Der Minister überflog Devilles Liste und sagte eine zügige Erledigung zu.

Das konspirative Treffen im Untergrund war für alle eine hervorragende Gelegenheit, sich näher kennenzulernen und neue Kontakte zu knüpfen. Alle verband schließlich der gemeinsame Wille, eine gänzlich neue Weltordnung nach dem Vorbild der 'Kommunistischen Einheitspartei Chinas' zu errichten.

Die Führer der dreizehn Blutlinien, die seit Jahrtausenden die Geschicke der Welt leiten und beeinflussen, hatten schon seit langem erkannt, dass das westliche System auf Dauer nicht überlebensfähig ist. Den alles entscheidenden Anlass, jetzt die Pferde zu wechseln, gab jedoch der 2008 erfolgte gesamte Zusammenbruch des internationalen Finanzsystems. Dies war aber lediglich Insidern bekannt. Die unwissenden Massen der Weltbevölkerung ließ man im Unklaren darüber. So konnte man noch viele Billionen an Steuergeldern für dessen 'Rettung' abgreifen.

Das Geld dazu war eigentlich nicht vorhanden. Nachdem jedoch die Politik verkündete, es sei gänzlich alternativlos, ‚systemrelevante' Großbanken zu retten, verschuldeten sich die Staaten bereitwillig. Dies war ja schließlich eine unvermeidliche, Notwendigkeit, wollte die Politikerkaste ihren Wählern nicht eingestehen, dass deren Ersparnisse sich in Luft aufgelöst haben. Da war es für die weltweiten Politik-Marionetten wesentlich einfacher, das Problem auf die vielen Schultern jetziger und künftiger Steuerzahler zu packen. So konnten sie weiterhin an den Futtertrögen der Macht bleiben. Und außerdem:

Das Geld war ja nicht weg. Es gehörte jetzt halt Anderen!

Und das Schöne war, man musste am System gar nichts ändern. Im Finanzcasino drehte sich der Roulette-Teller schwindelerregend weiter und infolge der Null- und Minuszins-Politik konnte man sich an den sich aufblähenden Immobilien- und Aktienblasen laben.

Chinas Regierung setzt seit Jahren die immens hohen Währungsbilanzüberschüsse ein, um überall auf der Welt Rohstoffquellen, Schlüsselindustrien, Häfen und Patente aufzukaufen. Die Marktpreise dafür waren ja in der Krise ‚wundersamer Weise' gefallen. Es kann sich natürlich auch alles nur um einen glücklichen Zufall handeln.

Die Gäste der 'Untergrund-Party diskutierten und lachten bis in die späte Nacht. Neben der Alltagsroutine war es immer wieder schön, unter Gleichgesinnten zu sein und sich auszutauschen. Und es war ja auch prickelnd, sich in dem Gefühl zu sonnen, fernab der Existenznöte primitiver Massen, einer exquisiten Elite anzugehören. Welches Ego fühlt sich denn auch nicht gebauchpinselt, in dem sicheren Bewusstsein, auf der Seite der Macht zu stehen?

Fernand hatte den Auftrag, draußen am Wagen zu warten. Er saß im Fahrerhaus und kämpfte gegen die Langeweile, aber auch mit seinen seltsamen Erinnerungen, die durch die verstörenden „Flashbacks", in ihm immer mehr zur Klarheit reiften. Aber er wusste genau, im Moment war es besser, die Füße stillzuhalten. Bevor er etwas unternehmen könnte, müsste er erst noch Verbündete kennenlernen.

***

## ALL-EINS-SEIN

Als Chris am nächsten Morgen erwachte und die Treppe hinuntertänzelte, nahm er wie immer den gewohnten Kaffeeduft wahr. Jedoch fiel ihm sofort auf, dass nur für einen gedeckt war. Für ihn! - Phil war weg! Anfangs beschlich ihn eine gewisse Wehmut. Einerseits, weil er gelernt hatte Phils Gegenwart an jedem Tag, zu jeder Stunde, zu genießen. Andererseits, weil er doch so unvermittelt einfach nicht mehr da war. - Aber er hatte es ja gesagt!

Wie auch immer, er war jetzt alleine. Wie lange wollte Phil weg sein? Ein paar Tage hatte er gesagt. Auf dem Tisch stand ein Körbchen mit duftenden frischen Brötchen. Die Aufwartefrau? Die Heinzelmännchen? Er wusste es nicht.

Aber jetzt war erst mal Frühstücken angesagt.

Danach zog er seine Sneakers an, verließ das Rustico und wanderte die Hügel hinter dem Haus hinauf. Er atmete die würzige Luft der unberührten Natur ein und genoss den weiten Blick über das Loch Lomond und die Ausläufer der Highlands. Langsam gelangte er wieder in seine Mitte. Bald fühlte sich so wie damals als Kind, alleine in der Natur, mit all den Tieren:

‚All-Eins' mit der Schöpfung.

Wieder im Haus angelangt, fachte er das Feuer im Kamin an und wandte sich der Bibliothek zu. Dort war eine umfangreiche Auswahl von Werken der klassischen Weltliteratur, aber auch eine Menge bedeutender Schriften zu Philosophie, Medizin und Naturwissenschaften zu finden. Jedoch sein Hauptaugenmerk war auf Abhandlungen über

Esoterik und Grenzwissenschaften gerichtet. In den nächsten Tagen wurde somit sein Geist Seite um Seite, Kapitel für Kapitel immer mehr gefangen genommen, ja förmlich eingesaugt von den Thematiken. Alles wurde ihm auf einmal so klar, als hätte er es immer schon gewusst.

In seinem Innersten wurde ein verstaubter Vorhang von den tiefsten Schichten seines Bewusstseins gerissen. Immer deutlicher sah er seine wahre Bestimmung vor seinem geistigen Auge aus dem Fundus seiner Seele auftauchen. Er hatte sich ganz bewusst jetzt, in dieser schicksalsschweren Zeit der Dunkelheit auf dieser Welt inkarniert, um mitzuhelfen, ein kleines Licht anzuzünden.

Und Elena würde ihm beistehen!

***

## LABORVERSUCHE

Immer wieder sahen sich Han und Huan die kurzen Videos an, die Dr. Zhìxiàng und ihr Team im Labor aufgezeichnet und an Monsieur Deville übermittelt hatten.

Huans ehemaliger Studienkollege vom National Computing Center hatte ihm über einen Kurier der *Falun Gong* einen Stick mit den entschlüsselten Kopien zukommen lassen.

Aus den Aufzeichnungen ging eindeutig hervor, dass die beabsichtigte Wirkung der Testreihen sich im Tierversuch voll bestätigte. Labormäuse ließen sich, beliebig, je nachdem welches Medium den Funkwellen aufmoduliert war, in totale Agonie, Lustlosigkeit oder zu völlig aggressivem Verhalten steuern.

Das absolut Erstaunliche dabei war jedoch, dass sich bei Schildkröten, Eidechsen und Schlangen keinerlei Wirkung zeigte. Sie waren völlig immun. Hing es damit zusammen, dass diese zur Gattung der Reptilien gehörten?

***

## HINTER DEM MOND

Phil und die ‚*Weiße Bruderschaft*' standen schon seit vielen Jahren in telepathischer Verbindung mit der „Starseed", die hinter dem Mond geparkt war. Jetzt hatte er um einen physischen Kontakt gebeten.

Bereits morgens um 5 Uhr verließ er leise das Cottage, in dem Chris friedlich schlief. Er ging, nur mit einer kleinen Sporttasche über der Schulter, hinunter zum 'Cameron Golf Ressort', einem Achtzehn-Loch-Course direkt am See. Zielbewusst marschierte er auf ein Licht zu, das schwach in der beginnenden Morgendämmerung mitten auf dem Gelände blinkte. Kurz bevor Phil das Shuttle erreicht hatte, ließ die Tarnung etwas nach, sodass er aus der Nähe den Lift zum Eingang erkennen konnte. Boq, Kailah und Kiruh nahmen ihn in Empfang und brachten ihn zum Mutterschiff hinter dem Mond.

Dort angelangt hatte er in der Kommandeurs-Suite eine lange Unterredung mit Shamira. Phil unterrichtete sie über den aktuellen Stand bei Chris' Ausbildung, wie gut er sich entwickelt habe und dass er jetzt sogar als Mitglied in der Bruderschaft aufgenommen wäre. Shamira teilte Phil die traurigen Umstände mit, die zum Tod von Elenas Eltern geführt haben. Erfreulicherweise war Elena inzwischen ja auch in den Besitz des Tagebuches ihres Vaters sowie des *E-Boosters* und des *Telepators* gelangt. Sie hätte ihn auch schon einmal benutzt und damit bewiesen, dass sie sowohl Grips wie auch Mut besitze. Dann richtete Shamira das Gespräch darauf, dass sich in letzter Zeit die Hinweise der Scouts darüber verdichten, die Kabale plane einen letzten verzweifelten Versuch, das Ruder nochmal rumzureißen. Auch stünde der perverse und absolut verabscheuungswürdige Plan schon kurz vor der Ausführung. Deshalb bliebe nicht mehr viel Zeit für Gegenmaßnahmen.

*„Inwieweit ist denn Elena in das 'Zeta Reticuli'-Experiment eingeweiht?"*, wollte Phil wissen.

*„Eigentlich gar nicht"*, entgegnete Shamira. *„Das ist ja der Grund für die Eile. Wir hatten sie verloren. Erst seit gestern konnten wir sie wieder orten, weil sie durch den Telepator mit Boq Kontakt aufnahm."*

*„Aber sie ist doch nach wie vor die Richtige, oder?"*, wollte sich Phil vergewissern.

*„Ja natürlich! Die Scans, die wir vor einem Jahr gemacht, haben, brachten hundertprozentige Übereinstimmung!"*

*„Wenn du mir verrätst, wo ich sie finde, dann kümmere ich mich darum."*

*„Nein, du solltest weiter für Chris da sein. Ich werde mich mit Elena austauschen, sozusagen von Frau zu Frau."*

*„In Ordnung, aber ich fände es sehr gut, wenn Chris Elena vor dem Experiment kennenlernen würde. Noch besser wäre es, sie könnten ein paar Tage ganz alleine mit sich verbringen. Die Sache würde ohnehin scheitern, wenn sie keine Zuneigung zueinander empfinden würden.*

*Ihr könntet sie zu mir in das Cottage bringen, wo Chris auf mich wartet. Boq kennt den Landeplatz jetzt ohnehin."*

*„Das ist eine sehr gute Idee, Phil. Ich werde Elena darauf vorbereiten. Lass' uns hoffen, dass alles gut geht!"*

Shamira und Phil unterhielten sich noch angeregt bei *Manasse*-Tee und ‚*Equilibrio*'-Plätzchen über diese überaus perfekte Schöpfung und die Vielfalt all ihrer Bewohner. Am nächsten Tag ließ sich Phil von Boq auf der ‚*Starseed*' herumführen, schließlich war es sein erster Besuch an Bord. Spät nachts ging es dann wieder ‚nachhause'.

***

## DER AUSBAU

Endlich kam der Armeelastwagen mit der Lieferung der ersehnten Teile für den Umbau der Transmitteranlage am Stollen an. Minister Li konnte durch seinen Einfluss alles aus dem geheimnisumwitterten Ionosphäre-Institut des CRIRP abzweigen, das in der chinesischen Taklamakan-Wüste in der Provinz Xinjiang ein HAARP-ähnliches Projekt betreibt.

Armeesoldaten, die am Stollen im Paektusanmassiv ihren Dienst verrichteten, luden alles ab. Dr. Callidus überwachte alles penibel und entschied, was in das Labor kommt und was auf den Berg geschafft werden musste. Das gesamte Team arbeitete auf Hochtouren, beflügelt von der Aussicht, dass der Auftrag bald erfüllt sein würde.

Deville, las zufrieden die Berichte, die er täglich über den Fortgang der Bauarbeiten von Dr. Zhìxiàng erhielt. Bald würde die Menschheit wieder dort angekommen sein, wo, in seinen Augen, ihrer Bestimmung gemäß ihr Platz wäre:

als ‚*Nutzvieh*' der Herrscherrasse!

***

## VON FRAU ZU FRAU

Jetzt, Anfang November, befand sich Santiago de Chile mitten im Frühling. Bei angenehmen Temperaturen bis zu fünfundzwanzig Grad zog es die Menschen hinaus. Die meisten Straßencafés, sofern sie die Krise überlebt hatten, öffneten wieder, obwohl nur wenige zahlende Kunden zu erwarten waren. Auch Elena zog es, wenn es ihre Zeit erlaubte, fast jeden Nachmittag in ihren Santa-Lucia-Park. Dort saß sie oft stundenlang am Neptun-Brunnen und ließ Pedro neue Abenteuer erleben. Ihre kleine Schwester Selina ließ sich abends im Bett begierig als Testzuhörerin einspannen.

Beim beruhigenden Plätschern des Brunnens war Elena so in ihre Geschichte vertieft, dass sie es erst gar nicht bemerkte, dass neben ihr auf der Bank eine extravagant gekleidete Dame Platz genommen hatte.

Shamira machte einen flüchtigen Scan von Elenas Gehirn, bevor sie sich höflich an sie wendete:

*„Entschuldigen Sie Elena, wenn ich Sie anspreche. Haben Sie das Spiegelbild Ihrer Seele schon gefunden?“*

Elena war wie vom Blitz getroffen. Mit großen Augen und erstauntem Blick sah sie die unbekannte Frau fragend an. *‘Wer war sie, dass sie von ihren geheimsten Träumen wusste?‘*

*„Sie kennen meinen Namen, wissen, wovon ich nachts träume? Bei Gott, wer sind Sie?“*

*„Sagen wir, ich bin eine Bekannte ihrer Eltern. Ich heiße Shamira.“*

Jetzt verlor Elena endgültig ihre Gefasstheit. Sie begann zu stottern:

*„Sie meinen, ...wollen Sie sagen, Sie wären Shamira die Starseed-Kommandantin, aus dem Tagebuch?*

*„Ja, die bin ich! Aber beruhigen Sie sich! Ich denke, wir können uns gegenseitig helfen. Elena, ich habe lange nach dir gesucht! - Das heißt, ... Können wir uns duzen?*

*„Ja sicher, aber du wirst verstehen, dass ich einigermaßen überrascht bin. - OK! Boq hat ja gemeint, du würdest dich melden. - Alles klar! - Aber wie bist du hierhergekommen?“*

Shamira blickte zum Himmel und deutete nach oben.

*„Dort wartet Boq im ‚Taxi‘ auf mich. Elena, das mit deinen Eltern, das tut mir sehr leid. Es waren so gute Menschen.*

*„Aber wer kann ein Interesse daran haben, so etwas zu tun? Das ergibt doch keinen Sinn“, s*agte Elena und sah Shamira ratlos an.

*„Soweit wir wissen, waren es eure Leute. Sie arbeiten für eine geheime Regierungsorganisation mit dem Akronym ACIO, für* ***A****dvanced* ***C****ontact* ***I****ntelligence* ***O****rganization’, einer Unterabteilung der NSA. Sie kümmert sich um die Zusammenarbeit eurer Schattenregierungen mit den negativen Außerirdischen.“*

*„Schattenregierungen?* Fragte Elena verwundert. *„Ja, das ist eine lange Geschichte. Aber sicher musst du bald nach Hause, um deine Schwester zu versorgen. Was hältst du davon, wenn du heute Abend, wenn du alleine bist, mit dem Telepator mit mir kommunizierst? Dann kann ich dir die Story weitererzählen. Und wenn wir uns morgen wieder hier treffen, erfährst du, welche Rolle wir bei unseren Plänen dir zugedacht haben. Was meinst du Elena?“*

*„Shamira, du kannst dir ja denken, dass ich jetzt etwas durcheinander bin. In letzter Zeit war alles ein bisschen viel für mich. Aber ich vertraue Dir. Wir machen es, wie du sagst. Heute Abend wird es aber erst gehen, wenn Selina schläft und sie darf vor dem Wochenende immer etwas länger aufbleiben."*

*„In Ordnung, bis heute Abend. Ich freue mich."* Beide erhoben sich. Shamira und Elena sahen sich lächelnd in die Augen und gaben sich die Hand. Leichtfüßig tippelte Shamira die imposante Freitreppe hinauf, die zu beiden Seiten das pompöse Brunnenbauwerk umschloss. Elena hatte den gleichen Weg und folgte ihr in einigem Abstand. Sie sah sie noch die Grünfläche betreten, die sich hinter der beeindruckenden Säulengalerie des Brunnens auftat. Plötzlich war sie verschwunden.

Als hätte sie sich in Luft aufgelöst!

***

## DAS WIEDERSEHEN

Die paar Tage in der Einsamkeit hatten Chris gutgetan. Wie von Geisterhand fand er immer etwas zu Essen auf dem Tisch, oder es lagen frische Zutaten bereit, für ein leckeres Pfannengericht. So hatte er viel Zeit, sich nach und nach all die Dinge anzulesen, die ihn schon immer faszinierten. Dazwischen saß er oft regungslos und mit geschlossenen Augen auf der Sonnenbank und meditierte.

Als er am nächsten Morgen erwachte, stieg ihm vertrauter Kaffeeduft in die Nase. Phil war wieder da. Freudig stürzte er die Treppe hinunter und sie fielen sich in die Arme.

Nach dem Frühstück machten sie eine ausgedehnte Wanderung am Seeufer entlang und Phil berichtete Chris alles, was er die letzten Tage erlebt hatte. Er erzählte ihm von seiner Verbindung zu Shamira, dass er zur *‚Starseed'* gebracht wurde und dass er dort eine lange Unterredung mit ihr hatte.

Das war alles so unglaublich fantastisch. Chris hörte auf das Äußerste gespannt zu, doch er sagte kein Wort.

Phil unterrichtete Chris von der gebotenen Eile. Die andere Seite schien unmittelbar davor zu sein, für einen vernichtenden Schlag auszuholen. Als Phil schließlich noch berichtete, dass Shamira beabsichtige Elena aufzusuchen, um sie auf ihre gemeinsame Mission vorzubereiten, war Chris kurz davor vor Ungeduld zu platzen.

Sein ganzes Leben hatte ihn diese ungewisse Ahnung begleitet, ein verschwommenes Gefühl, dass er auf Erden irgendwann mit einer bestimmten Aufgabe konfrontiert sein würde, die dem Ganzen plötzlich einen Sinn gäbe. Und das würde auch endlich erklären, warum er bereits als Kind anders war als seine Altersgenossen. Jetzt war sie da, die Aufgabe.

Sie stand klar vor seinen Augen!

Inzwischen hatte es immer stärker zu regnen angefangen. Da sie zu weit von zu Hause entfernt waren, beschlossen sie einen nahegelegenen Schuppen aufzusuchen, der im Winter auch den Galloway-Rindern als Unterstand dienen mochte.

Sie setzten sich, gegenüber, auf bereitliegende Heuballen, sogen die klare Gewitterluft ein und sahen hinaus zu den zotteligen Fleischbergen. Diese ließen sich, vom Regen völlig unbeirrt, nicht vom Grasen abhalten. Phil war nicht entgangen, dass Chris schon eine Weile nichts mehr gesagt hatte. Er schien in eigenen Gedanken versunken zu sein. Irgendetwas schien ihn zu beschäftigen.

*„Chris, du weißt, dass sich die Menschheit aus eigener Kraft nicht mehr von diesen Wesenheiten befreien kann. Schon viel zu sehr ist die jahrzehntelange Manipulation durch die weltweit perfektionierte Medienindustrie in die Gehirne der Masse eingedrungen. Anstatt - wie es deren Aufgabe wäre - die Menschen vorurteilsfrei und umfassend zu unterrichten, verbreiten Funk- und Pressemedien puren Meinungsjournalismus. Und diese Einheitsmeinung wird in einem pyramidalen System von oben nach unten gedrückt.*

*In Logen und Zirkeln informieren die hybriden Alphatiere der weltweiten Schattenregierungen ihre Marionetten der Schaufensterparlamente. Diese geben die Agenda dann weiter, an die Ministerialbürokratie. Die Medien träufeln den angesagten Zeitgeist, hinunter bis zum kleinsten Provinzblättchen, in die Gehirne der ahnungslosen Masse. Das Ganze wird dann noch untermauert, durch allerlei pseudowissenschaftliche Gefälligkeitsstudien.*

*Und dies alles wird dann in immer gleichen Talkshows von den immer gleichen ‚Experten' bis zum Erbrechen diskutiert. Dabei steht durch psychologisches 'Framing' bereits von Anfang an fest, was am Ende als alternativlos herauszukommen hat. Die dumpfen Massen schlucken dann alles kritiklos."*

*"Und diejenigen, die den Schwindel durchschaut haben und ihre Meinung kundtun, werden medial geschlachtet und als esoterische Fantasten, Verschwörungstheoretiker und rechte Spinner und gebrandmarkt"*, warf Chris ein.

*„Genau, dabei ist eine Theorie eine wissenschaftliche Annahme, die so lange Gültigkeit hat, bis eine plausiblere Platz greift. Es müssten halt Beweise unvoreingenommen angesehen und seriös ausdiskutiert*

*werden. Aber das darf nicht geschehen. Die Agenda wird von einer abhängigen Meinungsdiktatur gnadenlos durchgezogen. Es hat längst die Züge eines Dogmas, einer Religion angenommen!"*

*„Dann kann man also gar nichts dagegen unternehmen?"*, wollte Chris' wissen.

*„Doch, sicher!"*, entgegnete Phil. *„Sonst bräuchten wir uns ja gar nicht den Kopf zu zerbrechen und könnten unsere Hände in den Schoß legen. Das Meinungskartell hat doch schon angefangen, zu bröckeln. Der Zusammenbruch weltweiter Ökonomien hat die sozialen Spannungen auf einen Höhepunkt getrieben. Die Menschen sind in Massen aufgewacht. Sie hinterfragen das ganze bisherige System.*

*Wir haben eine unschlagbare ‚Waffe' und dabei handelt es sich um die stärkste Kraft, die es im Universum gibt:*

*die Kraft der universellen Liebe!*

*Wenn es uns gelingt, diese unendliche Macht der Liebe in den Herzen der Menschen zu entzünden und hier auf dem Planeten zur Entfaltung zu bringen, dann tragen wir den Sieg davon. Jeder Gedanke, jede Gefühlsregung und jede Tat hat eine geistige Auswirkung auf den Empfänger, sei es eine Emotion, eine Intuition oder eine Materialisation in der Zukunft. Dies ist keine Spinnerei für Esoteriker oder Bäume-Umarmer, sondern Quantenphysik. Nein, es ist eine naturgesetzliche Folge!"*

*„Da sind aber die allermeisten, anerkannten Professoren und Wissenschaftler anderer Meinung"*, warf Chris ein.

*„Galileo musste vor fast fünfhundert Jahren abschwören, dass die Erde sich dreht, obwohl dieses Wissen früheren Hochkulturen bereits*

*vor tausenden von Jahren bekannt war. Und unsere großartigen Wissenschaftler haben auch keine Ahnung davon, dass sich hinter dem Mond ein drei Fußballfelder großes Raumschiff einer siebzehn Lichtjahre entfernten Hochzivilisation befindet. Ich war dort gestern noch zu Gast an Bord!"*

*„Ja, Phil. Vermutlich werden Wissenschaftler in fünfhundert Jahren über unsere Zeit genauso denken, wie wir heute über Kreuzzüge und Hexenverbrennungen.*

*„Da magst du recht haben, Chris. Aber zurück zur Macht der Liebe. Von allen Emotionen im Weltall hat Liebe die höchste Schwingung. Sie überlagert alle anderen und kann sie auflösen. Das heißt, Wesen, die eine niedrige Gesinnung ausstrahlen, können die Gegenwart von hohen Liebesschwingungen nicht aushalten."*

*„Vielleicht könnte man auch sagen, wenn die Schwingung auf der Erde erhöht werden könnte, dann würden unsere ‚Gäste' buchstäblich verhungern", war* Chris' Kommentar.

*„'Heureka' Chris! Du hast es wieder mal auf den Punkt gebracht. Aber ich denke, bevor sie keine Nahrung mehr bekommen und drohen, zu verhungern, würden sie vorher den Planeten verlassen."*

*„Das sollte uns auch recht sein. Aber wie wollen wir das umsetzen, Phil?"*

*„Das große Problem, das wir haben ist, dass die Parasiten das auch alles wissen, unsere braven Erdlinge aber noch mehrheitlich sich im Tiefschlaf befinden. Damit das auch noch lange Zeit so bleibt, haben sie vor, um den Planeten einen, wie sie es nennen, ‚BRAINBOW' zu spannen."*

*„Einen Regenbogen für die Gehirne?"*

*„Ja, Chris. Unsere Späher haben berichtet, dass sie das mithilfe modernster, geheimer Militärtechnik, zusammen mit verwerflichsten, schwarzmagischen Methoden planen. Und sie sind schon sehr weit fortgeschritten.“*

*„Das klingt ziemlich unheimlich, ja beängstigend!“*

*„Nicht doch! Wie sagte einst ein weiser Spaßvogel? ‘Angst und Geld habe ich noch nie besessen!“‘*

Chris musste lachen. Phil schmunzelte wohlwollend.

*„Ja, Chris. Lass uns den Humor nicht verlieren! Wir haben das Überraschungsmoment auf unserer Seite.“*

*„Wie soll ich das verstehen, Phil?“*

*„Wir kennen ihre Pläne, aber sie nicht die unseren!“*

***

## GEDANKENAUSTAUSCH

Endlich war Selina eingeschlafen. Elena kostete es eine Menge Selbstbeherrschung, die Großeltern und die kleine Schwester nichts anmerken zu lassen von ihrer inneren Anspannung. Dass Selina in dieses verworrene Spiel mit hineingezogen würde, das wäre das Allerletzte, das sie riskieren wollte. Sie löschte das Licht im Kinderzimmer, holte den *Telepator* aus dem Versteck und nahm in dem Sessel am Fenster Platz.

Elena atmete ein paarmal tief durch, dimmte den Schein der Stehlampe und setze den Stirnreif auf.

*'Hallo Elena, hier ist Boq. Warte, ich stelle das Signal zu Shamira durch.'*

*'Schön, dass du Zeit gefunden hast, hier ist Shamira. Bei euch ist es jetzt zehn Uhr, nicht wahr?'*

*'Ja, ich glaube schon. Selina schläft.'*

*'Lass uns weitermachen, wo wir heute Nachmittag waren. Du wolltest mich zur Schattenregierung etwas fragen?'*

*'Ja, davon hab ich noch nie gehört.'*

*'Eben, ist auch klar. Wir nennen sie ja deshalb so, weil sie im Schatten, also im Verborgenen agiert. Glaubst du denn wirklich, dass die großen Dinge der Weltpolitik in euren Parlamenten entschieden werden. Das wäre echt eine kindliche Vorstellung. Denkst du denn, dass die reichsten Familien dieses Planeten es darauf ankommen lassen würden, dass irgendwelche Habenichtse ihnen die Wurst vom Brot nehmen könnten. Sie haben doch das Geld, um die öffentliche Meinung zu steuern. Sie haben die Macht, durch das Schuldgeldsystem und dadurch entstandene Abhängigkeiten die Geschicke der Welt zu lenken. Sie sitzen in den Aufsichtsräten der 'Global Player', sind die CEOs all der Firmenkonklomerate des Militärisch-Industriellen Komplexes sowie von 'Big Pharma'. Aber die eigentliche Frage müsste lauten: Wie konnten sie so viel Macht und Geld anhäufen und das über alle Krisen und Weltkriege, völlig unbehelligt, hinweg?'*

*‚Shamira, ich muss ehrlich gestehen, darüber hab ich noch gar nie nachgedacht. Man ist ja so mit seinem täglichen Existenzkampf und persönlichem Kleinkram beschäftigt, dass man abends froh ist, wenn man mal mit einem Buch in der Hand abschalten kann.'*

*‚Ja Elena, da hast du recht. Das System ist wirklich perfekt eingefädelt. Kennst du 'Matrix'?*

*'Du meinst die Filme? – Ja, die hab ich gesehen.'*

*'Da wird viel Wahres gezeigt. Also nochmal: Die Familien der Finanzelite konnten zu unermesslichem Reichtum und Macht aufsteigen, nur deshalb, weil sie seit Jahrhunderten einem Kult angehören, der von den erwähnten negativen Außerirdischen gesteuert wird. Die Mitglieder des Kultes bestehen zumeist aus hybriden Zuchtprogrammen dieser Aliens. So, jetzt kennst du das große Bild. Nun wollen wir einzelne Pinselstriche mal genauer unter die Lupe nehmen.'*

*‚Das kommt jetzt zwar alles ein bisschen plötzlich Shamira, aber, so auf die Schnelle erscheint alles sehr logisch zu sein. Es würde viele Dinge, die auf der Welt so passieren, erklären.'*

*'Ja, lass dir Zeit. Denk über alles nach! Nur noch so viel: Die negativen Aliens sind emotionslose Kreaturen. Sie haben keine Seele, so wie du und ich. Sie ernähren sich parasitär, von unseren negativen Emotionen. Und ihre Freunde, Helfer und Mitläufer sind meist gefühlskalte Psychopathen. Als sie jedoch merkten, dass immer mehr Menschen anfingen, spirituell zu erwachen, heckten sie einen perversen Plan aus, um einen weiteren Aufstieg der Menschheit zu stoppen.*

*Durch die weltweit konzertierte Pseudo-Pandemie gelang es ihnen, weite Teile der Menschheit in Angst, Panik und Sorge um ihre Existenz zu versetzen. Der Super-GAU für sie wäre eine Schwingungserhöhung des Planeten, durch Zunahme der Liebesenergien. Dies würde ihrer Existenz auf Erden absolut abträglich sein.*

*Infolge der ‚Pandemie' konnten sie durch die niedere Angstschwingung ihre ‚Nahrungsquelle' fürs Erste sichern. Und, was noch entscheidender war, durch ein rigides Impfregime tat sich für ‚Big*

*Pharma' eine unerschöpfliche Geldquelle auf. Die Kirsche auf der Torte aber, stellte für die Parasiten die Möglichkeit dar, mit neuartigen mRNA-Impfstoffen Milliarden Erdlinge für lange Zeit von ihren Seelen abzuschneiden. Dies stellt ein zutiefst teuflisches Verbrechen gegen die Schöpfung dar. Dadurch haben sie sich für Jahrmillionen von einer Rückkehr zu der Quelle abgeschnitten.*

*Wir Altairianer können, wie auch viele hoch entwickelte Seelen auf der Erde die menschliche Aura sehen. So weiß ich auch, dass du, Gott sei Dank, nicht geimpft bist.'*

*'Ja, ich habe mich immer intuitiv dagegen gesträubt. Ich vertraue außerdem zutiefst meinem Immunsystem.'*

*'Was außerdem einen hellen Strahl auf die dunkle Absicht der Usurpatoren wirft, ist die Tatsache, dass sie mit der ‚Pandemie' ganz bewusst die Urängste vor Atemnot und Erstickungstod bei den Menschen schürten. Die Funktion der Lungen hängt nämlich ursächlich mit der Aktivität des Herz-Chakras zusammen. Dieses ist, unter anderem, für das Aussenden und Empfangen von Liebesenergien mit verantwortlich. Also ging es den Masterminds bei dieser ganzen Sache wohl nicht um die Bekämpfung einer Krankheit. Gäbe es eine wirkliche Pandemie, die diesen Namen verdient, dann hätten wir Zigmillionen von Toten, so wie bei der mittelalterlichen Pest oder wie 1918 bei der ‚Spanischen Grippe'.*

*Wenn wirklich Leichenberge in Massengräbern verscharrt werden müssten, hätte es diese ganze massenmediale Panikmache doch nicht gebraucht. Die Menschen würden von sich aus Distanz wahren und zu Hause bleiben.*

*'Um was ging es ihnen denn dann?'*

*'Es ging ihnen darum, weltweit Angst zu verbreiten mit dem Narrativ einer tödlichen ,Pandemie'. Es ging ihnen darum, die Herz Chakren der beseelten Menschen zu verschließen, ihre Kommunikation, ihren gesellschaftlichen Umgang zu unterbinden, ein Gefühl der Unsicherheit, der Ausweglosigkeit zu verankern.*

*Die Lungen sind das mit Abstand größte Kontaktorgan des Menschen, durch das sie mit ihrem Gegenüber und mit der Welt kommunizieren. Alle atmen die gleiche Luft und dadurch sind die Menschen aller Völker und aller Rassen miteinander verbunden, eine große Menschheitsfamilie. All das wird durch den Zwang, Abstand zu halten und Masken zu tragen, unterbunden. Die Individuen sollen vereinzelt werden, den Menschheitsbruder nicht als ein Ebenbild Gottes, sondern als eine potenzielle Gefahr wahrnehmen.'*

*,Ja, und durch die Masken können die Menschen nicht mehr in den Gesichtern ihres Gegenübers lesen. Somit ist eine normale menschliche Kommunikation verhindert',* meinte Elena.

*,Genau! Sie wollen die Menschen von allem abschneiden, was sie lieben, was ihnen Spaß macht, was ihre Seelen zum Schwingen bringt, was sie sich lebendig fühlen lässt, alles, was sie selber nicht haben!",* fuhr Shamira fort.

*Das Gleiche ist mit eurer Sonne. Alte Religionen haben sie als Gottheit verehrt. Sie spendet alles Leben auf der Erde, letzten Endes auch jede Art von Energie. Und was machen sie? Sie sagen den Leuten: Geht nicht in die Sonne! Und es ist schick und cool stets eine Sonnenbrille zu tragen. Dass damit die göttliche Energie gehindert, wird über die Augen, dem Tor zur Seele, in die Menschen zu gelangen, das sagen sie nicht.*

*Sie kreieren eine neue Religion, die Klimareligion. Darin herrscht das Dogma, dass die Sonnenstrahlung die Erde aufheizt und somit an einer Klimaerwärmung beteiligt ist. Eure brillanten Wissenschaftler haben dann so geniale Pläne entworfen, wie, dass mit Silber- oder Aluminium-Partikeln, ausgebracht in der Atmosphäre, die Einstrahlung der Sonne gemindert werden könnte. Genauso könntest du einem Verdurstenden das Wasser vorenthalten, um ihn davor zu bewahren, sich nass zu machen.*

Shamira war richtig in Fahrt gekommen.

*‚Natürlich ist es wichtig, emissionsneutrale Antriebe zu entwickeln. Aber das größte Problem ist nicht das CO2, sondern der gigantische Verbrauch an Sauerstoff. Den kann man aber nicht so gut mit einer Steuer belegen.*

*Und all die Wasserträger und Speichellecker, die ganzen seelenlosen Psychopathen konnten ihre Machtfantasien ausleben und dabei noch richtig Kasse machen. Es ist ein zutiefst dämonischer Anschlag, eine teuflische Agenda!*

*Doch sie haben sich verrechnet. Eine große Anzahl von hoch angesehenen Wissenschaftlern haben sich trotz all der zu erwartenden Häme der Lynchmedien aus der Deckung gewagt. Viele habe trotz drohendem Verlust der Reputation ihre Stimme erhoben und schließlich all die Narrative ins Wanken gebracht. Sowohl die böswilligen Architekten und Verursacher der Pandemie-Pläne wie auch deren bereitwillige Vollstrecker kämpfen nun ums nackte Überleben und das macht sie umso gefährlicher und unberechenbarer.*

*Doch wir kennen ihre nächsten Schritte!‘*

*'Shamira, ich spüre regelrecht, wie mir bei deinen Worten ein unentwirrbar geglaubter Knoten im Kopf geplatzt ist. Aber, warum habt ihr ausgerechnet mich in diese Sache hineingezogen?'*

*'Elena, lass uns das morgen, von Angesicht zu Angesicht am Brunnen bereden. Sagen wir um 14:00 Uhr?'*

*'Ja gerne, um 14:00 Uhr!'- Gute Nacht!*

Elena hatte endgültig alle Vorbehalte abgelegt. Sie fühlte sich auf sonderbare Weise stark hingezogen zu Shamira, wie zu einer seit Langem vertrauten Seele.

Beruhigt und entspannt legte sie sich zu Bett, sprach ein kurzes Gebet und schlief gleich ein.

Dafür, dass Shamira das Kommando eines interstellaren Raumschiffes mit über zweihundert Altairianern innehat, war ihr Aussehen ausgesprochen weiblich. Sie hatte keine resoluten oder herben Züge an sich, machte eher einen sehr verständnisvollen, einfühlenden Eindruck. Trotzdem konnte man sich vorstellen, dass sie den vollen Respekt ihrer Untergebenen genoss. Vor allem wohl deshalb, weil man nicht den Eindruck hatte, ihr etwas vormachen zu können. Der Erfolg ihres Führungsstils beruhte vor allem darauf, dass sie jedem das Gefühl gab, wichtig zu sein. Alle sahen es als ein Privileg an, unter ihrem Kommando arbeiten zu dürfen. Als sie die Stufen der Freitreppe des ‚Fuente Neptuno' herabkam, winkte ihr Elena zu, die bereits auf einer Bank in der Sonne auf sie wartete.

Sie umarmten sich und setzten sich, einander zugewandt. Elena zog ein Bild aus ihrem Brustbeutel und zeigte es Shamira.

*"Das ist Selina, meine kleine Schwester, sie wird zehn!"*

*„Ein wirklich hübsches Mädchen, es hat wissende Augen. Die Feinfühligen unter euch nennen es 'Kristallkinder'. Sie drängen jetzt immer mehr auf die Erde, um ihre heilende Energie für die Zeit nach dem Umbruch einzubringen."*

*„Sie ist mir sehr ans Herz gewachsen. Ich versuche, so gut ich kann, sie unbeschadet durch diese verrückte Zeit zu bringen."*

*„Ja, Elena. Kinder sind unsere Zukunft."*

*„Hast du auch welche, Shamira?"*

*„Ja, ich habe einen Sohn, er heißt Furgin. Er ist Fünfzehn, aber das entspricht ungefähr dreißig von euren Jahren. Unser Planet braucht fast doppelt so lang für einen Umlauf um Altair, wie die Erde um eure Sonne. Er ist Astrobiologe und beschäftigt sich mit den unterschiedlichsten Formen des Lebens im Universum. Er war auch schon mal mit mir auf der ‚Starseed' auf Erkundungsfahrt. Natürlich schicke ich ihm auch regelmäßig alle Informationen über die Erde."*

*„Aber jetzt zu dir, Elena. Du wolltest ja wissen, was du in der ganzen Angelegenheit für eine Rolle spielst. Der Mann in deinem Traum, der zu dir sagte, er sei das Spiegelbild deiner Seele, ihn gibt es wirklich. Er heißt Chris und er lebt in England. Ihr seid die beiden Bestandteile einer alten Dualseele. Das heißt, ihr wart ursprünglich zusammen, als eine integrale Entität. In seltenen Fällen sind diese beiden Teilseelen zur selben Zeit verkörpert. Und noch seltener treffen sie im Lauf ihres Lebens aufeinander.*

*Wir wurden schon zu Beginn des Kontaktes mit deinem Vater auf dich aufmerksam, weil wir grundsätzlich jeden und sein Umfeld einem Aura Scan unterziehen, um keine bösen Überraschungen zu erleben. Bei dir haben wir eine ungewöhnlich Reife Seele festgestellt. Nach einiger Zeit der Suche haben unsere Detektoren bei einem Überflug von alten Kraftorten im Süden Englands, dort, wo sich das Herz-Chakra des Planeten befindet, ausgeschlagen. So haben wir Chris entdeckt. Die Scans von euch beiden lassen keinen Zweifel zu."*

Shamira bemerkte, dass Elenas Augen immer größer und größer wurden und dass die emotionale Erinnerung an den seltsamen Traum bei ihr wieder aufstieg.

*„Chris wurde in der letzten Zeit, von seinem Seelenfreund in gleicher Weise über all das unterrichtet. Und glaub mir, er ist genauso aufgewühlt wie du. Übrigens, als du ihn im ‚Traum' gesehen hast, das war kein Traum. Vielmehr fand diese Begegnung auf einer Seelenreise, in der ‚Ander Welt', deshalb aber nicht weniger real, statt. Da wir an kosmische Gesetze gebunden sind, dürfen wir euren freien Willen nicht beeinflussen. Eine Heilung der derzeitigen Zustände auf der Erde muss von euch selbst ausgehen. Wir können euch lediglich Hilfestellung geben."*

Elena war immer noch um ihre Fassung bemüht.

*„Aber, was können wir schon tun?"*

*„Elena, die allergrößte Macht im Universum ist die Liebe. Sie vermag alles!*

Shamira wusste, sie müsste jetzt die entscheidende Frage stellen.

*„Elena, willst du Chris kennenlernen?"*

Elena fühlte, wie eine heiße Woge ihren ganzen Körper durchströmte. Sie schloss für einen Moment die Augen, um diese drei Worte auszusprechen:

*„Ja, ich will!"*

*„Phil, - so heißt mein Seelenfreund - meint, ich sollte dich zu ihm bringen. Sie sind zurzeit in Schottland. Kannst du dir eine Woche freinehmen?“*

*„Meine Großeltern könnten sich um Selina kümmern. Aber ich bin auch für ein paar Stunden an der Schule eingeteilt. Ich müsste eine Kollegin bitten, mich zu vertreten. Aber das sollte machbar sein. Wie kommen wir dorthin?“*

Shamira blickte wieder nach oben. *„Mit meinem 'Taxi“*

*„Ich denke, wenn alles vorbei ist, werde ich einen Science-Fiction-Roman schreiben“,* sagte Elena.

Shamira lächelte. Sie fand es bewundernswert, wie Elena es immer wieder verstand, mit ihrer unerschütterlichen Zuversicht und dem ihr eigenen Humor alles anzunehmen. Es war umso erstaunlicher, wo doch das Schicksal gerade dabei war, ihr bisheriges Weltbild, wie mit einer Abrissbirne zu zertrümmern. Ihr erster Eindruck bestätigte sich immer mehr:

Elena ist eine große Seele!

Shamira freute sich richtiggehend auf die vor ihnen liegende Aufgabe. Und ihre Spannung stieg immer mehr:

*‚Wie mag Chris wohl sein?‘*

*„Kannst du Montagmorgen um 7:00 Uhr wieder hier sein? Pack nur das Nötigste ein, vor allem aber warme Sachen. In Schottland ist der Sommer vorbei! Und, - bald hätte ich es vergessen: - Nimm den 'E-Booster' mit!“*

***

## EIN NEUER VERBÜNDETER?

Han und Huan waren ziemlich beunruhigt. Sie hatten ja infolge der Totalüberwachung von Devilles Aktivitäten, Einblick in den Mailverkehr mit Dr. Zhìxiàng und mit Dr. Bloomfield. Außerdem war immer noch die Wanze im Maybach aktiv.

Durch den Kontakt mit ihrem Glaubensbruder Minho im Paektusanmassiv hatten sie aktuelle Informationen, aus allererster Hand, zum Stand der Umbauarbeiten an dem Transmitter. Folglich wussten sie, dass der Start der verwerflichen Mission unmittelbar bevorstand.

China war von den wirtschaftlichen Folgen der *‚Pandemie‘* weitgehend verschont geblieben. Die chinesische Führung hatte deren Auswirkungen in den schwärzesten Farben gemalt und drastischste Maßnahmen zur Eindämmung veranlasst. Jedoch, sobald der Rest der Welt infolge der konzertierten Medienkampagnen nachzog, wurden die Restriktionen gelockert.

Ab diesem Zeitpunkt wurde in China weniger getestet und die ‚Fallzahlen‘ gingen nach unten. Han und Huan und ihre Freunde hielten es durchaus für wahrscheinlich, dass dies alles von der internationalen Hochfinanz so geplant war. Könnte sie so doch den absehbaren Zusammenbruch der westlichen Ökonomie in einem kommunistischen System schadlos überstehen.

*Falun Gong* ist im Hinblick auf seine Verhaltensregeln und Glaubenssätze durchaus mit denen des Urchristentums vergleichbar. Und genauso, wie dieses von den dunklen Kräften bekämpft und von der christlichen Amtskirche grob verfälscht wurde, ist *Falun Gong* den kommunistischen Machthabern ein Dorn im Auge.

Huan hatte bemerkt, dass Fernand in letzter Zeit vermehrt Seiten im Internet aufgerufen hatte, bei denen es um den Missbrauch von Kindern, speziell im Zusammenhang mit rituellen satanischen Praktiken ging. Im Gespräch mit Han meinte dieser, Fernand könnte wohl Verdacht geschöpft haben, dass es in seiner eigenen Biografie derlei wunde Punkte geben könnte.

Wenn dies tatsächlich zuträfe und sie Fernand auf ihre Seite bringen könnten, dann hätten sie einen Superspion als Verbündeten im Zentrum der Macht des Bösen. Schließlich fassten sie den Entschluss, Fernand jeden Tag eine weitere Mail aus der Korrespondenz zwischen seinem Chef, Monsieur Deville und Dr. Zhìxiàng beziehungsweise Dr. Bloomfield zu senden. So könnten sie Fernand, nach und nach, über Intension und Zweck der Aktivitäten, im Labor des kommunistischen Bruderlandes, die Augen öffnen.

***

## TAXI NACH SCHOTTLAND

*„Buenos Dias, Elena! Ich freue mich, dass es geklappt hat. War es schwer für dich, freizubekommen?*

Beide umarmten sich.

*„Buenos Dias Shamira! Das mit der Schule, das war kein Problem, aber ich musste mir für meine Großeltern eine Begründung für meinen Kurzurlaub einfallen lassen."*

*„Und, was hast du gesagt?"*

*„Dass ich einen alten Bekannten treffen werde. Und das ist nicht mal gelogen."*

*„Das war in Ordnung für sie?“*

*„Meine Oma hat die Augen verdreht und mein Opa hat mir zugeblinzelt und mir eine schöne Zeit gewünscht. Wo ist unser 'Taxi'?“*

*„Es wartet dort oben.“* Shamira deutete auf die Freitreppe. Während sie die Stufen hochgingen, sagte sie zu Elena:

*„Wundere dich nicht! Das Shuttle ist im Tarnmodus. Nimm einfach meine Hand! Ich werde dich führen.“*

Hinter der Säulengalerie des Neptun-Brunnens schwebte, lautlos und für das Auge unsichtbar, das ‚Taxi‘ über der Rasenfläche. Und wären Passanten dagewesen, hätten sie zwei Frauen sehen können, die sich unvermittelt, Hand in Hand, in Luft auflösten.

War Elena zu Beginn, als sie sich mit der völlig grotesken Situation abgefunden hatte, noch voller Elan und Neugier, war ihr inzwischen doch recht mulmig zumute. Aber als Shamira sie mit Boq, mit dem sie ja schon per *Telepator* Kontakt hatte und mit Kiruh bekannt gemacht hatte, fasste sie wieder Mut. Dann erinnerte sie sich daran, dass ihre Eltern ja bereits in der gleichen Situation waren. Als sie dann noch in dem bequemen Sessel, direkt am Steuerpult, neben Kiruh Platz nehmen durfte, hatte die Neugier wieder die Oberhand gewonnen und sie fieberte erwartungsvoll dem Start entgegen.

Ein leises Summen, ein sanftes Vibrieren und das Shuttle hob ab. Unsichtbar für die Augen all der in der Millionen-Metropole Zurückgebliebenen entschwand es, der Sonne entgegen.

Wie im Zeitraffer sah Elena die schneebedeckten Gipfel der Anden unter sich vorbeiziehen und all das satte Grün des bolivianischen und brasilianischen Regenwaldes. Als sie schließlich das weit verästelte Amazonas-Delta hinter sich gelassen hatten, ging es aufs offene Meer hinaus. Nach kurzer Dauer tauchte unter ihnen, als letztes Zeugnis des einst untergegangenen Atlantis, die Inselgruppe der Azoren auf.

Es mochten kaum zehn Minuten vergangen sein, als sich, rechts von ihrem Kurs, die Silhouette des europäischen Festlandsockels abzeichnete. Kiruh lenkte den Flug etwas tiefer. Entlang der portugiesischen Küstenlinie ging es nach Norden, zu den britischen Inseln

Elenas Herz begann zu klopfen.

***

## GEWISSHEIT

Fernand war ziemlich verunsichert. Seit Tagen erhielt er diese Mails. Zuerst landeten sie im Spamordner. Dass es sich jedoch offensichtlich um weitergeleitete Mails an M. Deville, seinen Boss handelte, machte ihn doch stutzig. Außerdem gab es bereits im Begleittext Hinweise auf ganz persönliche Dinge, die nur jemand in seinem unmittelbaren Umfeld wissen konnte. Also öffnete er die Anhänge.

Die Frau, die auf den Videos in dem Labor zu sehen war, die kannte er doch. Genau, das war diese Dame, die mit seinem Chef vorm Ministerium in den Wagen stieg und deren Gespräch er belauschte.

Außerdem war der verstörende Inhalt der Nachrichten und Videosequenzen dazu geeignet, all seine schlimmsten Befürchtungen zu befeuern. Doch, wer war der geheime Absender? Wieso wusste er all diese Dinge über ihn?

Oder - was noch viel beunruhigender wäre - zweifelte etwa Deville an seiner Loyalität und wollte ihm somit eine Falle stellen?

Fernand zog es erst mal vor, die Mails zu löschen, noch vorsichtiger zu sein und abzuwarten.

Ein paar Tage später, chauffierte er Devilles Leibkoch, wie jeden Montag, für den wöchentlichen Einkauf zum Markt. Wie gewöhnlich wartete er im Wagen, weil er mit seiner Körpergröße in Peking normalerweise wie ein Mondkalb bestaunt werden würde.

Dem SAIC-Transporter, der neben ihm parkte, entstieg ein chinesisch aussehender junger Mann, bekleidet mit dem Overall der Stadtwerke. Erst machte er sich am Wagen zu schaffen, dann wandte er sich dem Fahrer des Maybach zu.

Fernand ließ die Scheibe herunter.

*„Monsieur Cerbére, haben sie unsere Mails gelesen?", war* Huans Frage in einem, für Chinesen, sehr guten Englisch.

*„Wer sind Sie? Wieso kennen Sie meinen Namen?"*

*„Wir glauben, Sie zweifeln momentan daran, ob sie auf der richtigen Seite stehen. Hab ich recht? Übrigens ich heiße Huan. Darf ich Sie Fernand nennen?"*

*„Wer ist 'Wir'?",* wollte Fernand wissen.

*„Wir sind Freunde. Wir glauben an das Gute im Menschen, an seine Bestimmung, die Ketten der Sklaverei abzulegen und in Selbstverantwortung und Freiheit zu leben. Können wir auf Sie zählen Monsieur Fernand?*

Fernand blickte sich instinktiv um, ob sie nicht vielleicht beobachtet würden, dann lächelte er Huan etwas nachdenklich und mühsam an und nickte stumm. Gerade rechtzeitig bevor der Leibkoch mit Tüten und Netzen bepackt zum Wagen kam, war das Gespräch beendet.

Bei der Heimfahrt sprach Fernand kein Wort.

***

## UNERWARTETER BESUCH 2

Es war, als Phil und Chris mit den Vorbereitungen für das Mittagessen beschäftigt waren, als Phil plötzlich wie aus heiterem Himmel sagte:

*„Übrigens Chris, du kannst zwei Gedecke mehr auflegen. Wir bekommen Besuch."*

Chris, der gerade einen Schluck kalten Kaffees aus seiner vom Frühstück noch dastehenden Tasse genommen hatte, verschluckte sich und begann wie wild zu husten. Als er sich wieder gefasst hatte, sagte er mit fragendem Blick: *„Wer sollte uns schon besuchen?"*

*„Elena und Shamira werden bald hier sein."*

*„Du machst Witze, oder?"*

*„Mit so was macht man keine Witze. Es ist mein Ernst."*

*„Und das sagst du mir jetzt?"*

*„Ich wollte nicht, dass du dich den ganzen Tag wie eine wilde Hummel aufführst."*

Chris rang um Fassung und fragte schließlich:

*„Wer ist Shamira?"*

*„Sie war für Elena das, was ich in letzter Zeit für dich war. Ich denke, Elena und du, ihr seid nun beide im Bilde, um was es geht."*

*„Phil, du bist immer wieder für eine Überraschung gut. Hab ich noch Zeit, was Vernünftiges anzuziehen?"*

*„Wenn du schnell bist?"*

Chris war jetzt ganz aus dem Häuschen. Er spurtete die Treppe hoch und kam zehn Minuten später frisch rasiert, wohlriechend und wie ein zivilisierter Mensch aussehend wieder.

Gegen 13.00 Uhr hörte man Stimmen und das Knirschen von Schritten auf dem Kiesweg. - Es klopfte.

Chris wusste nicht, sollte er vor freudiger Erwartung laut jauchzen, oder sollte er sich in einer Ritze des Fußbodens verstecken?

Phil öffnete die Tür. Zuerst trat Shamira in den Raum. Sie und Phil umarmten sich. Und dann stand *sie* vor ihm. Noch anmutiger als in seinem Seelenreisen-Traum,

Elena, in Fleisch und Blut!

Chris spürte sofort, dass Elena genauso aufgeregt und angespannt war wie er. Dann erinnerte er sich daran, dass er sie in seinem 'Traum', einem spontanen Impuls folgend, auf die Stirn küsste.

Er trat auf sie zu, küsste sie wiederum sanft auf die Stirn und sagte leise zu ihr: *„Bienvenido, soy Chris!"*

Elena errötete und erwiderte: *„Me alegra, soy Elena."*

Chris konnte nicht anders, als sie ebenfalls zu drücken. Shamira und Phil schmunzelten beide und tauschten vielsagende Blicke aus.

Phil übernahm jetzt die Hausherrnrolle. „Das geht hier ja richtig polyglott zu. Aber mit Rücksicht auf Shamira sollten wir vielleicht bei einer Sprache bleiben. Wie wär es denn zum Beispiel mit Englisch? - Hoffentlich haben sich all die Sentimentalitäten nicht auf eure Mägen geschlagen. Es gibt Pfannkuchen mit Ahornsirup."

Alle lachten und nahmen am Tisch Platz. Und auch Elena hatte ihre normale Gesichtsfarbe wiedergewonnen.

***

## SYSTEMCHECK

Im Labor, tief im Stollen und am Transmitter unter dem *Paektusan*-Gipfel war reges Treiben. Dr. Zhìxiàng und ihr Team waren unermüdlich dabei, das ganze System nach Rauls Vorgaben immer wieder neu abzustimmen, zu optimieren und zu kalibrieren. Dr. Callidus selbst war voll in seinem Element. Er hatte ein Team von Nachrichten-Technikern der nordkoreanischen Armee zur Seite gestellt bekommen, um die Umbauten an der Flanke des Berges voranzutreiben.

Es war ein Wettlauf mit der Zeit, denn der Winter stand vor der Tür und die Bedingungen in circa zweitausend Metern Höhe verschlechterten sich von Tag zu Tag. Auch Minho stand unter ziemlichem Stress, musste er doch Raul jeden Tag mit dem Geländewagen, bei Temperaturen um die null Grad, die Geröllstraße zum Transmitter hoch chauffieren und nachts war er damit beschäftigt Yinis heiße Attacken zu überstehen.

Und seine knappe freie Zeit verbrachte er noch damit, seine Falun-Gong-Freunde über den aktuellen Stand zu unterrichten.

Yini und Raul hingegen wurden jeden Tag euphorischer. Alle Belastungstests lieferten positive Ergebnisse.

Die Anlage schien betriebsbereit zu sein.

***

## HERBSTSPAZIERGANG

Während des Essens war mehr oder weniger Smalltalk angesagt. Shamira war voll des Lobes, Phils Kochkünste betreffend und lud sich einen zweiten Pfannkuchen auf den Teller. Elena berichtete über ihre überwältigenden Eindrücke beim Flug mit dem Shuttle und Phil brillierte mit so philosophischen Weisheiten, wie: Essen und Trinken halten Leib und Seele zusammen. Alle nickten.

Nur Chris war stumm geblieben. Immer wieder musste er Elena ansehen. Sie war so liebreizend und schön, strahlte dabei aber eine vornehme Zurückhaltung aus. Ihre großen, wachen Augen, ihr sinnlicher Mund, alles an ihr schlug ihn völlig in ihren Bann. Das Wortgeplätscher der anderen trat immer mehr in den Hintergrund. Die Welt um ihn herum versank in einer Art Tagtraum. Wie unter einer Käseglocke gab es nur noch zwei Dinge:

Elena und ihn.

Einem Wachruf gleich rissen ihn Phils Worte aus seinen Gedanken.

*„Elena, Chris, wollt ihr nicht einen Verdauungsspaziergang machen? Shamira und ich, wir würden gerne noch einiges bereden.“*

Chris blickte zu Elena. Die nickte.

*„Elena, ich hole mir nur noch eine Jacke und feste Schuhe. Du solltest das auch tun, es ist frisch draußen."*

Phil ging mit Elena den Weg hinterm Haus hinauf, zu den Hügeln, den er mit Phil so oft gegangen war. Als er sich ein Herz fasste und Elena bei der Hand nahm, hatte er das Gefühl, dass sie schon darauf gewartet hatte. Ihr warmer, fester Händedruck fühlte sich so vertraut und anheimelnd an. Dabei wurde ihm bewusst, was er über all die Jahre entbehrt, wonach sein Herz sich aber insgeheim immer gesehnt hatte.

*„Das ist hier alles so ganz anders als bei mir zu Hause, ruhiger, nachdenklicher, ja schwermütiger. Ich meine das im positiven Sinne. Auch du, Chris. Du wirkst auf mich total ausgeglichen, in dir selbst ruhend. Als wir uns im 'Traum begegnet sind, hast du dich als der Spiegel meiner Seele vorgestellt. Genau das ist es. Ich sollte es vielleicht nicht sagen, aber ich sehe mich in dir, so, als wärst du ein Teil von mir, der mir bisher nicht bewusst war. Es ist verrückt!*

*„Ja Elena, es ist wirklich seltsam. Wir kennen uns noch nicht mal zwei Stunden und doch bist du mir vertrauter als meine rechte Hand. Wenn es stimmt, was Phil sagt, dann ist es ein seltenes Privileg, dass wir uns begegnen durften, das ich mit jeder Faser meines Körpers genieße. Es mag in deinen Ohren völlig unglaublich klingen, aber:*

*Ich möchte dich nie wieder hergeben!"*

Elena blickte zu ihm auf und sah ihn mit großen, braunen Augen an. Und Chris hielt diesem unergründlich tiefen und liebevollen Blick stand und erwiderte ihn. Von der Macht unwiderstehlicher, tiefer Liebe und Zuneigung fanden sich ihre Lippen zu einem langen, leidenschaftlichen Kuss.

Ein heißer Strom nie zuvor gekannten Verlangens und des gegenseitigen Begehrens durchströmte ihre Körper und heiße Tränen des Glückes liefen über ihre Wangen. Und, als wollte sie das Ganze besiegeln, trat die Herbstsonne für einen Moment hinter den Wolken hervor.

Nachdem sie die atemberaubende Aussicht hinunter auf den See mit seinen vielen Inseln genossen hatten, traten sie, eng umschlungen, den Heimweg an.

***

## DIE BEKEHRUNG

In den nächsten Tagen fand Fernand immer wieder Links zu Internetseiten in seinen Mails, die Verdachtsmomenten nachgingen, welche die Familie Deville in ein zwielichtiges Licht rückten. Diese gipfelten in dem Verdacht, Devilles Vater wäre in den Achtziger- und Neunzigerjahren in die Aktivitäten eines Kinderschänder-Ringes involviert gewesen. Zwar wurde er niemals angeklagt, aber der Fall, der bis Mitte der Achtzigerjahre in Belgien verhandelt wurde, zeichnete ein erschütterndes Bild von Abgründen, die sich in der belgischen und französischen Elite auftaten.

Eingesperrt wurde lediglich ein als Einzeltäter bezeichnetes Bauernopfer. Aufgrund von fast dreißig unter mysteriösen Umständen ums Leben gekommenen Zeugen gärte jedoch der Verdacht weiter, dass der Fall bis in höchste Kreise der Gesellschaften beider Länder reicht.

Daneben enthielten die Mails an Fernand auch vermehrt Hinweise und Links zu Informationen zu der in China verbotenen Falun-Gong-Bewegung. Als er sich mit deren Philosophie beschäftigte, wurde es ihm immer klarer, dass er sich mit deren Ansichten und Zielen total identifizieren konnte. Beschämt stellte er fest, dass er in seinem ganzen

Leben eigentlich noch nie über dessen Sinn nachgedacht hatte. Immer führte er nur gewissenhaft aus, was ihm aufgetragen wurde. Und jetzt, da sich durch seine Informationen die Inhalte seiner ‚Flashbacks' mehr und mehr verdichteten, war jeder Zweifel ausgeschlossen.

Er musste was unternehmen, wollte er nicht Handlanger des Teufels sein.

***

## STARTSCHUSS

Deville startete die verschlüsselte Videokonferenz. Dave Bloomfield erschien auf dem Bildschirm. Anfangs gab es noch Schwierigkeiten mit einem verzögerten Tonsignal, doch dann stand die Verbindung.

*„Hallo Dave, schön dich zu sehen. Hast du Bild und Ton?“*

*„Alles bestens, Claude. Was gibts neues?“*

*„Einiges mein Freund. Dein Dr. Callidus ist ja wirklich ein Tausendsassa. Was der alles auf die Beine gestellt hat - und das in dieser kurzen Zeit - alle Achtung!*

*„Ja Claude, Raul ist sein Geld wert, aber ohne all deine Beziehungen wären wir sicher nicht so weit gekommen. Wie ist der letzte Stand?“*

*„Der letzte Stand ist, wir haben unsere Hausaufgaben gemacht. Jetzt bist du dran, Dave.“*

*„Ja, Raul hat mich schon unterrichtet. Er meint, wir starten das Baby erst mal im Schongang, will heißen, ihr legt den Starttermin fest und*

*wir reißen den Himmel über euch auf. Und dann schauen wir, was passiert.“*

*„OK Dave, so hab ich mir das ungefähr auch vorgestellt. Übrigens, weißt du schon wie das Baby heißt?“*

*„Spann mich nicht auf die Folter!“*

*„BRAINBOW!“*

*„Das ist ein schöner Name. Er gefällt mir.“*

*„Du hörst von mir!“*

Die Seelenlosen, rekrutierten sich einerseits aus den G2- und G3-Zuchtprogrammen der *'Drakos'*, andererseits aus dem Fundus der intelligenteren Psychopathen von hier.

Ihr Plan, mit einer *‚Pandemie'*, die gesamte Menschheit in deren Folge komplett zu unterwerfen, schlug ja bekanntlich fehl. Was ihnen aber gelang, war, das ohnehin marode Finanzsystem zu beerdigen, die Schuld dafür jedoch einer Pandemie anzulasten. So mussten sie keine Racheakte befürchten.

Ihr größter Coup war jedoch, dass sich Milliarden von Menschen, infolge des Mediendauerfeuers, getrieben von Angst und Ahnungslosigkeit, mit mRNA-Vakzinen impfen ließen. Dabei handelte es sich streng genommen um keine Impfstoffe im herkömmlichen Sinne, sondern vielmehr um Genmanipulationen. Deren Auswirkungen wurden niemals in Langzeitstudien erforscht. Milliarden Menschen wurden also im offenen Feldversuch als ‚Laborratten' missbraucht.

Dies hatte zur Folge, dass unzählige Menschen einerseits ihrer Fertilität beraubt wurden. Andererseits geriet, infolge schwerwiegender Abwehrreaktionen, ihr Immunsystem völlig durcheinander, was in vielen Fällen zu Siechtum und Tod führte.

Als hätten sie es geahnt, ließ sich ‚Big-Pharma', bereits im Vorfeld, von jeglichen Haftungsansprüchen Geschädigter vertraglich freisprechen. Viele kritische Zeitgenossen aber gingen noch einen Schritt weiter und unterstellten einen großangelegten Plan zur Reduzierung der Menschheit.

Demnach ging es niemals darum, eine Pandemie zu bekämpfen, sondern darum, die Voraussetzung für eine weltweite Genmanipulation an der Weltbevölkerung zu schaffen.

Aber das sind sicher wieder nur krude Verschwörungs-Theorien!

Schließlich wäre es ja auch äußerst verwerflich, würde sich herausstellen, dass, was viele Heilpraktiker, Ärzte, Therapeuten und hellsichtige Aura Leser bemerkt haben wollen, stimmt, nämlich dass die Seelen nach der mRNA-‚Impfung' sich von ihren Körpern trennen.

Man mag es gar nicht zu Ende denken. Dies käme ja den Parasiten durchaus zupass, hätten sie so doch ein Heer an steuerbaren 'Zombies' gewonnen. Wer weiß, vielleicht ist schon bald ein *‚Nürnberg 2.0'* angesagt, sollte sich dies als wahr herausstellen.

## DER E-BOOSTER

Chris und Elena fühlten sich wie auf ‚Wolke 7'. Wie frisch verliebte Teenager lachten und hüpften den ganzen Weg den Hügel hinunter.

Noch bevor sich die Dämmerung über Loch Lomond senkte, waren sie wieder bei den anderen.

Als sie das Cottage betraten, war Shamira gerade dabei Phil den Emotion-Booster zu erklären, der mitten auf dem Tisch stand. Elena und Chris wärmten sich die Hände am Kaminfeuer und nahmen auch am Tisch Platz.

Chris, der das Ding als Einziger von ihnen zum ersten Mal sah, betrachtete es von allen Seiten und meinte schließlich

*„Ist das ein Trick? Wieso dreht sich die Scheibe? Und sie schwebt ja frei in der Luft. Ich seh weder eine Batterie noch einen Magneten."*

*„Ja, es ist so, als ob du einem Wikinger ein Smartphone gezeigt hättest. Er würde es für Zauberei gehalten haben",* sagte Phil.

*„Die Scheibe wird von einer Kraft angetrieben und in der Schwebe gehalten, die an jedem Ort im Universum wirkt. Alle Zivilisationen der ‚Galaktischen Föderation' nutzen sie",* erklärte Shamira. Und sie fuhr fort:

*„Wenn ihr die Dunklen vertrieben haben werdet, steht sie auch euch zur Verfügung. Nikola Tesla, ein Zeitreisender aus höheren Dimensionen hätte sie euch schon vor über einhundert Jahren gebracht. Doch die Kabale wollte zuvor noch drei Weltkriege inszenieren."*

*„Drei?",* fragte Chris irritiert.

*„Ja, drei! Im dritten steckt ihr gerade mittendrin. Und es ist der Erste, der diese Bezeichnung wirklich verdient. Er wird mit Waffen der Manipulation, der Massenpsychologie und den aus Geheim-Laboratorien weltweiter Militärforschung entstammenden Techniken geführt.*

*Und jetzt sind sie kurz davor, mit deren Hilfe, zusammen mit ihren schwarzmagischen Ritualen, den Planeten und die gesamte Menschheit von der spirituellen Entwicklung abzuschneiden.*

*Wie unsere Scouts berichten, werden sie bald beginnen, dumpfe, negative Energien in das Magnetfeld der Erde einzuschleusen. Ihr Ziel ist es, die Gehirne der Menschen ihrer Agenda gemäß dauerhaft umzuprogrammieren.*

*Sie nennen es Unternehmen ‚BRAINBOW'."*

*Shamira gab Phil ein Zeichen.*

Phil übernahm das Wort.

*„Wäre ich ein Yedi-Ritter, würde ich wahrscheinlich sagen:*

*'Die Macht ist mit uns!'*

*Ja, wir sind beseelte Wesen. Wir tragen die Liebe in unseren Herzen. Sie wird immer den Sieg davontragen!*

*Doch jetzt zur Praxis: Diesen unglaublichen Würfel mit dem Sterntetraeder und der schwebenden Scheibe hat Shamira von ihrem Heimatstern 'Altair' mitgebracht. Es ist ein E-Booster. Er verstärkt Emotionen."*

Er schob den Würfel zu sich, umfasste ihn mit beiden Händen und schloss seine Augen. Im selben Moment begann die Scheibe sich viel schneller zu drehen. Nach kurzer Zeit wurde sie wieder langsamer, bis sie schließlich fast zum Stillstand kam.

Shamira lächelte. Die anderen staunten.

*„Was war das jetzt?“*, entfuhr es Chris.

*„Zu Anfang habe ich mich darauf konzentriert, eine hohe liebevolle Schwingung auszusenden. Dann bemühte ich mich eine Art Hassgefühl zu kreieren.“*

*„Du meinst, Phil, je edler, altruistischer oder liebevoller die Gedanken, desto schneller dreht sich die Scheibe?“*, fragte Elena.

*„Ja, so ist es!“*, bestätigte Shamira. *Und wenn das Gefühl richtig negativ gewesen wäre, wozu Phil gar nicht fähig ist, dann hätte die Scheibe sogar ihre Drehrichtung geändert.“*

*„So, und jetzt kommt der 'Casus Knacksus‘. Elena, Chris, nehmt doch mal das Spielzeug zusammen in die Hände“*, schlug Phil vor.

Chris und Elena schauten sich bedeutungsvoll an, setzten sich gegenüber, fassten sich an den Händen, schlossen die Augen und hielten den Würfel in der Mitte des Tisches, zusammen, fest. Die Scheibe fing an, sich immer schneller zu drehen, bis sie für die Betrachter beinahe unsichtbar wurde. Schließlich bildete sich ein heller, violetter Strahl, der aus der oberen Spitze des Sterntetraeders austrat.

Und hätte jemand von außen auf die Szenerie geblickt, er hätte den Strahl aus dem Dach des Hauses austreten und hoch in den Himmel, bis zu den Sternen verfolgen können.

Phil und Shamira blickten sich überglücklich an und fielen sich schließlich in die Arme. Elena und Chris ließen den Würfel los und schauten verdutzt auf die beiden, die sie jedoch sogleich über das Geschehene aufklärten.

Bis spät in die Nacht wurden all die Möglichkeiten, die sich mit dem *E-Booster* boten, eifrig diskutiert. Und alle waren sich einig: Zusammen mit Elena und Chris barg dieser ein unschätzbares Potenzial in der bevorstehenden Schlacht auf geistiger Ebene.

Schließlich wurde es Zeit, sich schlafen zu legen. Morgen wollten sie zusammen überlegen, wie sich die gemachten Erfahrungen mit dem *E-Booster* am wirkungsvollsten in der Praxis umsetzten ließen.

Schweigend gingen sie nach oben. Elena hatte den Würfel mitgenommen. Sie stellte ihn auf das Fensterbord in Chris' Zimmer und verschwand im Bad. Den ganzen Tag schon hatte er diese knisternde Spannung wahrgenommen, die zwischen ihren beiden Seelen herrschte. Dazu kam eine fast animalische sexuelle Anziehungskraft, die von Elenas Gegenwart ausging. Durch ständige Meditationspraxis war er es gewohnt, seine Wünsche und Begierden im Zaum zu halten. Trotzdem war er sich unsicher, wie er sich in dieser Situation Elena gegenüber verhalten sollte.

Würde er den Draufgänger oder stürmischen Liebhaber spielen, könnte sie sich überrumpelt oder gedrängt fühlen. Würde er ihr ritterlich sein Bett überlassen und sich auf die Couch zurückziehen, könnte sie sich vielleicht als nicht begehrenswert fühlen - oder ihn für einen Trottel halten.

Er nahm das zweite Risiko auf sich, machte ihr das Bett zurecht und drapierte sein Kissen und seine Decke auf dem Sofa. Umso überraschter war er, als Elena ihm die Entscheidung abnahm, indem sie splitternackt aus dem Bad kam, das Licht löschte und im Bett verschwand.

*„Kommst du, Chris? Dann können wir noch eine Weile unser Spiegelbild betrachten."*

Wie zwei Verdurstende, die mit letzter Kraft eine Oase erreichten, fielen sie übereinander her und versanken in einem Meer der Zärtlichkeiten. Als es schließlich zu der Vereinigung beider Seelen kam, fühlten sie beide einen unbeschreiblichen Strom des Glücks in sich aufsteigen, der ihn ihnen das Gefühl gänzlicher Vollkommenheit gab.

Für lange Zeit verharrten sie in inniger Verbundenheit und sahen sich tief in die Augen. Und je tiefer sie blickten, umso mehr erkannten sie, dass die Erfüllung all ihrer Träume und Sehnsüchte, im jeweils anderen zur Erfüllung bereit, wartete.

Ihre lange Suche hatte ein Ende!

Die Scheibe auf dem Fensterbord hatte fast begonnen zu glühen und der Sterntetraeder tauchte die ganze Zeit den Raum in ein goldenes Licht.

***

## AUFRUHR

Weltweit nahmen in allen Ländern die Spannungen von Tag zu Tag zu. Den Regierungen, auch, soweit sie noch einigermaßen intakt waren, fiel es immer schwerer, ihre Bevölkerungen im Zaum zu halten. Durch die jahrelange mediale Spaltung ging ein tiefer Riss durch alle Schichten der Gesellschaft, bis hinein in die Familien.

Lange Zeit gelang es den Eliten noch mit aufgebauschten Horrorzahlen, fragwürdigen Testmethoden und ständig neu aus dem Hut gezauberten Mutationen das Narrativ einer weltweiten Pandemie am Leben zu halten.

Nachdem es jedoch bei ‚Geimpften' zunehmend zu schwerwiegenden Autoimmunerkrankungen kam, war die Stimmung immer mehr gekippt. Trotzdem gab es eine hohe Anzahl Menschen die, von Angst getrieben, alles akzeptierten, was die ‚Wissenschaft' empfahl und was Politik und Medien als alternativlos hinstellten. - Aber es wurden immer weniger.

Die ökonomische Krise tat ein Übriges. Infolge immer wieder verlängerter Lockdowns und restriktiver Eingriffe in die Wirtschaft kam es für ganze Berufszweige de facto zu Berufsverboten. Die Betroffenen wurden zwar mit Steuergeldern teilweise unterstützt, was aber nichts daran ändert, dass es volkswirtschaftlicher Irrsinn war.

Folglich explodierte in den meisten westlichen Ländern die Staatsverschuldung und es kam zu unzähligen Pleiten von Firmen. Daraus resultierten zahllose Kreditausfälle bei den Banken, die somit reihenweise zusammenbrachen. Als es dann noch zu einem massiven Bank-Run kam und all die Leute nicht mehr an ihr Erspartes kamen, da wurde die Kernschmelze des Finanzsystems, die sich seit Jahren angebahnt hatte, für alle offensichtlich.

Seitdem regierten die meisten Regierungen, oder was von ihnen noch übrig war, mit drastischen Notstandsgesetzen und Zwangsverordnungen, wie Lebensmittelzuteilungen und nächtlichen Ausgangssperren. Menschen, die eine gewisse Krisenvorsorge getroffen hatten, konnten sich glücklich schätzen, hatten sie jetzt wenigstens etwas, um das Nötigste am Schwarzmarkt einzutauschen. Für breite Bevölkerungsschichten kam der Zusammenbruch jedoch völlig überraschend und deren Wut entlud sich auf den Straßen.

Bei den Politikern verhielt es sich ähnlich. Die eigentlichen Verursacher der Krise hatten vorgesorgt. Sie saßen bereits auf gepackten Koffern, um sich in ihr in besseren Zeiten aufgebautes Refugium zu verabschieden. Andere jedoch, die lediglich die Füllmassen der Parlamente bildeten, die Abnicker und Jasager, die ‚Ihr-Fähnchen-in-den-Wind-Dreher' bezahlten den Zorn all der aufgebrachten Massen mit ihrem Leben.

Die Angehörigen der obersten Elite aber, die internationale Hochfinanz, die Dreher des ganz großen Rades, sie hatten das ganze geplant. Sie konnten weitere Abhängigkeiten durch Schuldverpflichtungen der Länder aufbauen und sie konnten riesige Aktienanteile von zusammengebrochenen Firmen zum Tiefstkurs erwerben. Außerdem haben sie sich mit ihren Anteilen an Big Pharma in der *‚Pandemie'* gesundgestoßen.

Sie besaßen Werte, die Sparer Papierschnipsel!

Doch eines haben sie in ihrer krankhaften Gier vergessen, nämlich, dass die in ihren Augen ‚dumme Masse' diesmal lernfähig sein würde, dass die Evolution des Menschen zwar spiralförmig, aber eben doch nach oben verläuft. Sie konnten es sich in ihrer emotionalen Krüppelwelt nicht vorstellen, dass eine inzwischen ausreichende Menge an hochspirituellen Menschen, vor allem auch Kinder, dabei war, diese Welt in eine völlig neue Dimension zu führen. Und darin ist für sie kein Platz mehr vorgesehen!

*The dice are fallen!* - Die Würfel sind gefallen!

***

## STARTTERMIN

Huan hatte die letzten Mails aus dem Labor und vom JRO aus Lima, in entschlüsselter Form, erhalten. Somit wusste er, dass geplant war,

*‚BRAINBOW‘* am 12. November um 8:00 Uhr, koreanische Zeit, zu starten.

Die HAARP-Anlagen CRIRP, in der Taklamakan-Wüste, Kyoto, Japan und Andra Pradesh, in Indien sowie North-West-Cape, in Australien würden rechtzeitig vorher eine stehende Welle am *Paektusan* erzeugen, um ein Loch in die Ionosphäre zu schießen. Die Scatter-Radar-Systeme in Irkutsk, am Baikalsee und Kyoto, würden die Signale vom *Paektusan* verstärken und dem Erdmagnetfeld aufmodulieren.

Da nicht mehr viel Zeit blieb, gab er die Infos sofort weiter.

## AVALON

Ihre nackten Körper in inniger Umarmung erwachten Chris und Elena, als die Morgensonne ihre Gesichter streichelte.

Beide wären gerne noch länger liegen geblieben, um weitere Zärtlichkeiten auszutauschen. Aber es gab viel zu tun. Außerdem mussten sie sich beeilen, von unten war schon Geschirrklappern zu vernehmen.

Als sie endlich dort ankamen, saßen Shamira und Phil bereits am gedeckten Tisch. Elena und Chris taten so, als nähmen sie die süffisanten Blicke der beiden gar nicht wahr. Sie setzten sich zu ihnen, als wären sie ein altes Ehepaar. Dann kam das Gespräch darauf, wie erfolgreich die gestrige Demonstration mit dem *E-Booster* verlaufen war und wie sich die Erkenntnisse wohl am effektivsten umsetzen lassen würden.

Shamira berichtete über die aktuellen Durchgaben, die sie auf telepathischem Wege vom Mutterschiff erhielt:

*„Unsere Späher und Scouts, die inzwischen unmittelbar im Zentrum der gegnerischen Macht operieren, berichten uns, dass das Unternehmen ‚BRAINBOW' bereits übermorgen um 8:00 Uhr starten soll. Das wäre bei uns hier in England um Mitternacht, also bereits in vierzig Stunden."*

Dann erklärte sie, wie die Abläufe der gegnerischen Aktion im Einzelnen geplant waren und was für ein technischer Aufwand dabei betrieben wird.

Die anderen hörten beeindruckt und nachdenklich zu.

*„Aber ihr sagt doch, die Energie bedingungsloser Liebe hat die höchste Schwingung im Universum. Das heißt aber doch, wissenschaftlich gesprochen, sie hat die kürzeste Wellenlänge von allen Energien. Dann müsste sie doch alles andere durchdringen und überlagern können. Oder sehe ich das falsch?"*, hatte Chris sich als Erster, gefasst.

*„Nein, Chris, das ist vollkommen richtig"*, sagte Phil. *„Und mir kommt da so ein Gedanke: Alle alten Religionen, wie auch die neueren esoterischen Forschungen gehen davon aus, dass auch der Planet Erde ein beseeltes Lebewesen mit einem geistigen Bewusstsein ist. Sie ordnen ihr daher auch, so wie dem menschlichen Körper, ein System von Chakren, sogenannten Energiewirbeln, zu. Und gerade dieses Herz-Chakra der Erde, das für das Hereinlassen und Aussenden der Liebesenergien zuständig ist, befindet sich nicht weit von hier."*

*„Du meinst Stonehenge?"*, platzte Chris heraus.

*„Ja genau, und das ganze Gebiet um Glastonbury und Shaftesbury. Dort, wo man das alte, sagenumwobene Druidenreich ‚Avalon' vermutet."*

*„Können wir unsere Zeremonie mit dem E-Booster nicht einfach dort machen?“*, warf Elena in die Runde.

*„Die Idee ist nicht schlecht, aber wie stellst du dir das vor? Wir gehen nach Stonehenge und setzten uns bei ein paar Grad über null, um Mitternacht in den Steinkreis, um dort stundenlang zu meditieren?“*, war Chris‘ Einwand.

Jetzt hatte Shamira einen Geistesblitz.

*„Es müsste möglich sein, das Shuttle, im Tarnmodus über dem Steinkreis zu parken. Ich bin mir aber nicht sicher, ob der Antrieb die Frequenz des E-Boosters beeinflussen würde. - Moment, ich denke Boq weiß das besser als ich.“*

Nach kurzer telepathischer Unterhaltung war das geklärt. Shamira fuhr fort:

*„Es ist so, wie ich vermutet habe. Boq hat bestätigt, dass sich der Gravitationszustand der Schwebe sozusagen einfrieren lässt. Und das geht bei ausgeschalteter Energie des Shuttles. Für den Tarnmodus trifft das leider nicht zu.“*

*„Aber das dürfte mitten in der Nacht auch kein Problem sein.“*, Meinte Elena. *„Und Schlafsacktouristen werden im November auch nicht das sein.“*

*„Das stimmt allerdings.“*, sagte Chris. Alle nickten.

*„Dann sollten wir uns darauf vorbereiten. Es bleibt nicht mehr viel Zeit. Ich werde mich mit Boq und Kiruh mal in der Gegend um ‚Stonehenge‘ umsehen.“, sagte Shamira.*

***

## DER BOGEN WIRD GESPANNT

Die emsige Geschäftigkeit der letzten Wochen war jetzt einer erwartungsvollen, gespenstischen Ruhe gewichen. Dr. Zhìxiàng, Dr. Callidus und das Team im Labor hatten alles akribisch vorbereitet. Nun waren sie gezwungen zu warten. Morgen früh um 8:00 Uhr sollte es losgehen.

Dr. Bloomfield, am JRO in Peru, hatte in einer konzertierten Aktion die beteiligten HAARP- und Scatter-Radar-Anlagen mit Rauls Berechnungen und Koordinaten versorgt. Nun musste man abwarten, was passiert, war es doch für alle Beteiligten das Betreten von Neuland.

Bereits gegen 7:00 Uhr, morgens, begannen sich über dem Changbai-Gebirge am Wolkenhimmel ungewohnte Streifenmuster abzuzeichnen. Es handelte sich um eine Art regelmäßig gerippter Formationen, einem Waschbrett nicht unähnlich. Schließlich gaben sie ein kleines Stück blauen Himmels frei. Das Wolkenloch wurde immer größer und die Streifen schienen sich zu verbiegen und letztlich kreisförmig anzuordnen.

Dr. Zhìxiàng hatte die ‚Thermosflasche‘ eingescannt und bioresonanzmäßig in das quantenphysikalische System integriert. Punkt 8:00 Uhr legte Dr. Callidus den Hebel für die Starkstromversorgung des Transmitters am Berg um. Für ein paar Sekunden flackerte das Licht im Labor. Nur kurz darauf startete Dr. Zhìxiàng die Übertragung.

Minho saß die ganze Zeit still in einer Ecke und kämpfte gegen ein starkes Unwohlsein an.

***

## DAVID GEGEN GOLIATH

Shamira kehrte am Nachmittag, vom Trip mit dem Shuttle nach Südengland wieder zurück. Sie war ganz begeistert von der hohen Energie, die die ganze Gegend um den Kraftort ‚Stonehenge' herum ausstrahlte. Sie hatte ja den *E-Booster* mitgenommen und selbst gesehen, wie heftig er beim bloßen Überfliegen anschlug. Würden sie dann heute Nacht, bei ausgeschaltetem Antrieb, im Parkmodus direkt über dem Steinkreis schweben, dann müsste die Wirkung des Boosters enorm verstärkt werden.

Die Gesichter der anderen hellten sich merklich auf. Chris und Elena wollten bei einem Spaziergang noch Kraft für die bevorstehende Aufgabe tanken und ließen Shamira und Phil allein zurück.

Seit der letzten Nacht fühlten sie sich auf eine wunderbare Weise verbunden. Jeder glaubte, des anderen Gedanken und Gefühle lesen zu können. Es war ihnen, als könnten sie nun, zusammen, das gesamte menschliche Potenzial ausschöpfen. Sie lachten und scherzten, wie kleine Kinder, als sie am Uferweg des Sees entlang gingen und konnten ihr gemeinsames Glück gar nicht fassen.

Etwa gegen 10:00 Uhr abends machten sich die vier auf den Weg, hinunter zum Golfplatz, wo Boq und Kiruh sie mit dem Shuttle erwarteten. Im Schutz der Dunkelheit und der Tarnung gingen sie an Bord. Elena und Chris mussten auf dem Boden Platz nehmen, was aber bei einem Flug von wenigen Minuten durchaus zumutbar erschien.

Als sie am Steinkreis angekommen waren und die Scans anzeigten, dass sonst niemand mehr auf dem Gelände sich aufhielt, brachte Kiruh das Flugobjekt in Parkposition und schaltete die Gravitations-Generatoren auf Standby.

Elena und Chris setzten sich im Schneidersitz gegenüber, mit dem *E-Booster* in ihrer Mitte. Die anderen ließen sich im Kreis, um die beiden herum nieder und fassten sich gegenseitig an den Händen. Die Scheibe im Sterntetraeder rotierte bereits ohne Berührung auf Hochtouren.

Dann, exakt um Mitternacht, fassten Chris und Elena den Würfel genauso an, wie vorgestern Nacht, blickten sich in die Augen und sandten ihre Liebesenergie in den Erdkreis.

Augenblicklich beschleunigte die Scheibe noch weiter ihre Rotationsgeschwindigkeit, bis sie für das menschliche Auge unsichtbar wurde. Zugleich trat ein heller Strahl violetten Lichts von unten, aus der Erde kommend, in die Tetraeder ein, um oben verstärkt wieder auszutreten und seine Heilenergie in den Äther zu schicken.

Und hätte jemand in der circa neun Kilometer entfernten Stadt Salisbury aus dem Fenster nach Norden geblickt, er hätte beim Anblick der violetten Lichtsäule denken können, dass sie jetzt im altehrwürdigen Stonehenge bereits mit einer LED-Show die ‚Touries' anziehen.

# SHUTDOWN

***

## EMERGENCY SHUTDOWN

Dr. Zhìxiàng und Dr. Callidus starrten gebannt auf ihre Bildschirme. Raul hatte eine Standleitung nach Lima zu Dr. Bloomfield aufgebaut. Dieser wiederum war mit den Operatoren der beteiligten HAARP- und Radaranlagen verbunden. Die Daten des Erdmagnetfeldes wurden von zahlreichen Messstationen simultan erfasst, genauso wie die weltweiten seismischen Aktivitäten. Alles lag im grünen Bereich.

Das Loch am Himmel über dem Changbai-Gebirge war inzwischen bestimmt auf einen Durchmesser von etwa zweihundert Kilometer angewachsen. Die Waschbrett-Formationen der Wolken waren fast nicht mehr sichtbar.

Mr. Hain war der Erste, der darauf aufmerksam wurde. Erst war es lediglich ein kaum spürbares Vibrieren des Fußbodens, das sich bis zu einem regelrechten Zittern steigerte. Jetzt hatten es auch die anderen bemerkt. Sie schauten sich ungläubig an. Dann kam dieses Summen dazu, das langsam den Raum erfüllte und schließlich die Frequenz bis zur Unerträglichkeit erhöhte.

Das ungläubige Staunen in den Gesichtern machte nach und nach, Zügen von Furcht und Entsetzen Platz. Raul schien als Einziger klaren Kopf zu behalten. Er sprang auf und legte abermals den Hebel um. Die Stromversorgung des Transmitters war gekappt.

Die Frequenz des alles durchdringenden Tones wie auch dessen Intensität, nahmen kurz darauf merklich ab. Das Zittern und Vibrieren verebbte schließlich. Dr. Zhìxiàng fuhr die Bio-Resonanz-Anlage herunter. Mr. Hain hatte das Labor verlassen, um sich zu übergeben!

Dr. Bloomfield in der Standleitung war ziemlich erregt und keuchte fassungslos: *„Hey Raul, verdammt nochmal, was ist da los bei euch?"*

*„Das möchte ich auch gerne wissen, Boss. Aber hier drohte alles in die Luft zu fliegen. Wir mussten das System zur Sicherheit abschalten."*

*„'Emergency-Shutdown'? Seid ihr verrückt? Wisst ihr, was das hier alles kostet? Monsieur Deville wird nicht gerade ‚amused' sein, das kann ich dir sagen. Ich hoffe, wir finden heraus, dass es einen guten Grund dafür gab.*

*Over and end!"*

Raul fühlte sich nicht recht wohl in seiner Haut. So hatte er seinen Chef noch nie erlebt. Aber er wusste, dass er nicht anders handeln konnte.

Dann widmete er sich zusammen mit Dr. Zhìxiàng und dem Team der Auswertung des Vorfalles.

In den Abendnachrichten wurde weltweit ein Seebeben der Stärke 5.2 auf der Richterskala berichtet. Das Epizentrum befand sich im Südatlantik, circa 800 Kilometer nordöstlich der Falklandinseln. Ein dadurch ausgelöster Tsunami mit einer 2 Meter hohen Flutwelle richtete einigen Schaden an den Küsten des Malvinen-Archipels an.

Darauf, dass sich das Epizentrum exakt antipodal zum Paektosan-Massiv auf dem Globus befindet, wurde nicht hingewiesen. Warum auch? Die menschenverachtenden Versuche dort fanden schließlich im völligen Kernschatten der Weltöffentlichkeit statt.

***

## ERSTER ERFOLG

Völlig übermüdet, aber rundum glücklich traten sie wieder den Heimflug zum Loch Lomond an. Noch im Schutz der Dunkelheit erreichten Elena, Phil und Chris das Rustico und holten den verdienten Schlaf nach. Shamira gesellte sich erst zum Frühstück, das, der Uhrzeit nach, eigentlich ein Mittagessen war, zu ihnen. Und sie hatte ermunternde Neuigkeiten mitgebracht.

Im Austausch mit dem Mutterschiff hatte sie erfahren, dass dort eine erhebliche Zunahme höchster Schwingungen im Magnetfeld der Erde registriert wurde. Dies war exakt zu dem Zeitpunkt, als das Shuttle über den Megalithen von Stonehenge schwebte. Andere, im Mondorbit befindliche Shuttles haben berichtet, dass das violette Licht von ihnen mit bloßem Auge zu sehen war.

*„Das ist alles sehr ermutigend.“*, sagte Chris. *„Wir haben aber erst eine Schlacht gewonnen, noch lange nicht den ganzen Krieg!“*

*„Ja, das ist richtig.“*, meinte Shamira. *„Und der Gegner wird bald herausfinden, warum er eine Niederlage erlitten hat.“*

Phil hörte die ganze Zeit aufmerksam zu. Schließlich gab er zu bedenken.

*„Ich glaube, wir sollten jetzt erst mal an die Sicherheit von unserem frisch verliebten Paar denken.“* Dabei sah er Elena und Chris verschmitzt an. *„Glaubt mir, der Gegner wird nicht eher ruhen, bis er*

*unser kleines Störmanöver ausgemacht und eliminiert hat. Er muss weder Kosten noch Mühen scheuen und kann auf die Unterstützung der besten Agenten aller Geheimdienste der Welt zugreifen. Und die sind nicht zimperlich. Denkt an Elenas Eltern!"*

Elena sah Chris an. *„Wir haben keine Angst. Wir lassen uns nicht entmutigen. Wir haben die Sache angefangen und festgestellt, dass sie funktioniert. Wir machen weiter!"*

Und Chris meinte *„Ich bin dabei. Wie sagte Phil zu mir, vor kurzem: 'Angst und Geld hab ich noch nie besessen'."*

*„Euer Mut ehrt euch."*, meinte Shamira. *„Schließlich heißt es:*

*'Das Glück ist mit den Mutigen!'*

*Aber wir dürfen nicht blind ins Unglück rennen. Lass uns genau überlegen, wie der Feind vorgehen wird, damit wir gewappnet sind, indem wir ihm immer einen Schritt voraus sind."*

Chris meldete sich *„Phil, du hast von einer Woche Urlaub gesprochen. Jetzt sind es bald zwei. Ich muss mich mal langsam wieder zu Hause blicken lassen, vielleicht auch etwas Geld verdienen. Ich denke, mein Anrufbeantworter wird bald platzen.*

*Meine Eltern hab ich bereits über zwei Monate nicht mehr gesehen. Sie machen sich bestimmt schon Sorgen. Wobei ich natürlich weiß, dass das hier total wichtig ist, mehr als alles andere!"*

*„Bei mir ist es nicht anders."*, pflichtete Elena bei. *„Selina braucht mich. Und meine Vertretung in der Schule ist auch nur noch diese Woche gesichert. Und schließlich haben meine Großeltern auch ein Lebenszeichen von mir verdient."*

*„Das sehe ich genauso.“*, stellte Phil fest. *„Vielleicht ist es ganz gut, eine Zeit lang etwas im Hintergrund zu bleiben. Unsere Gegenspieler sind sicher erst mal eine Weile mit den eigenen Problemen beschäftigt. Ich werde inzwischen meine Freunde in der Bruderschaft unterrichten.“*

*Und Shamira meinte: „OK, ich sollte mich auch wieder auf dem Schiff sehen lassen und die dort eingehenden Infos der Scouts über den aktuellen Zustand der Lage ansehen. Elena, du hast den Stirnreif. Du kannst jederzeit Kontakt aufnehmen. Chris, lass mich dran denken, dass dir Boq morgen auch einen Telepator gibt. Den E-Booster lasst bitte am besten bei uns. - Sicher ist sicher!*

*Wir sollten morgen Mittag starten, dann setzen wir Chris zu Hause ab und Elena wird rechtzeitig zum Frühstück in Santiago sein.“*

***

## URSACHENFORSCHUNG

Es war selten, dass Deville die Beherrschung verlor. Aber als er die Berichte aus dem Labor gelesen hatte und alle Beteiligten immer noch im Nebel herumstocherten, was wohl der Grund für den Fehlschlag war, da war er nicht nur nicht ‘amused‘, sondern richtig angepisst. Er war es nicht gewohnt, dass die Dinge nicht zu seiner Zufriedenheit erledigt wurden. Und wollte er nicht Gefahr laufen, mit Gondrak richtigen Ärger zu bekommen, dann sollten bald Ergebnisse mit plausiblen Erklärungen auf dem Tisch liegen.

Am JRO in Lima und an den beteiligten Instituten und Arrays wurden fieberhaft sämtliche Daten ausgewertet. Alle Fäden liefen bei Dr. Bloomfield zusammen.

Auch im Labor im *Paektusan* wurde alles von oben nach unten gedreht und umgekehrt. Ziemlich schnell wurde bekannt, dass exakt zur *Zeit* des Vibrierens seismische Aktivitäten gemessen wurden. Aber dies könnte auch mit der durch HAARP erzeugten stehenden Welle zusammenhängen. Damit könnte zwar der Tsunami bei den Malvinas, jedoch nicht auch die festgestellten durchgeschmorten Bauteile am Transmitter erklärt werden. Ein bisschen mehr Licht in die Angelegenheit brachte eine Videokonferenz mit den hauptbeteiligten Wissenschaftlern der HAARP- und Scatter-Radar-Anlagen. Dabei stellte sich heraus, dass zu Anfang der Aktion alles normal und positiv verlief, es dann aber zu einer Reaktion gekommen sein muss, die von oben nach unten erfolgte. Ein Teilnehmer schien es auf den Punkt zu bringen:

*„Es war, als hätte das Magnetfeld der Erde so etwas wie ein Bewusstsein, das einen fremden Erreger erkannte und dadurch den Reflex auslöste, zu niesen.“*

Es wurde noch lange debattiert, doch man kam zu keinem schlüssigen Ergebnis. Deville, der als Beobachter zugeschaltet war, klinkte sich schließlich völlig frustriert aus. Dann griff er zum Hörer und beauftragte Fernand, er möge doch kurzfristig ein weiteres Treffen mit den Anführern der Blutlinien in seinem Haus vereinbaren.

***

## GAIA

‚*Gaia*‘, so wird Mutter Erde, der lebendige und sich selbst regulierende Organismus bereits in der altgriechischen Mythologie genannt. Auch die unverstellte, ganzheitliche Forschung geht davon aus, dass jeder Form von Leben eine nicht stoffliche Essenz zugrunde liegen muss, eine Art Seele. Wenn man dies akzeptiert, ist es auch naheliegend, ihr ein eigenes Bewusstsein zuzugestehen.

‚*Gaia*' mag sich als Gebärerin und Ernährerin der ganzen Menschheit, aber auch als Hüterin, der gesamten Mineral-, Pflanzen- und Tierwelt, fühlen. Durch ihr Bewusstsein wird sie spüren oder gar wissen, ob es den Schutzbefohlenen auf ihr gut geht, oder ob etwas den kosmischen Gesetzen zuwiderläuft. Sie braucht dazu keine Abendnachrichten, keine Tageszeitung. Sie kann es unmittelbar ablesen, an ihrer eigenen Befindlichkeit.

So, wie ein Hund fühlt, ob er von dem Wesen am anderen Ende der Leine geliebt und gestreichelt oder nur jeden Tag geschlagen und getreten wird, so mag auch sie es spüren.

Sie wird ganz genau registrieren, wenn die Menschen ihre schützende Haut verletzen, kilometertief in sie eindringen. Sie wird es fühlen, wenn die von ihr in Jahrmillionen der Evolution geschaffene üppige Vegetation in verstrahlte Karstgebiete und unwirtliche Wüsten verwandelt wird, wenn artenreiche Meere und Gewässer zu stinkenden Kloaken verkommen. Ja, sie wird das alles still und mit unendlicher Geduld erleiden.

Doch dann ist es irgendwann genug! Und sie wird, so wie auch unser Körper es bei schwärenden Furunkeln tut und Eiter herausbricht, all die aufgestauten negativen Energien hinausschleudern in Vulkanausbrüchen.

Sie wird, wie bei einem Fieberkranken, der im Schüttelfrost liegt, die Erde erzittern lassen. Oder sie wird versuchen, all die Arroganz und Hybris der menschlichen Rasse einfach wegzublasen, mithilfe gewaltiger Wirbelstürme und Orkane.

Wenn Raffgier und Lieblosigkeit der Menschen schließlich drohen, ihre Existenz zu vernichten, dann wird sie Hilferufe aussenden, an ihre Sternengeschwister. Und wenn diese erhört werden, dann kann es sein, dass durch kosmisches Strafgericht die Menschheit dezimiert wird.

Die Erde kann ohne den Menschen existieren, jedoch der Mensch nicht ohne die Erde!

***

## DER SAME GEHT AUF

Durch die nächtliche Aktion am 12. November, konnte der Angriff der Seelenlosen fürs Erste abgewehrt werden. Den beiden reifen Dualseelen von Chris und Elena war es wohl gelungen, mithilfe des *E-Boosters* einen enormen Impuls höchster Liebesenergie im Erdkreis und im Herz-Chakra des Planeten zu verankern.

Dies machte sich in den darauffolgenden Tagen in vielen Metropolen der Welt bemerkbar. Es kam zu unzähligen spontanen Versammlungen friedlicher Menschenmassen, die singend und tanzend durch die Städte zogen. Auf den Schildern, in ihren Händen, standen Sätze wie:

*'Geht in Liebe, aber geht!'*

*'Wir sind viele, wir vergessen nichts!'*

*'Friedlich eine neue Welt erschaffen!'*

Auch marschierten unzählige Lokalpolitiker und bekannte Gesichter aus der Künstler- und Schauspieler-Szene mit.

Anfangs versuchten die Ordnungskräfte noch, die Demos unter Kontrolle zu halten. Jedoch durch die schiere Masse der Menschen, ihre kompromisslose Entschlossenheit, im Verbund mit absoluter Gewaltlosigkeit, wurden sie einfach überrannt.

Schließlich solidarisierten sich immer mehr Polizisten und Ordnungshüter mit den Demonstrierenden. Vielerorts kam es zu gewaltfreien Besetzungen von Rundfunkanstalten, Fernsehsendern und Parlamenten. Die Massen forderten faire Berichterstattung, anstatt ausschließlicher Verkündung einseitiger Regierungspolitik. Sie bestanden auf ausgewogene Talkshows mit Diskussionen von Fachleuten aller Couleur und vieles mehr.

Auch die Medienschaffenden merkten, dass der Wind sich dreht. Sie fingen langsam an zu überlegen, ob es nicht vielleicht besser wäre, auf einen anderen Zug aufzuspringen. Jedenfalls rumorte es an allen Ecken und Enden und für viele Angepasste kam zu dem täglichen Überlebenskampf noch dazu, dass ihr bisheriges Weltbild anfing zu bröckeln, oder gar krachend einzustürzen. Unzählige wurden völlig aus der Bahn geworfen, flüchteten in Konsum von Drogen oder wählten gar den Freitod.

***

## HILFERUF

Erneut landete die Falcon 7X auf dem *Homey Airport* am *Groom Lake* in der Wüste Nevadas.

Diesmal hatte nicht er, sondern *Gondrak* um einen Besuch gebeten. Deville ahnte nichts Gutes und machte sich auf das Schlimmste gefasst.

Cliff holte ihn mit dem Hummer EV bereits an der Rollbahn ab, um ihn zum *‚E.T. Hotel‘* zu chauffieren. Dabei machte er eine Grimasse und eine Handbewegung, die wohl so etwas wie *‚Dicke Luft‘* ausdrücken sollte.

Für jemanden, der Deville und sein übersteigertes Ego kannte, wäre es bestimmt ein seltsamer Anblick gewesen, ihn jetzt mit diesem niedergeschlagenen Gesichtsausdruck den Lastenaufzug hinunter zum *Basement -13* fahren zu sehen.

Dort angelangt, schaltete Cliff das Übersetzungs-Tool ein, stellte den *Thermochrom-Scheiben-Modus* auf transparent und verließ den Raum.

Deville versuchte, sich zusammenzureißen. Er war ja kein kleiner Junge, der beim Schuldirektor antreten musste, weil er seine Hausaufgaben nicht erledigte. Das redete er sich zumindest ein. Er wartete und wartete.

Wollte ihn *Gondrak* absichtlich zermürben?

Plötzlich trat er in Erscheinung. Schon einmal, vor längerer Zeit, hatte Deville *Gondrak* ohne Vermummung und ohne *Shapeshifting* gesehen, aber es war auch diesmal wieder verstörend. Man konnte sich nicht daran gewöhnen!

Sein Aussehen war allein wegen der Körpergröße ziemlich furchteinflößend. Dazu kam seine blaugrüne, schuppige Haut, der feurige Blick seiner Augen, der jegliche Wärme vermissen ließ. Sein ganzer Körper schien aus Muskeln und purer Kraft zu bestehen. Als einer der Letzten, die nicht einer hybriden Zucht entstammten, war er unangefochten derjenige, der für die Belange der *Alpha-Drakonier,* hier auf der Erde das Sagen hatte.

*Gondrak* schien angeschlagen zu sein, irgendwie müde. Schwerfällig setzte er sich jenseits der Panzerglasscheibe auf den bereitstehenden, ausladenden Sessel und schaltete den Translator ein. Erst war nur ein unverständliches Grunzen zu hören.

*„Grüßen Dave. – Höre Problem groß. – Du Versprechen nicht halten. – Keine Lösung haben. – Nicht Zeit ist. – Sol 3 unbequem für Gondrak. – Schlecht ist. – Du helfen musst. – Bitte. – Helfen!“*

Die Scheibe verdunkelte sich. Deville saß fassungslos auf seinem Stuhl. Er konnte nicht glauben, was er da gerade gehört und gesehen hatte. War das wirklich *Gondrak*, der *Gondrak,* den er kannte? Eine Mischung aus Zorn, Wut und ungläubigem Erstaunen stieg in ihm auf. Es war ein Wettlauf mit der Zeit. Er musste ihn gewinnen, koste es was es wolle. Der Ursache des Scheiterns auf den Grund zu gehen, das hatte jetzt unbedingte Priorität.

*BRAINBOW darf nicht* scheitern!

Auf dem Heimflug nach Peking spulte seine Erinnerung noch einmal alles ab, was er in *Basement -13* erlebt hatte. Was war am 12. November mit der Erde geschehen, dass es *Gondrak* so schlecht ging? Er hatte auch schon gehört, dass einige seiner älteren Freunde im *‚Kult‘* über ähnliche Beschwerden klagten. War es nur eine Frage der Zeit, bis auch er Probleme bekäme?

Vielleicht würde er, vor dem Treffen mit den anderen des Kultes, noch konkrete Hinweise auf weitere Erkenntnisse der Wissenschaftler bekommen. Es war für Deville schier unerträglich, da draußen einen Feind zu wissen, den er überhaupt nicht kannte und dessen Absichten, Pläne und Taktik ihm völlig verborgen waren.

Bei all der Ungewissheit war ihm jedoch völlig klar, dass der Kampf nun mit engeren ‚Bandagen‘ geführt werden musste. Aber er brauchte Erkenntnisse und Beweise. Eine Gegenstrategie würde sich dann schon finden. Er hatte noch viele Pfeile im Köcher. Aufzugeben, war undenkbar.

Er war es *Gondrak* und seinen Ahnen schuldig!

***

## WILLKOMMEN IM CLUB

Fernand hatte seinen Entschluss gefasst. Immer wieder dachte er an das Gespräch mit Huan, an den Markthallen, zurück. Immer wieder hatte er seine Mails gelesen und im Internet über *Falun Gong* recherchiert.

Er wusste zwar nicht, wie die Visitenkarte des Stadtwerke-Mitarbeiters in seine Jackentasche gelangte, doch endlich fasste er Mut und rief die darauf gekritzelte Handynummer an. Seinen Boss würde er ja erst heute Abend am Daxing-Airport wieder abholen. Also verabredete er sich mit Huan am Gemüsemarkt.

Sie mussten sehr vorsichtig sein, um für das chinesische Totalüberwachungssystem nicht auffällig zu wirken. China hatte sich immer mehr zu einem Bevormundungsstaat hin entwickelt, der ‚Ozeanien', in Orwells dystopischem ‚1984' teilweise übertraf. Millionen von Kameras im öffentlichen Raum, zusammen mit einem gnadenlosen *‚Sozial-Scoring'*-System sorgen für totale Angepasstheit der Bevölkerung.

Dies stellte für den Kult natürlich die perfekte Steilvorlage dar, diese Sandkastenspiele auf den gesamten, großen ‚Weltspielplatz' zu übertragen. Hochfinanz und Globalisten arbeiten daher, zusammen mit all den willfährigen Gehilfen aus Politik und Medien, an der Agenda zur Umsetzung des *‚Great Reset'*.

Fernand fuhr den Wagen auf den Parkplatz und ließ den Koch aussteigen. Huan, der ihn bereits erwartet hatte, nickte ihm zu. Um nicht aufzufallen, gingen sie, getrennt, in den nahe gelegenen *Xinfadi-Park* und setzten sich auf eine Bank. Huan schlug eine Tageszeitung auf. Fernand tat so, als würde er ein Buch lesen. Dabei tauschten sie die neuesten Informationen aus. Huan überreichte Fernand ein nicht registriertes Prepaid-Handy, das er künftig für ihre Konversation nutzen sollte.

*„Huan“,* sagte Fernand *„ich würde meinen Job am liebsten hinschmeißen. Seit ich all die Hintergründe kenne, möchte ich den ganzen Tag nur noch kotzen!“*

*„Ich kann mir vorstellen, wie du dich fühlst. Aber glaub mir, am meisten kannst du der Sache dienen, wenn du genau dortbleibst, wo du jetzt bist. Wenn du in der ‚Höhle des Löwen‘ durchhältst, ist das für uns von unschätzbarem Wert.“*

*„Ich will es versuchen. In ein paar Tagen trifft sich wieder die ganze ‚Mischpoke‘ bei uns in der Bibliothek.“*

*„Nur Mut, Fernand! Du schaffst das schon. Hier nimm ein Bonbon!“*

*„Danke, aber mir ist im Moment nicht nach Süßigkeiten.“*

*„Das kann ich verstehen. Aber es ist ein ganz besonderes ‘Bonbon‘. Es hat unheimlich große Ohren. Vielleicht kannst du es unauffällig unter den Konferenztisch kleben. Was meinst du?“*

Fernand steckte es in seine Tasche *„Das sollte machbar sein. Übrigens, wenn ich unabhängig wäre, dann würde ich gerne eurem ‚Club‘ beitreten.“*

*„Du meinst ‚Falun Gong‘?*

*„Ja!“*

*„Da kann man nicht beitreten. Man kann aber die Lehre annehmen und danach leben.“* Huan faltete seine Zeitung zusammen und gab

*Fernand die Hand. „Ein Tipp noch: Du solltest alle meine Mails von deinem PC entfernen und den Verlauf löschen. Sicher ist sicher! - Zài jiàn!“*

*„Zài jiàn!“*

Als Fernand zurück zum Parkplatz ging, wurde es ihm bewusst, dass er zum ersten Mal in seinem Leben, so etwas wie einen Freund gefunden zu haben schien. Der Leibkoch wartete schon entnervt mit seinen Einkaufstüten am Wagen.

*„Wo hast du dich denn 'rumgetrieben?“,* fragte er.

Fernand machte nur eine Handbewegung, die jeder Mann auf der ganzen Welt verstanden hätte.

***

## PLUMPERQUATSCH

Am helllichten Tag wollten sie das Shuttle nicht auf dem Golfplatzgelände starten. Darum mussten Elena und Chris, nachdem sie sich mit Gefühlen tiefster Verbundenheit von Phil verabschiedet hatten, den Hügel hinaufgehen, wo das Gefährt in der Deckung der Tarnung wartete.

Auf dem kurzen Flug nach Southampton schauten sie sich nur wortlos an, mit einem Blick inniger Liebe, gemischt mit Traurigkeit und Trennungsschmerz. Als sie Chris hinter einem verlassenen Lagerhaus am Hafen absetzten, hatten beide Tränen in den Augen. Chris kämpfte gegen seinen Kloß im Hals an und machte eine Handbewegung wie: Wir haben ja die *Telepatoren*.

Als Elena wieder am Haus ihrer Großeltern angelangt war, schliefen noch alle. Auf Zehenspitzen schlich sie hinauf ins Dachgeschoss, wo Selina mit ihrer ‚*Plumperquatsch-Puppe*‘ im Arm friedlich schlief.

*‘Mein Gott, die ‚Plumperquatsch-Puppe‘,* schoss es Elena in den Kopf. Die hatte sie ja vollkommen vergessen. Dann ging sie wieder leise hinunter und bereitete für alle das Frühstück vor.

Das überraschende Wiedersehen war für alle, vor allem für Selina ein freudiges Ereignis und es gab viel zu erzählen.

Nachdem die kleine Schwester in der Schule war und alle neugierigen Fragen der Großeltern beantwortet waren, rief Elena die Kollegin an, die sie vertreten hatte und teilte ihr mit, dass sie wieder hier sei. Und schon hatte der Alltag sie wieder eingeholt.

Am späten Abend, als Selina eingeschlafen war, unterzog sie ‚*Plumperquatsch*‘ mit Schere, Nadel und Faden einer ‚Stick-Operation‘, am offenen Herzen.

***

## TRENNUNGSSCHMERZ

Als er vom Lagerhaus am Hafen zum Bahnhof ging, fühlte sich Chris wie ein im Nirgendwo ausgesetztes Kind. Dabei war er doch wieder in seiner Heimatstadt angelangt. Als er sein Fahrrad entsperren wollte, um damit heimzuradeln, da sah er schon von Weitem, dass nur noch ein Skelett am stabilen Kettenschloss hing. Alles andere hatten sich, in der herrschenden Krise, wohl irgendwelche Zeitgenossen ausgeliehen.

*‚Es gibt Schlimmeres'*, dachte er und dass es wohl auch nicht die beste Idee von ihm war, anzunehmen, dass es auf der Welt nur Schöngeister und Altruisten gäbe. Aber dann tröstete er sich mit dem Gedanken, anderen eine kleine Freude gemacht zu haben. Daraufhin trat den Fußmarsch zu seiner Praxis an, die auf dem Weg zu seinem kleinen Apartment lag.

Dort holte er zuerst die Post aus seinem überquellenden Briefkasten. Außer Rechnungen, Zahlungserinnerungen und Werbemüll war nichts zu finden. Als er die Nachrichten auf dem Anrufbeantworter abhörte, waren einige Anfragen älterer Klienten dabei, deren Probleme in der Krise nicht kleiner geworden waren. Er würde sich erst morgen darum kümmern. Auf dem etwas weiteren Weg zum Apartment, wurde ihm zum ersten Mal bewusst, wie heruntergekommen seine Stadt doch, gegenüber noch vor ein paar Jahren, war. An jeder Ecke standen seltsame Gestalten, denen er nicht nachts allein begegnen wollte. Übelriechende Müllbehälter ‚zierten' die Gehwege. Auch fiel ihm auf, dass kaum Autos auf den Straßen unterwegs waren.

Dabei schien es hier noch verhältnismäßig friedlich zu sein. Die Headlines der Boulevardpresse waren voll mit Hinweisen auf bürgerkriegsähnliche Zustände in London und anderen Metropolen. Auf dem Wochenmarkt kaufte er noch ein paar frische Lebensmittel ein. Sein Kühlschrank würde ja inzwischen eher einem Kompostlager oder einer Schimmelpilzkolonie ähneln.

Dabei bemerkte er, dass seine Geldbörse mittlerweile ziemlich magersüchtig geworden war. Kein Wunder, waren doch die Preise auf mindestens das Doppelte gestiegen. Vielleicht sollte er das Apartment aufgeben. Er könnte sein Bett und ein paar persönliche Dinge ja auch in der Praxis unterbringen.

Zu Hause versuchte er, mit einem frisch zubereiteten Salat und einem leckeren Toast seine Stimmung aufzuhellen. Das gelang nur ansatzweise. Als er dann nicht einmal seinen E-Mail-Account öffnen konnte, weil das Internet wieder schwächelte, beschloss er, sich mit einigen Atemübungen und Meditationen auf bessere Gedanken zu bringen.

Das fiel ihm heute viel schwerer als sonst. Es mag daran gelegen haben, dass er diese für fast zwei Wochen nicht praktiziert hatte. Der eigentliche Grund war aber wohl, dass in all seinen Gedanken immer wieder das Bild von Elena auftauchte. Wie glücklich waren doch die Tage mit ihr am Loch Lomond gewesen. Wie sehr sehnte er sich nach ihrer Nähe. Wie gerne würde er mit ihr wieder Zärtlichkeiten austauschen. Doch sie war nicht mehr bei ihm. Nein, sie war auf der anderen Seite der Weltkugel, siebentausend Meilen entfernt von ihm. Und doch war sie ihm so nah, mitten in seinem Herzen, als ein Teil seiner Seele!

Da sah er den Stirnreif auf dem Nachttisch blinken. Hastig setzte er ihn auf. Und da war sie. Er fühlte jeden ihrer Gedanken. Er sah sie, als säße sie neben ihm. Und sie strahlte diese Anmut und liebenswerte Art aus, die er nie mehr missen möchte. Und er spürte in seinem Innersten:

Es ging ihr genauso wie ihm.

In Santiago war es heller Nachmittag. In Southampton war es schon vor Stunden dunkel geworden. Sie verabredeten, dass dies, wegen der siebenstündigen Zeitverschiebung, eine gute Zeit wäre, um, wann immer es ihnen danach ist, zu kommunizieren. Sie mochten noch eine Stunde so in innigem Gedankenaustausch verbracht haben, um ihren Trennungsschmerz zu lindern. Als Chris zu Bett ging, da war ihm wieder wesentlich leichter ums Herz.

Und mit einem Lächeln im Gesicht schlief er ein.

***

## DER FLIEGENDE ESEL

Phil war alleine im Cottage am Loch Lomond geblieben. Er wollte Kraft sammeln, für die Aufgabe, die vor ihnen allen lag. Außerdem wollte er sich über die Gefühle klar, werden, die er Shamira gegenüber empfand. Sie war auf jeden Fall eine große, alte Seele und er genoss jeden Augenblick ihrer Gegenwart. Auch war es ihm nicht entgangen, dass auch er ihr sehr nahe, stand. Allerdings wusste er nicht, ob sie sich auch körperlich zu ihm hingezogen fühlte. Was ihn betraf, so war er über dieses Stadium seit Langem hinaus und er wollte sie auf keinen Fall diesbezüglich verletzen.

Phil wollte die Zeit der Verwirrung der Gegenseite nutzen, um die Mitglieder der Bruderschaft in anderen Teilen der Welt zu kontaktieren. Es galt, sie über die aktuelle Lage zu informieren, um einen mit Sicherheit erfolgenden neuen Angriff der Kabale konzertiert abwehren zu können.

In tiefster geistiger Versenkung schickte Phil seine Seele auf die Reise zum über 6700 Meter hohen *„Mt. Kailash"*, dem mystischen Berg an der tibetanisch-nepalesischen Grenze. Dieser stellt das bis heute unbestiegene Heiligtum der hinduistischen und buddhistischen Religionen dar.

So, wie *'Mt. Shasta'*, esoterischen Überlieferungen nach, das Wurzel-Chakra des Planeten darstellt, handelt es sich beim *‚Mt. Kailash'* um dessen Kronen-Chakra. Das Dach der Welt, wie das Himalaja-Gebirge auch genannt wird, fungiert somit als Schnittstelle zu höheren Hierarchien und Dimensionen des Universums. Über ihm schwebt, nach uralten Mythen, der Geist der sagenumwobenen Stadt *'Shamballah'*, in der die Seelen der Ahnen von *Lemuria* wohnen.

Phil ließ seinen nicht stofflichen Körper zu deren heutigen Vertretern der Bruderschaft wandern, um sich in Zeiten der Bedrängnis deren Unterstützung zu versichern. Dabei erfuhr er, dass die Kabale ganz bewusst die Anlagen zur Manipulation von Wetterphänomenen sowie vulkanischer- oder auch seismischer Aktivitäten in die Nähe von Erd-Chakren und Kraftorten platziert habe. Dadurch ist sie in der Lage, die spirituelle Entwicklung des Planeten sowie seiner ihm anvertrauten Bewohner zu sabotieren.

Auch gäbe es viele Anhaltspunkte dafür, dass unter dem Deckmantel der Humanität fragwürdige Zusatzstoffe bei Impfungen in Dritte-Welt- und Schwellenländern, speziell in Indien, getestet würden. Dabei ging es um drastisch erhöhte Mortalitätssraten, die dann mit einer neuartigen Mutation des Erregers der laufenden *‚Pandemie‘* erklärt werden konnten.

Wie auch immer, Phil wurde in seinem Verdacht bestätigt, dass es bei dem weltweit orchestrierten Hype um eine *‚Pandemie‘* nicht darum ging, Menschenleben zu retten. Er sah den Grund vielmehr darin, das genaue Gegenteil zu erreichen, nämlich, die Menschheit zu dezimieren und von ihren ‚nutzlosen Essern‘ zu befreien.

Das klingt zwar drastisch, ist aber in den Augen der an den Strippen ziehenden seelenlosen Psychopathen nur logisch und folgerichtig. Im Windschatten dieser *‚Pandemie‘* ließ sich ja auch noch die Agenda zum Abbruch des maroden Finanzsystems durchsetzen. Und das geschah, ohne dass die gutgläubigen Menschenmassen Hochfinanz und ihren Casino-Kapitalismus als die eigentlichen Verursacher zur Rechenschaft zogen.

Bei diesem menschenverachtenden, aber genialen Coup wurden alle ‚Papiergeldvermögen‘ der weltweiten Sparer auf einen Schlag vernichtet. Vermögen im eigentlichen Sinne stellten sie ohnehin niemals dar, handelte es sich doch lediglich um Anspruchsversprechen.

Dass diese Ansprüche aber bereits verzockt waren, stellte sich spätestens anlässlich der Lehman-Pleite von 2008 heraus. Diese Geldvermögen und Ersparnisse waren ja die geronnene Arbeitsleistung von Milliarden Erdenbürgern. All das war natürlich im Vorfeld von den Geldbaronen in Sachwerte, wie Ländereien, Immobilien, Edelmetalle und Firmenbeteiligungen geflossen.

Wie schön war es da doch, dass die Steuerzahler dieses mutwillige ‚Konkursverbrechen' bereitwillig finanzierten. Es war ja schließlich 'alternativlos'. Und wie gut fügte es sich dann auch noch, dass die Systemfehler zwar erkannt, aber nicht rigoros behoben wurden. Stattdessen konnte man das ‚Ponzi-Schema' noch über eineinhalb Jahrzehnte am Laufen halten und mit Null- oder Negativzinsen sogar neue Abhängigkeiten schaffen.

Als Phil nach Seelenreise und Gedankenflug wieder im Korsett der 3D-Welt angekommen war, überfiel ihn eine tief empfundene Traurigkeit über den Zustand der Welt. Aber er war sich natürlich im Klaren darüber, dass diese Herausforderungen nötig waren, um die Menschheit aus ihrer Komfortzone zu reißen und sie letztlich zu zwingen, die unangenehmen Wahrheiten zu erkennen.

Wie konnte es überhaupt so weit kommen. Wie konnte sie dermaßen eingelullt werden, um immer wieder zu glauben: Diesmal ist es zwar schiefgegangen, aber die kommende Regierung wird unsere Probleme bestimmt lösen. Und das mit immer denselben Leuten? Wie dumm oder gutgläubig muss man da sein?

Gutgläubig? Ja, das war es. Es gab zwar die *Matrix*, eine perfide ausgeklügelte Manipulation der Massen, durch die Elite. Diese konnte aber nur funktionieren, da der Homo sapiens per se so harmlos, friedlich und auch gutmütig ist, jedenfalls, sofern er ein Abkömmling des aus der Bibel bekannten Stammbaumes von *Abel* ist.

Und da musste Phil an das Gleichnis vom ‚fliegenden Esel' denken:

*Ambrosius war ein herzensguter Mönch. Seine Mitbrüder im Orden schmunzelten manchmal über ihn, da er, wegen seiner Körperfülle, ziemlich schwerfällig und unbeholfen wirkte. Aber er erledigte alle ihm übertragenen Arbeiten und Verrichtungen stets gewissenhaft und sorgfältig.*

*Eines Tages im Leseraum, bemerkte ein Bruder, der am Fenster stand, zu ihm gewandt:*

*„Schau, Bruder Ambrosius, ein fliegender Esel!"*

*Die Mitbrüder blieben alle auf ihrem Platz und mussten sich das Grinsen verkneifen. Ambrosius erhob sich, ging zum Fenster und schaute hinaus.*

*„Da ist ja gar kein fliegender Esel".*

*Alle brüllten vor Lachen.*

*„Hast du echt geglaubt, Bruder, es gibt fliegende Esel?"*

*Ambrosius erwiderte, gefasst:*

*„Ich hätte eher geglaubt, dass es fliegende Esel gibt, als dass mich meine Brüder belügen!"*

Ja, und so ist es wohl auch bei den meisten Menschen:

Sie können nicht glauben, dass es das abgrundtiefe und absolute *‚Böse'* gibt!

Doch Phil und seine Mitstreiter der *'Weißen Bruderschaft',* sie wussten es. Und sie wussten darüber hinaus, dass das ‚Böse' in einer dualen Welt, die dem Menschen als solches erscheint, absolut notwendig war. Denn: Ohne das *‚Böse'* könnte er das *‚Gute'* nicht erkennen!

Am nächsten Tag begab sich Phil in seiner Geistesschau nach Ägypten, wo er sich mit Brüdern der Nachfahren der atlantischen Hochkultur in der *‚Halle der Aufzeichnungen'* austauschte.

Die Atlanter, die den Untergang der letzten verbliebenen Insel ‚Poseidonis' vor circa 13.000 Jahren überlebt hatten, haben versucht, die Erkenntnisse ihrer Kultur, aus Medizin, Mathematik, Astronomie, Magie, Alchemie et cetera, vor künftigen Kataklysmen zu bewahren. Dies geschah durch die Anlage eines unterirdischen Gangsystems, das in einer großen Halle unter dem Plateau von Gizeh mündete. Der hochgradig begabte amerikanische Seher *Edgar Cayce* bezeichnete sie als die „Halle der Aufzeichnungen."

Dort, unter der *‚Sphinx'* befindet sich das *‚Kehlkopf-Chakra'* des Planeten, das für Austausch und Kommunikation steht.

Nachdem Phil die dortigen Brüder über die aktuelle Lage unterrichtet hatte, kam auch das kosmische Gesetz der Einvernehmlichkeit zur Sprache. Danach unterliegen auch die Seelenlosen diesem Gesetz, dass sie Maßnahmen nur ergreifen dürfen, wenn beide Seiten, einvernehmlich, einen ‚Vertrag' geschlossen haben.

Bereits im Märchen, bei dem ein Unglücklicher dem Teufel seine Seele verkauft, damit er von ihm zu Lebzeiten Erfolg, Gold, oder Glück in der Liebe erhält, wird ein Vertrag eingegangen, den beide einhalten müssen.

Ein ‚bewusster' Vertrag wird zum Beispiel eingegangen, wenn sich jemand aufgrund massiver Angstpropaganda impfen lässt. Dass er mit seiner Unterschrift auch einen Haftungsausschluss im Fall von Impfschäden akzeptiert, das nimmt er in Kauf, oder hat es in dem Kleingedruckten übersehen.

Die meisten ‚Verträge' werden von den Menschen jedoch unbewusst eingegangen. Sie sind so sehr in ihrer *Matrix* des Hierarchiedenkens gefangen, dass sie, freiwillig auf ihre universellen Freiheitsrechte verzichten.

Dies kann zum Beispiel dadurch geschehen, indem sie bei einer ‚demokratischen' Wahl ihr Kreuz machen, ohne zu merken, dass sie damit das ganze manipulative System der Spaltung der Gesellschaft durch Parteien legitimieren.

Die Aufspaltung ist ja bereits im Wort ‚Partei' enthalten. Der durchschnittliche Wähler wird doch bei der Partei ‚X' nur den einen Teil, bei der Partei ‚Y' einen anderen Teil gutheißen. Da er aber nur ein Kreuz machen kann, muss er einen ganzen Wust an ‚Kröten' mitschlucken.

Die Bezeichnung ‚demokratisch' wirklich verdienen würde doch viel eher ein ausschließliches Personenwahlrecht, ohne Parteien. Es gäbe keinen Fraktionszwang. Jeder Abgeordnete wäre lediglich seinem Gewissen und seinen Wählern verpflichtet. Er müsste nicht auf das Wohlwollen der Parteioberen hoffen, um einen aussichtsreichen Platz auf der Wahlliste zu ergattern. Sogar das leidige Thema der Parteispenden wäre vom Tisch.

Phil und seine Brüder wussten natürlich, dass die Kabale ein solches System niemals zulassen würde. Es wären ja ansonsten sämtliche Fäden abgeschnitten, mit denen sie ihre willfährigen Marionetten tanzen lassen kann.

Daraus ergab sich die übereinstimmende Überzeugung, dass wohl nicht alle Mitglieder der Menschheitsfamilie den bevorstehenden spirituellen Aufstieg in die Freiheit und Selbstverantwortung mitmachen werden. Viele werden an ihrem jetzigen Leben in der *Matrix* des Unwissens und der Manipulation festhalten wollen.

Sie müssen wohl die Erfahrungen und Lektionen erst noch machen, die Wissende und Aufgewachte in ihren früheren Inkarnationen bereits hinter sich gebracht haben. Dies ist auch nicht wertend zu verstehen, da nicht alle zur selben Zeit und auch nicht unter den gleichen Voraussetzungen am Start waren. Vielmehr bietet die unterschiedliche Reife einer Population enorme Entwicklungschancen. Auch die Kinder profitieren schließlich von der Lebenserfahrung der Eltern, selbst wenn sie eine gereiftere Seele mitbringen als diese.

***

## DER VORHANG FÄLLT

Claude Deville saß am Bildschirm seines PCs. Dr. Dave Bloomfield hatte um eine Video-Besprechung ersucht, bei der es um brisante Neuigkeiten gehen sollte. Deville starrte nervös und ungeduldig auf digitale Zeitanzeige. Exakt um 10:00 Uhr sollte der Kanal freigeschaltet werden.

Endlich war es so weit. Daves Gesicht erschien. Bild und Ton waren OK.

*„Hallo Claude, du wartest sicher schon sehnlich auf diese Unterredung. Willst du erst die gute, oder die schlechte Nachricht?“*

Claude begann zu schwitzen. *„Die Gute!“*

*„OK! Die gute Nachricht ist, wir haben definitiv den Grund dafür ermittelt, was zum Abbruch der ersten Aktion geführt hat.“*

Deville war kurz davor zu platzen, vor innerer Spannung.

*„Und jetzt zur schlechten Nachricht: Wir haben es mit sehr starken Gegnern zu tun.“*

*„Kannst du dich vielleicht etwas klarer ausdrücken? Was ist los, verdammt noch mal? Ich war im E.T.-Hotel. Unser alter Herr ist echt am Arsch!“*

*„Jetzt beruhige dich erst mal wieder! Die Sache ist die: Der Gegner arbeitet mit einer Schwingungsenergie, gegen die haben unsere Systeme keine Chance.“*

*„Hey, was für eine Energie? Komm schon!“*

*„Es ist die Energie mit der höchsten Schwingungsfrequenz im ganzen Universum. Ich mag es gar nicht aussprechen“.*

*„Hey Dave, was ist mit dir? Hast du Hämorrhoiden auf der Zunge, oder was?“*

*„Es ist ... die ... die bedingungslose Liebe. - Ich glaub, ich muss kotzen!“*

Deville wurde mit einem Mal bleich. *„Du meinst, ...?“*

*„Genau, das mein‘ ich!“*

Man hörte für kurze Zeit nur Schweigen und tiefes Atmen. Deville hatte sich als Erster wieder gefasst.

*„Weiß man, wo es herkam?“*

*„Nein, es trat gleichmäßig an allen Messstellen auf. Es ist im ganzen Erdkreis, im Magnetfeld, in der Luft und auch in allen Gewässern.“*

*„Verdammt, jetzt weiß ich auch, warum es ‚Gondrak‘ so schlecht geht.“*

*„Ja, das macht Sinn. Hast du die Nachrichten gehört?“*

*„Du meinst die Friedensaktivisten?“*

*„Frieden? Nein, es ist viel schlimmer, Claude. Sie haben das ganze System durchschaut. Die lassen sich nicht mehr täuschen. Die Zahnpasta ist aus der Tube und die bringst du auch nicht wieder rein. Wenn das noch ein paar mehr werden, dann kippt es. Und das kann schnell gehen. - Dann gute Nacht!“*

*„Jetzt verbreite mal keine miese Stimmung, Dave! Wir müssen nur rausfinden, wer dahintersteckt. Wenn das feststeht, dann erledigen wir das so, wie wir es immer gemacht haben. Oder vielleicht nicht?“*

*„Ja klar, aber das braucht Zeit und die haben wir nicht.“*

*„Mach dir nicht gleich ins Hemd, Dave! Wenn wir hier fertig sind, dann ruf ich sofort in Virginia an. Ich hab da ein paar gute Freunde sitzen, die kriegen so was raus.“*

*„Wollen wir hoffen, dass du recht hast, Claude. Wir bleiben in Kontakt.“*

*„Danke Dave, das Gespräch mit dir kam zur rechten Zeit. Wir haben morgen ‘Aufsichtsrat‘-Sitzung. Jetzt stehe ich wenigstens nicht mit ganz leeren Händen da. Es wird schon werden. - Over!“*

Huan drückte auf die Stopptaste. Alles war im Kasten. Er leitete die Aufnahme an seinen Studienfreund in Wuxi zur Entschlüsselung weiter.

Wenige Stunden später sendete er eine offene Version an sämtliche Lichtarbeiter seines weltweiten Netzwerkes.

***

## GRÜSSE AUS DEM JENSEITS

Elena setzte den Stirnreif ab, schloss die Augen und ließ die letzten Tage im Zeitraffer noch mal im Geiste vorüberziehen. War das alles real, oder ist sie in einem fantastischen Traum gefangen?

Vor ein paar Tagen hatte sie eine Begegnung mit einer Frau im Park, die Dinge von ihr wusste, die sie selbst nicht einordnen konnte. Eine Außerirdische, die mal eben einen Trip von siebzehn Lichtjahren zur Erde gemacht hatte. Die ihr Hintergründe zum Tod ihrer Eltern erzählte. Dies alles hörte sich zwar schier unglaublich an, aber es verlieh der verworrenen Angelegenheit plötzlich so etwas wie einen logischen Zusammenhang.

Und dann flog sie mit deren *‚UFO'* innerhalb 30 Minuten über den Kontinent und den Atlantik, um in Schottland ihren Seelenpartner zu treffen, den sie bereits aus ihrem *‚Wahrtraum'* kannte.

Und es war Liebe auf den ersten Blick! Chris war der Mann, bei dem sie bereits nach wenigen Augenblicken eine zutiefst untrügliche Gewissheit hatte, ihn schon seit Ewigkeiten zu kennen. Er war es, für den sie sich ihr ganzes Leben aufgehoben hatte.

Und gerade hatten sie sich mithilfe dieses Wunderwerks unterhalten, so real und plastisch, als säße er neben ihr. Und, als wäre es nicht genug, sich in diesem Schleudergang der Gefühle zu befinden, wurde ihr auch noch bewusst:

Sie beide waren auserkoren, den Planeten zu retten!

Wie immer, wenn sie schwierigen Situationen in ihrem Leben ausgesetzt war, sprach sie ein Gebet. Es endete mit diesen drei Worten:

„Dein Wille geschehe!"

Da kam Selina, die Oma beim Kuchenbacken unterstützt hatte, die Treppe herauf gestolpert.

*„Elena, wirst du jetzt heiraten?"*

*„Wie kommst du denn auf so was?"* Elena wurde verlegen.

*„Oma sagt, du bist verliebt!"*

*„Kann schon sein. Das sieht man mir wohl an. Aber das ist ja noch kein Grund zu heiraten."*

*„Opa meint, es wäre langsam Zeit, du bist ja nicht mehr die Jüngste."*

*„Jetzt hör mal! Bist du nicht vielleicht ein bisschen zu jung, um solche Gespräche zu führen?"*

*„Wie sieht er denn aus?"*

*„Jetzt ist es aber genug! Hast du deine Schularbeiten schon erledigt?"*

Nach dem Abendessen schaltete Elena den PC an und fand Chris' Website im Internet:

*Kompetente Lebensberatung privat oder im Beruf? Spirituelle Entscheidungshilfe? Krisencoaching?*

*Chris Jester*

Selina schaute ihr über die Schulter *„Ist er das?"*, fragte sie und deutete auf das Bild.

*„Ja, das ist er."*

*„Er gefällt mir."*

*„Das ist schön."*

*„Und du liebst ihn?"*

*„Oh ja!"*

*„Dann mag ich ihn auch!"*

Elena war sehr gerührt, von ihrer kleinen Schwester. Sie blickte so wohlwollend und gütig, ja unschuldig, mit ihren großen Kinderaugen in diese Welt. Wie sehr hätte sie es verdient, wenn die Zeit der Krise und des Umbruches endlich vorbei wäre und all die Menschen wieder befreit aufatmen und voller Tatendrang in die Zukunft blicken könnten. Wie Mehltau lagen Angst und Depression über dieser Gesellschaft.

Manchmal dachte Elena, ein Schutzengel würde Selina, in ihrer kindlichen Traumwelt behüten, um ihr unbeschadet über den Tod der Eltern und alle Bedrängnis zu helfen.

Auch bei ihrer Arbeit an Selinas Schule konnte sie ganz deutlich feststellen, dass momentan eine Generation an Kindern heranwächst, die völlig andere Seelenqualitäten mitbringt. Und sie dachte: Vielleicht steht die Erde ja kurz vor einer Morgendämmerung und diese Kinder warten nur darauf, sie in eine lichte Zukunft zu führen. Denn:

*Wo Licht ist, muss das Dunkel weichen!*

Oder, wie es bei Hölderlin, in der Hymne *‚Patmos'* heißt:

*"Wo aber* Gefahr *ist, wächst das Rettende auch."*

Endlich war Selina eingeschlafen. Elena lud den ersten Stick aus der Stoffpuppe auf den PC. Ihr Vater erschien auf dem Bildschirm. Er machte einen ziemlich verstörten Eindruck.

*„Heute waren die zwei ‚Schlapphüte' wieder da. Sie traten ziemlich rabiat auf. Ich frag mich, ob das wirklich Leute von der Regierung sind. Es ist unheimlich. Sie scheinen noch immer nach irgendwas zu suchen. - Die trauen mir nicht, haben aber nichts in der Hand gegen mich. Die ganze Angelegenheit wird langsam heiß. Ich muss vorsichtiger sein. Gut, dass ich einige Sachen Paul (du kennst doch Dr. Schulte) gegeben habe. Er weiß von nichts. Und ihn haben sie nicht auf dem Schirm."*

Elena war ziemlich aufgewühlt und mitgenommen. Doch sie zwang sich, auch den zweiten Stick einzustecken. Ihr Vater war kaum wiederzuerkennen. Er wirkte fahrig und blinzelte oft, wie unter Schock stehend.

*„Sie haben mich bedroht! Auch scheinen sie Techniken anzuwenden, die es meines Wissens gar nicht gibt. Sie versuchten, mit so einer Art ‚Beamer', mich willenlos zu machen, um mich auszufragen. Ich konnte*

*nichts dagegen tun. Gott sei Dank kamen gerade meine Kameraden vorbei, um mich zum Training abzuholen. - Aber das war knapp!"*

Für Elena wurde alles immer obskurer. Da gibt es also eine Organisation, die Agenten losschickt, den Kontakt mit einer außerirdischen Spezies auf dem Planeten, um jeden Preis zu vertuschen. Und sie haben technische Geräte zur Beeinflussung des Willens, die der bekannten Technik um Jahrzehnte voraus ist. Und wendet sie, an allen Gesetzen vorbei, auch an. Geschieht das alles im Rahmen unserer Regierung, oder weiß die gar nichts davon? Sie schrecken nicht mal vor Mord zurück! Und draußen wütet, gnadenlos, ein Manipulationskrieg, den die wenigsten erkennen:

Der dritte Weltkrieg!

Dank der ihr eigenen grenzenlosen Zuversicht und ihres unerschütterlichen Gottvertrauens fand sie schließlich doch, mit liebevollen Gedanken an Chris, in den Schlaf.

***

## ACIO

Nach der UFO-Havarie von 1947 bei Roswell, New Mexico gelang es dem US-Militär nur bedingt, eine aufkommende Hysterie zu unterdrücken. Unzählige Piloten hatten über ihre Begegnungen, im Zweiten Weltkrieg, mit unbekannten Flugobjekten, sogenannten *'Foo-Fighters'* berichtetet. Die Atombombenabwürfe auf Hiroshima und Nagasaki taten ein Übriges, um die Endzeitstimmung anzuheizen. Dies umso mehr, da das berüchtigte Bombergeschwader 509, das für diese Bombenabwürfe verantwortlich war, gerade eben auf diesem Militärstützpunkt Roswell Army Air Field stationiert war.

Aus diesem Grund konnte man den allgemeinen Glauben an die Existenz außerirdischer Lebensformen nicht einfach mit dem Absturz eines Wetterballons wegerklären.

Aufkommende Gerüchte, dass tote und auch überlebende Aliens zum Roswell Army Air Field abtransportiert wurden, gingen jedoch alsbald in der Kurzlebigkeit der Tagespolitik unter.

1978 bezeichnete der inzwischen pensionierte damalige Presse-Offizier dieser Luftwaffenbasis jedoch seine ursprüngliche Pressemitteilung über den Absturz einer fliegenden Untertasse als zutreffend. Damit revidierte er die Coverstory mit den Wetterballons. 1980 erschien dann das Buch *‚The Roswell Incident‘* von Charles Berlitz und die Sache nahm medial zusätzlich Fahrt auf.

Die Gemeinde der UFO-Gläubigen wurde 1995 abermals bestätigt, als der berüchtigte *‚Santilli-Film‘* auftauchte, in dem die Autopsie eines Außerirdischen gezeigt wird. Eine Fälschung konnte bis jetzt nicht nachgewiesen werden.

Waren anfangs nur Militärs mit Ufo-Phänomenen betraut, wurde 1994 eine streng geheime Unterabteilung der NSA gegründet, die sogenannte ACIO. Dies steht für ***A**dvanced **C**ontact **I**ntelligence **O**rganization.* Sie ist so geheim, dass sie selbst Abteilungsleitern der anderen Sachgebiete in der Dachorganisation NSA nicht bekannt sein dürfte.

Es gibt erdrückende Hinweise, dass die amerikanische Regierung bereits seit den Fünfzigerjahren in Verbindung mit Außerirdischen steht. Eisenhower soll im Februar 1954 sogar physischen Kontakt mit Aliens auf der *Holloman Air Base* in New Mexico gehabt haben.

Dabei soll es zu einem Vertrag mit sogenannten *‚Greys‘* gekommen sein, einer hybriden Unterrasse der 'Drakos‘ welche die Menschheit seit Urzeiten manipulieren und ausbeuten. Die amerikanische Seite erhielt Informationen zu deren überlegener Technologie und räumte dafür der Gegenseite das Recht zur Abduktion einer Anzahl von Menschen ein, um deren Genetik zu studieren.

Das Ziel der ‚*Drakos*' war es, die Erde langfristig mithilfe eines Zuchtprogramms zur Schaffung einer Hybridrasse, mit ihren Genen, zu übernehmen.

Die ACIO, mit Sitz in Virginia, deren Führungskräfte bereits mit Hybriden besetzt waren, hatte dabei die Aufgabe, die Interessen der Drakos zu wahren. Da sich immer mehr auch der Menschheit wohlgesonnene Außerirdische für das Schicksal der Erde zu interessieren begannen, wurde dies immer nötiger.

## DER ANRUF

In der ACIO-Zentrale in Virginia klingelte das Telefon. Die Vorzimmerdame vergewisserte sich bei ihrem Chef.

*„General, hier ist ein Mr. Deville in der Leitung. Kann ich durchstellen?*

*„Danke Shirley, geht in Ordnung."*

*„Monsieur Deville? Hier ist Burns. Um ehrlich zu sein, ich habe schon mit Ihrem Anruf gerechnet. Was kann ich für sie tun?"*

*„Hey Alex, ich darf doch Alex sagen. Wir kennen uns vom WEF-Gipfel in Davos."*

*„Ja natürlich, Claude, wenn ich nicht irre? Sie machen sich bestimmt Sorgen wegen der Rückschläge."*

*„Ja, da liegen Sie völlig richtig. Wir haben untrügliche Hinweise, dass der Gegner Unterstützung von außerhalb bekommt. Das fällt doch eigentlich in ihr Ressort, Alex, oder irre ich mich?"*

*„Ich weiß, worauf Sie hinauswollen, Claude. Da war vor zwei Jahren diese Sache mit dem ALMA-Wissenschaftler, der für SETI in Chile gearbeitet hat. Wir wurden damals auf verdächtige Funksignale aus dem Orbit aufmerksam und haben zwei unserer Leute auf ihn angesetzt. Leider haben die Typen etwas unsensibel gehandelt und wir mussten sie abziehen."*

*„Sie wollen mir sagen, dass Sie damals eine heiße Spur verfolgt haben, aber ihre zwei Trottel die Sache dann vermasselt haben? Das kann doch nicht ihr Ernst sein, oder?"*

*„Hören Sie Claude, ich verstehe ja, dass Sie aufgebracht sind. Aber die Sache ist viel schlimmer. Der SETI-Typ und seine Frau kamen ums Leben und die dortigen Bullen wurden misstrauisch. Wir sind noch mal mit einem blauen Auge davongekommen."*

*„Aber Alex, hatte dieser SETI Typ jetzt Kontakt oder nicht, verdammt nochmal?"*

*„Wir waren uns sicher, dass er sogar physischen Kontakt hatte, aber der Kerl schien ziemlich clever zu sein. Wir konnten ihm damals nichts anhängen."*

Deville atmete hörbar tief durch *„Alex, es liegt mir fern, Sie belehren zu wollen, aber mir scheint, dass Sie sich nicht des Ernstes der Lage bewusst sind.*

*Die Kacke ist ziemlich am Dampfen und wenn wir nicht bald herausfinden, wer der Gegner ist und mit welchen Waffen er kämpft, dann sind wir am Arsch. Und wenn ich ‚wir' sage, meine ich auch Sie dabei.“*

*„Aber Claude, glauben Sie mir, ich wusste nicht, dass es so schlimm ist. Ich werde der Sache natürlich nochmal nachgehen.“*

Deville hatte sich jetzt wieder etwas mehr unter Kontrolle.

*„Hören Sie, Alex! Sie sollten Ihren Hintern bewegen und die Sache zu Ihrer ‚Prio Nr.1' machen. Und dann schicken Sie den besten Mann, den Sie haben, in die Akatama-Wüste. Und wenn er herausgefunden hat, mit wem der SETI-Mann Kontakt hatte, bevor er starb, nehme ich die Sache mit meinen Leuten in die Hand. Verstehen Sie mich? - Und noch etwas: - Es sollte schnell gehen. Unsere G1-Freunde im ‚Basement -13' machen's nicht mehr lange!“*

Am Telefon konnte man nicht sehen, dass General Alex Burns ziemlich blass geworden war. Alles, was er sagen konnte, war:

*„OK Claude, ich hab verstanden. Sie können sich auf mich verlassen!“*

## FERNLIEBE

Zwar genoss Elena die wärmeren Temperaturen des jetzt in Santiago bevorstehenden Sommers, doch tief in ihrem Herzen machte sich ab und an ein Frösteln breit. Wie gerne würde sie jetzt in Chris' Armen liegen und die Nächte mit ihm teilen, oder nur stundenlang mit ihm, Hand in Hand, über die schottischen Hügel streifen.

Trotzdem freute sie sich an jedem freien Nachmittag auf das mittlerweile gewohnte Ritual, mit Chris per *Telepator* zu kommunizieren. Oft saß sie um diese Zeit auch auf der Bank am Neptun-Brunnen in der Sonne und wartete auf das vertraute Blinken des Stirnreifs. Und mancher Passant mag über die seltsame Mimik ihres Gesichtes oder über ein spontanes Lachen verwundert gewesen sein. Und jedes Mal ging sie danach beschwingter nach Hause. Trotzdem schlich sich auch jedes Mal ein weiterer bitterer Wermutstropfen in ihr Herz.

***

## AUFSICHTSRATSITZUNG

Deville hätte gerne über mehr Hintergrundinformationen zur aktuellen Lage verfügt, um sie den heutigen Gästen präsentieren zu können. Vor allem hatte er gehofft, dass er einen positiveren Ausblick hätte bieten können. Dennoch war er froh, dass die meisten seiner Einladung gefolgt waren. Noch standen alle in lockeren Zweier- oder Dreier-Grüppchen um den Tisch im Foyer mit den vorbereiteten Schnittchen herum und nippten an Champagnergläsern.

Schließlich schlug er seinen überdimensionalen Goldring mit dem verschlungenen Schlangensymbol gegen sein Glas, um Aufmerksamkeit zu erlangen.

*„Meine Herren, ich glaube, wir sind vollzählig. Denn unsere Brüder aus Saudi-Arabien und den Emiraten sind zurzeit bei der OPEC-Konferenz in Wien unabkömmlich. Beide lassen Sie grüßen und bedauern, nicht unter uns sein zu können. Ich bitte Sie nun, nebenan, im Besprechungsraum Platz zu nehmen?"*

Die beiden freien Plätze hatte Fernand im Vorfeld bereits in Beschlag genommen, um sich mit seinem Laptop und vorbereiteten Unterlagen auszubreiten. Auch das *'Bonbon mit den großen Ohren'*, das er von Huan im *Xinfadi-Park* erhalten hatte, war von ihm unter der Tischplatte platziert worden.

Auf dem Tisch standen etliche Flaschen des geschätzten *‚Château-Mouton-Rothschild'* bereit. Ein Bediensteter mit chinesischem Aussehen füllte die Gläser nach Belieben mit Wasser und Wein und zog sich diskret zurück. Deville betrat als Letzter den Raum und schloss hinter sich die schweren Eichentüren.

*„Meine Herren, liebe Brüder"*, begann er seine Ansprache *„es ist gar nicht lange her, dass wir uns hier das letzte Mal versammelt haben. Genau wie damals ist auch heute der Anlass kein erfreulicher. Seinerzeit unterrichtete ich Sie über den vielversprechenden Plan, mit einer Sendeanlage in Nordkorea, uns nützliche Energien in das Magnetfeld der Erde einzuspeisen. Auch haben wir die dafür nötigen Mittel aufgebracht.*

*In der Zwischenzeit konnten wir mit der Hilfe unzähliger Spezialisten den Plan in die Tat umsetzen. In zahlreichen Laborversuchen konnte die Wirksamkeit der Methode unter Beweis gestellt werden. Außerdem zeigte es sich, dass das Verfahren keinerlei negative Auswirkungen auf die Genetik unsere Rasse hatte.*

*Trotzdem musste der erste weltweit koordinierte Einsatz unerwartet abgebrochen werden, um eine Katastrophe zu vermeiden. Erst vor einigen Tagen konnten die beteiligten Wissenschaftler mir den Grund dafür nennen.*

*Es handelt sich um drei äußerst beunruhigende Fakten.*

*Erstens: Unsere Gegner haben eine ultimative Waffe in der Hand. Sie operieren mit Energieschwingungen, die für uns absolut unverträglich sind.*

*Zweitens: Es muss eine undichte Stelle geben, denn sie müssen den exakten Zeitpunkt der konzertierten Aktion gewusst haben.*

*Drittens: Es scheint so gut wie sicher, dass sie zudem Hilfe einer außerirdischen Spezies haben.*

*Wenn es stimmt, was ich vermute, dann sitzen wir ziemlich in der Kacke. Ich hielt es jedenfalls für meine Pflicht, Sie alle darüber zu unterrichten.“*

*„Claude, denkst du etwa an die Lyra-Leute?“*, war die Frage des russischen Vertreters.

*“Allerdings, Boris, genau das tu ich! Ich war letzte Woche am ‘Groom Lake‘. Ich habe ‚Gondrak‘ noch nie so erlebt. Er braucht dringend unsere Hilfe. Unsere Geschwister im Basement sind nicht so gut angepasst wie wir. Ich schlage vor, Fernand zeigt ihnen noch ein paar kurze Videosequenzen, die wir von unserem Team in Nordkorea erhalten haben und anschließend möchte ich gerne einige, vielleicht auch positivere Dinge, erzählen.“*

Fernand nickte. Mit einer Fernbedienung aktivierte er den riesigen Flachbildschirm an der Stirnwand und startete den Laptop. Dann sahen die Gäste einige der Aufzeichnungen von Dr. Zhìxiàngs Versuchsreihen im Labor, sowie von den Arbeiten mit Dr. Callidus am Transmitter. Zuletzt war sogar der gescheiterte Versuch mit dem Emergency-Shutdown zu sehen. Auch hatte Fernand noch einen Ausschnitt der Nachrichtensendung über den Tsunami bei den Malvinas angehängt.

*„Danke Fernand!“*, ergriff Deville wieder das Wort. – *„Ja meine Herren, die Lage ist ernst, aber nicht hoffnungslos, wie man so schön sagt. Zumindest wissen wir jetzt, dass unser Plan grundsätzlich funktioniert. Gestern hatte ich ein Gespräch mit General Burns. Das ist der*

*Chief der ACIO, unserer Verbindungsorganisation im Secret Service. Die hatten vor zwei Jahren eine Kontaktaufnahme der ‚Lyra-Leute' mit einem SETI-Mitarbeiter auf dem Schirm. Leider haben da ein paar Schwachköpfe die Sache vermasselt. Alex hat mir aber versprochen, dass er aufklärt, zu welchen Menschen der Kontakt zurzeit besteht. Wenn wir das wissen, ist der Rest Routine.“*

Da meldete sich der belgische Vertreter:

*„Aber Claude, ist dir entgangen, was zurzeit draußen auf den Straßen abläuft. Die lassen sich nicht mehr so einfach spalten. Du kannst sie auch nicht provozieren. Die ziehen gnadenlos ihr gewaltfreies Ding durch. Uns bröckeln schon die Ordnungskräfte und die Medien weg. Du glaubst doch nicht wirklich, wenn wir ein paar Typen ausknipsen, dass dann der Spuk ein Ende hat?“*

*„Nein, Bertrand, natürlich nicht! Aber es ist doch wohl so, dass, indem sie eine dermaßen hohe Energieschwingung in den Erdkreis einbrachten, diese Friedfertigkeit erst entstanden ist. Wenn wir aber die Akteure ausgeschaltet haben und unser Programm wieder langsam hochfahren - und das über einen längeren Zeitraum, dann scheint uns wieder die Sonne aus dem Hintern. Schließlich haben wir immer noch an den entscheidenden Schalthebeln unsere Leute sitzen.“*

Deville nahm sein Glas in die Hand, stand auf und sprach:

*„Liebe Brüder, mithilfe des ewigen Erbauers der Welten wollen wir auf das Gelingen unserer Sache anstoßen!“*

*„Mithilfe des ewigen Erbauers der Welten!“,*

klang es im Chor.

„……*des ewigen Erbauers der Welten!“*, klang es auch im Kopfhörer von Huan, der mit Han im Transporter saß, den sie in der Xishiku Street geparkt hatten.

***

## WARTESTELLUNG

Im Stollen am *Paektusan* war seit vielen Tagen Abwarten angesagt. Dr. Zhìxiàng hatte mit ihrem Team immer wieder alle Protokolle durchgesehen und sie kamen auch immer wieder zum gleichen Ergebnis: Die Ursache, die zu einer Notabschaltung Systems durch Dr. Callidus führte, kam von außen. Dies wurde auch in den Mails von Deville und Dr. Bloomfield bestätigt. Raul sollte die Beschädigungen am Transmitter reparieren und auf neue Anweisungen warten.

Dr. Zhìxiàng und Mr. Hain waren zu einer weiteren Auszeit gezwungen. Es war diese Art von Zwang, der sie aber nur zu gerne ausgesetzt waren. Die inzwischen winterlichen Temperaturen luden zwar nicht mehr zu Tagesausflügen ein, doch mit der liebestollen Yini waren Minhos Tage und vor allem die Nächte völlig ausgelastet.

Es ist aber nicht so, dass ihre Beziehung rein nur sexueller Art gewesen wäre. Vielmehr konnte Minho sich durchaus in Yinis Psyche einfühlen. Immer war sie das intelligente Mauerblümchen gewesen, das ihr Selbstwertgefühl stets nur aus ihren beruflichen Erfolgen bezog. Und dann kam er, Minho, der Frauenversteher, der ihr das Gefühl gab, als attraktives weibliches Wesen von ihm gesehen zu werden. Und dann brach es aus ihr heraus. Die Natur forderte ihr Recht. Und Yini war eine bisher unbekannte Welt eröffnet, jenseits von akademischen Büchern und Versuchsreihen.

Und plötzlich stellte er auch eine positive Veränderung in ihrem Wesen fest. Sie erschien ihm gelöster, humorvoller, tiefsinniger und weicher, mit einem Wort: weiblicher!

Und somit begehrenswerter!

Vorsichtig lenkte er das Gespräch auch immer wieder mal auf ethisches Terrain, um herauszufinden, ob sie denn die Implikationen ihrer Arbeit je bedacht hatte. Und er musste dann feststellen, dass sie bisher wie mit Scheuklappen, nur ihrer akademischen Laufbahn verpflichtet, durch das Leben ging. Aber er spürte auch, dass er dadurch ein paar Tropfen Wasser auf das kleine Pflänzchen ‚*Gewissen*' in ihrer Seele geträufelt hatte.

Und Yini begann, über ihr ganzes Leben nachzudenken. Minho hatte ihr eine völlig andere Welt, eine vollkommen verschiedene Sicht der Dinge nahegebracht. Sie begann fast, sich zu schämen. Hatte sie wirklich nur des Geldes und wissenschaftlichen Veröffentlichungen wegen diese Arbeit angenommen? Wer war dieser Deville eigentlich? Hatte sie ihre Seele dem Teufel verschrieben?

***

## DER AUFTRAG

Shirley, General Burns Vorzimmerdame erschrak. Plötzlich stand dieser arrogante Fiesling hinter ihr. Wie immer hatte er nicht angeklopft.

*„Hey Shirley, Süße! Der Chef will mich sprechen? Hast du heut Abend schon was vor?*

*„Hallo Mr. Serpio, wie wär's, wenn Sie mal lernen würden, wie man anklopft. In Italien hängen wohl nur Spaghetti an den Türen?"*

Shirley griff zum Hörer. „*General, Mr. Serpio ist jetzt da.*“

Dann wandte sie sich an Luigi. „*Der General erwartet Sie. Aber klopfen Sie vorher an!*“

„*Kommen Sie rein, Luigi! Nehmen Sie Platz!*“

Luigi war als Straßenkind in Süditalien aufgewachsen, wo er bald in die Obhut der kalabrischen Mafia ‘Ndrangheta gelangte. Dort wurde schnell sein außerordentliches Talent erkannt, Probleme auf eine unkonventionelle Art zu lösen. Aufgrund seiner enormen Intelligenz, Skrupellosigkeit und Verwandlungskunst stieg er schnell in der Hierarchie auf. Schließlich wurde er von der CIA angeheuert und war seit einigen Jahren sehr erfolgreich für General Burns in der ACIO für Spezialeinsätze tätig.

Lässig ließ er sich in den Sessel fallen. Er hielt es auch nicht für angebracht, seine Sonnenbrille abzunehmen. Die Kollegen dachten alle, er hätte ein Augenleiden, aber es traute sich keiner, ihn darauf anzusprechen.

„*Luigi, Sie wissen, Sie sind mein bestes Pferd im Stall, das ist der Grund, dass ich Sie zu mir gebeten habe. Ich will zu ihnen ganz ehrlich sprechen. Wir sind da in einer prekären Situation. Sie erinnern sich vielleicht an die Sache vor zwei Jahren, in der Akatama bei diesem SETI-Horchposten. Die Sache ist schiefgelaufen. Wir kamen da mit einem blauen Auge raus. Wir wissen, dass der Typ, der mit seiner Frau den Autounfall hatte, definitiv mit den ‚Besuchern‘ Kontakt hatte, und zwar Stufe 3.*

*Es ist ferner ziemlich sicher, dass er vor seinem Tod sein Wissen und vielleicht auch Technologie mit jemandem geteilt hat. Die beiden Jungspunde, die an dem Fall dran waren, haben etwas unglücklich agiert. Und dann musste ich sie zu ihrem eigenen Schutz abziehen.*

*Fakt ist, wir müssten wieder bei null anfangen. Und die Zeit drängt. Was meinen Sie, Luigi?"*

*„Was ich meine? Ich meine, Sie sind der Boss, General. Was habe ich für Vollmachten?"*

*„Alles, was Sie zur Aufklärung und zur Identifizierung für nötig halten. Aber keine weiteren Toten! Wenn Sie wollen, können Sie Barley mitnehmen, der ist gerade frei."*

*„Nein danke, Chef. Sie wissen, ich arbeite lieber allein. Wann solls losgehen?"*

*„Wenn's geht gestern! Hier ist die Akte. Die können Sie im Flugzeug studieren, - ist 'ne Kopie. Lassen Sie sich von Shirley einen Flug reservieren! - Viel Glück, Luigi!"*

***

## DIE MASKE FÄLLT

Han und Huan vielen sich im SAIC-Transporter fast um den Hals. Sie hatten ja schon einige spektakuläre investigative Erfolge erzielt, aber dass sie Fernand auf ihre Seite holen konnten, erwies sich als totaler Glücksgriff.

Durch die von ihm platzierte Wanze hatten sie die perfekte Tonaufnahme der Besprechung in Devilles Haus ergattert. Da sie aber auch im W-LAN Account von Fernands Laptop waren und weil Fernand, geistesgegenwärtig, die Webcam vom Bildschirm eingeschaltet ließ, hatten sie die wohl einflussreichsten Typen des Planeten, live und in Farbe, im Kasten. Bereits wenig später ging die Aufzeichnung an sämtliche Verteileradressen in aller Welt.

***

## DIE SCHLINGE ZIEHT SICH ZU

Chris hatte tatsächlich sein Apartment aufgegeben und war mit dem Nötigsten seiner Habseligkeiten in die Praxis gezogen. Nachdem er das gröbste Chaos beseitigt und viel Nutzloses entsorgt hatte, wunderte er sich, warum er diesen Schritt nicht schon viel früher gegangen war. Zwar war alles ein wenig beengter, aber die Ersparnis an Zeit und Geld war enorm. Langsam wurden auch die Lücken in seinem Terminkalender wieder weniger und er erzielte ein erkleckliches Einkommen. Was das betrifft, so verschob es sich allerdings immer mehr hin zu Regionalwährungen und Tauschgeschäften.

Es war Sonntagmittag. Chris war gerade dabei, mit seinen meditativen Übungen zu beginnen, als die Türklingel ging. Zu seiner großen Freude und Überraschung stand, mit vielsagendem Grinsen, Phil in der Tür.

*„Wollen wir die Pizza im Treppenhaus verspeisen, oder darf ich reinkommen?“* Er holte eine riesige Schachtel hinter seinem Rücken hervor. *„Und, du kannst den Mund ruhig wieder zu machen, oder bist du schon so hungrig?“*

Chris nahm Phil die Schachtel ab und bat ihn herein.

*„Du kommst zur rechten Zeit, bei mir hätte es nur zu kalter Küche gereicht. Aber ich hab noch einen guten Rotwein in petto.“*

Chris wusste nicht, ob es ein gutes oder ein schlechtes Zeichen war, dass Phil ihn überraschte. Jedoch anstatt ihn zu fragen, zog er es vor Teller und Besteck zu suchen und den Wein zu entkorken.

Nach dem Essen kam Phil von sich aus auf den Grund seines ‚Überfalls' zu sprechen.

*„Shamira schickt mich. Sie hat mich am Loch Lomond besucht und mich hier, am Hafen, abgesetzt. Ihre Scouts und Späher haben beunruhigende Nachrichten von ihren Informanten erhalten. Diese sitzen zum Teil mitten in der ‚Höhle des Löwen', in China und Nordkorea. Sie hat mir Original-E-Mails der Schattenregierung sowie Mitschnitte von Geheimsitzungen der Kabale gezeigt.*

*Daraus geht eindeutig hervor, dass sie wissen, wie wir ihnen einen Strich durch die Rechnung gemacht haben. Sie kennen nur noch nicht unsere Identität. Aber das ist nur eine Frage der Zeit. Sie wissen außerdem, dass wir Unterstützung von einer außerirdischen Spezies haben."*

*„Aber wir können doch im Moment nichts unternehmen.",* warf Chris ein.

*„Unternehmen nichts, aber wir sollten auf der Hut sein. Shamira meint - und ich bin der gleichen Ansicht - dass am gefährdetsten im Moment Elena und ihre Familie sind."*

Chris zog ungläubig die Augenbrauen hoch.

*„Doch, gewiss! Ich habe den Telefonmitschnitt gehört, wo der Geheimdienst-Boss dem Oberilluminaten verspricht, den Fall, der zur wahrscheinlichen Ermordung von Elenas Eltern geführt, hat neu aufzurollen. Ich habe mit eigenen Ohren gehört, dass er seinen besten Mann dafür abstellen wird.*

*Und das ist der Grund, warum ich spontan hergekommen bin. Du Chris, bist noch nicht auf ihrem Radar, aber Elena hat vielleicht nur noch ein paar Tage.*

*Sie ist in allerhöchster Gefahr!"*

*„Das ist ja furchtbar!"*

*„Ja, aber nur, wenn wir nicht sofort etwas unternehmen. Chris, ich weiß, dass du mit Elena über den Telepator in Verbindung bist."*

*„Ja, eigentlich jeden Abend, um 22:00 Uhr. Du meinst..."*

*„Ja, Chris. Du musst sie unbedingt warnen! Besser wäre, ich würde sie mit Shamira besuchen."*

*„Ich komm mit!"*, war, wie aus der Pistole geschossen, Chris' Kommentar. Er schaute auf die Uhr an der Wand. *„14:00 Uhr, es ist jetzt 7:00 Uhr, morgens in Santiago. Ich versuche sie sofort, sie zu kontaktieren."*

Phil nickte. Chris verschwand in den Nebenraum, wo auch sein Bett stand. Nach etwa zehn Minuten kam er wieder und strahlte über das ganze Gesicht.

*„Sie war grad am Aufstehen. Sie freut sich sehr auf uns."*

*„Wohl eher auf dich!"*, frotzelte Phil und zwinkerte mit dem Auge. *„Ich hab Shamira gesagt, dass ich um 20:00 Uhr wieder am Hafen bin. Schaffst du es, nur das Nötigste zu packen? Ich würde inzwischen noch einen Kaffee für uns machen. Hast du welchen?"*

*„Aber hallo! Denkst du, wir Engländer trinken immer nur Tee? Dort im Wandschrank. Dort findest du auch die Dose mit dem Instantkaffee. Bin gleich wieder da!"*

Phil war mit dem Kaffee beschäftigt und nebenan suchte Chris, fröhlich pfeifend, seine ‚Siebensachen' zusammen.

*„Übrigens, Elena ist erst gegen 14:00 Uhr wieder von der Schule zu Hause. Das heißt, wir sollten nicht vor 21:00 Uhr starten. Dann ist auch am Hafen nichts mehr los."*

Als sie sich am Abend auf zum Hafen machten, war es schon ziemlich dunkel. Mit gemischten Gefühlen bahnten sie sich ihren Weg, an unzähligen Obdachlosen vorbei, die um ihre improvisierten Feuerstellen standen, um sich vor der Kälte zu schützen. An der bereits bekannten Stelle hinter dem Lagerhaus angelangt, sahen sie ein kurzes Lichtsignal und fanden so den Weg zum Einstieg in das Shuttle. Chris begrüßte Shamira und Boq herzlich. *„Wir haben uns schon gedacht, dass du mitkommst, Chris."*, sagte Shamira. *„Uns bleibt nicht mehr viel Zeit. Ich denke, Phil hat dir alles erklärt."*

*„Ja, das hat er. Elena freut sich auch riesig auf uns. Aber ich weiß nicht, ob ich ihr in zehn Minuten den Ernst der Lage begreiflich machen konnte. Und ich wollte sie auch nicht in Panik versetzen."*

Boq war dabei die Koordinaten einzustellen. *„Ihr wisst aber schon, dass wir am helllichten Nachmittag dort ankommen, und es ist Sonntag. Hat jemand eine Idee, wo wir euch absetzen können?"*

*„Ich denke, das ist kein Problem."*, sagte Shamira. *„Ich war ja schon mal dort und hab Elena im Park getroffen. Da war es auch Nachmittag. Phil und Chris müssen halt vorsichtig sein, beim Aussteigen. Ihr habt Elenas Adresse, oder?"*

*„Ich fürchte nein. Wir waren zwar einmal nachts dort, aber das war mit dem Astralkörper. Im physischen Gewand wird das nicht gehen."*, sagte Phil.

*„Am besten wird es sein"*, meinte Chris *„ich kontaktiere Elena zuvor noch mal mit dem Telepator. Vielleicht kann sie uns dort erwarten. Ich hoffe nur, dass sie den Stirnreif zu der fraglichen Zeit im Auge behält."*

*„Chris, es ist jetzt gleich 21:00 Uhr. Vielleicht solltest du es bald versuchen. Sie braucht ja auch eine gewisse Zeit, um dorthin zu kommen.“*, schaltete sich Shamira ein. *„Sag ihr, hinter dem Neptun-Brunnen, - in einer Stunde!“*

Im selben Moment, als Chris seinen Stirnreif hervorkramte, begann er zu blinken.

*„Ich glaube, ihr zwei braucht den gar nicht mehr!“*, war der süffisante Kommentar von Shamira.

Chris war viel zu aufgeregt, als dass er es gehört hätte. Er setze den *Telepator* auf. Nach einer Minute nickte er in die Runde und reckte den Daumen in die Höhe.

Boq startete den Antigravitationsantrieb und das Shuttle erhob sich nahezu lautlos in Southamptons Nachthimmel.

Bereits nach zehn Minuten, über den Azoren, hatten sie die Sonne wieder eingeholt.

***

## SCHMETTERLINGE

*‚Mein Gott, in einer halben Stunde werden sie hier sein.‘* Elena, nahm den Stirnreif ab und verstaute ihn in ihrem Beltbag. Dann ging sie mit Selina hinunter, in den Salon, wo die Großeltern am Kaffeetisch saßen.

*„Wir bekommen Besuch! In einer guten Stunde bin ich wieder zurück!“*

Oma und Opa sahen sich ratlos an. *„Besuch, wer denn?"*

*„Überraschung!"*

Mit Tausenden Schmetterlingen im Bauch und hüpfendem Herzen schwang sie sich aufs Fahrrad und fuhr hinauf zu den Terrassen hinter dem Neptun-Brunnen. Es war genau der Platz, an dem sie Shamira damals, nach ihrem ersten Treffen verschwinden sah.

Sie setzte sich auf eine Bank und schaute in den Himmel. Außer einer alten Frau, die in den Abfalleimern nach etwas Essbarem stocherte, war niemand zu sehen.

Nach einigen Minuten nahm Shamira ein leichtes Vibrieren der Blätter, an den umstehenden Bäumen wahr. Als sie den Blick wieder senkte, sah sie plötzlich zwei verwaiste Sporttaschen, die in der Mitte der Rasenfläche lagen. Wie aus dem ‚Nichts' tauchten darauf zwei Gestalten auf und gingen grinsend auf sie zu.

Phil und Chris!

Elena und Chris fielen sich, mit Tränen in den Augen, in die Arme. Phil stand schmunzelnd daneben. Als die beiden wieder von sich lassen konnten, drückte Elena auch Phil und zu dritt spazierten sie in Richtung Plaza de Armas. Chris und Elena turtelten Hand in Hand. Phil schob das Fahrrad.

Die Großeltern hatten inzwischen den Kaffeetisch für die Besucher vorbereitet. Selina öffnete die Tür.

*„Ich weiß, wer du bist."*, bemerkte sie vorlaut, zu Chris gewandt.

*„Und ich weiß, wer du bist. Du bist Selina, Elenas süße kleine Schwester. Stimmt's, oder hab ich recht?"*

Selina suchte hinter der großen Schwester Schutz und nickte nur stumm.

*„Sie müssen die beiden Herren aus Schottland sein, von denen Elena so viel erzählt hat. Ein wunderbares Land. Wissen Sie, wir sind griechischer Abstammung. Wir lieben unsere Heimat, aber wir sind auf das satte Grün ein wenig neidisch.“*, meinte Elenas Großvater.

*„Ach ja, dafür schätzen wir den griechischen Wein und die Lebensfreude der Menschen dort. Länder sind ebenso vielfältig wie ihre Bewohner, und das ist gut so.“*, erwiderte Phil.

*„Ja, sehr weise gesprochen. Hatten Sie einen guten Flug?“*

Phil sah kurz zu Elena. Aus ihrem Blick schloss er, dass sie nicht eingeweiht waren. *„Jawohl, alles bestens. Es ist ja in diesen Zeiten nicht so viel los. Das hat auch seine Vorteile.“*

*„Ja, aber lassen Sie uns doch nicht hier im Flur stehen! Meine Frau hat Kaffee und selbst gebackenen Kuchen vorbereitet. Oder möchten Sie lieber ein Sandwich?“*

*„Nein danke! Kaffee ist jetzt genau das Richtige.“*, sagte Chris.

Alle nahmen am gedeckten Tisch Platz.

*„Oma, Opa, das ist also Chris. Er ist sozusagen mein ‘Traummann‘. Das hört sich vielleicht albern an, aber wir sind uns beide zuvor im Traum begegnet.“*

*„Das ist ja fast unheimlich. Wer weiß, vielleicht seid ihr füreinander bestimmt?“*, war Omas Antwort.

Das war das Stichwort. Der Großvater sprang auf, holte eine Flasche Ouzo und Gläser aus der Vitrine. *„Das muss aber begossen werden. Auf das 'Traum'-Paar! - Jamas!"*

Und so wurde die Runde immer gelöster. Der anfangs praktizierte gehobene Smalltalk ging langsam über, in eine angeregte, ja fast philosophische Unterhaltung. Selina saß dabei und warf Chris immer wieder bewundernde Blicke zu, der, als er dies bemerkte ihr mit einem Augenzwinkern antwortete.

Die fröhliche Stimmung wurde allerdings jäh unterbrochen, als das Telefon klingelte, Elena das Gespräch annahm und erst nach etwa einer Viertelstunde wieder leichenblass aus der Bibliothek kam.

***

## WOLF IM SCHAFSPELZ

Die Maschine des Direktfluges von Atlanta City nach Chile setzte auf dem *Arturo Merino Benitez Airport* in Santiago auf. Dass der wie ein amerikanischer Geschäftsmann gekleidete Herr in den Dreißigern von einer freundlichen Hostess ohne weitere Formalitäten direkt zum Schalter für Flugtaxis geleitet wurde, hatte er seinem Diplomatenpass zu verdanken. Gute zwei Stunden später landete er auf dem Gelände von ALMA, in der Akatama-Wüste.

Am Empfang sagte er dem Pförtner, dass er zu einem Gespräch mit Dr. Schulte verabredet wäre. Der Pförtner griff zum Hörer. *„Herr Doktor, ihr Besucher ist da."*

*„Sie kommen wegen einer Versicherungssache, Herr ...?"*

*„Belgado, Danielle Belgado."*

*„Kommen Sie mit in mein Büro, da sind wir ungestört."*

Nachdem sie Platz genommen hatten, begann 'Belgado': *„Vielen Dank Mr. Schulte, dass sie mich empfangen. Ich hoffe Sie können mir helfen. Die Sache ist die: Der vor zwei Jahren mit seiner Frau verunglückte Mr. Schumann hat eine hohe Lebensversicherung bei einer deutschen Assekuranz, ... Moment mal"*, ... er kramte kurz in seinen Unterlagen. ... *‚ERGO' abgeschlossen. Meine Agentur in Richmond vertritt ‚ERGO' bei Recherchen auf dem amerikanischen Kontinent.*

*Es hat bis jetzt gedauert. Erst musste geklärt werden, dass es sich nicht um einen Suizid handelte. Und dann ergaben sich rechtliche Unsicherheiten, nachdem er seine Frau als Begünstigte bestimmt hat, die aber mit ums Leben kam. Und jetzt, wo alles geklärt ist, finden wir keine eventuellen Angehörigen. Können Sie mir noch Folgen, Mr. Schulte?"*

*„Ja, ja natürlich! Ich habe nur nachgedacht. Entschuldigen Sie! Fahren Sie bitte fort!"*

Ja, er hatte nachgedacht. Die ganze Zeit hatte er nur mit halbem Ohr zugehört. Irgendetwas machte ihn misstrauisch. Wie im Zeitraffer spulte sein Gehirn Dirks Befürchtungen ab, vor allem, was diese beiden Kerle betraf, die ihn kurz seinem Tod gelöchert haben. Er hatte das ja damals für Paranoia gehalten.

Diesen Belgado fand er irgendwie unauthentisch. Da war dieser italienische Akzent, der irgendwie nicht zu seinem Outfit passte. Und dann, dieser protzige Siegelring am Mittelfinger. Wo hatte er nur dieses Motiv schon mal gesehen?

*„Und weil ich erfahren konnte, dass Sie und Mr. Schumann nicht nur Kollegen, sondern so etwas wie Freunde waren, dachte ich, Sie würden mir bestimmt weiterhelfen können."*

Mafia! - Das war es! Er hatte dieses Logo in irgendeinem Mafiafilm gesehen. Dieser biedere Versicherungsagent war also ein Mitglied der italienischen Mafia!*‘*

*‚Jetzt nur nichts falsch machen!‘*, schoss es ihm durch den Kopf. *„Ja, Mr. Belgado, es tut mir leid; dass Sie diese weite Reise womöglich umsonst gemacht haben. Wir waren zwar Kollegen und wir haben auch zusammen Sport und Fitness gemacht. Aber wir sind hier über sechstausend Meilen von der Heimat entfernt. Soviel ich weiß, hatte er eine Tochter, die in Deutschland verheiratet ist.*

*Aber ich erinnere mich nicht, dass er irgendwann ihren Namen erwähnte. Tut mir leid. Ich muss leider in fünfzehn Minuten meinen Dienst antreten. Vielleicht weiß ja ein Kollege von mir mehr. Ich wünsche ihnen auf jeden Fall viel Erfolg!“*

Dr. Schulte glaubte ein unkontrolliertes Zucken im Gesicht Belgados bemerkt zu haben. Über seine eigene Coolness; erstaunt fügte er, fast schon triumphierend, hinzu:

*„Haben Sie schon mal daran gedacht, eine Auskunft über die deutschen Meldebehörden zu erhalten? Die ERGO ist dort schließlich zu Hause.“*

‚Belgado‘ war es nicht gewohnt, so einfach abserviert zu werden. Er öffnete seinen Diplomatenkoffer und holte ein Taschenlampenähnliches Gerät hervor. Damit richtete er hochenergetische Stroboskop-Blitze auf Dr. Schulte, der daraufhin in seinem Stuhl zusammensank und in einen völlig willenlosen, spastischen Zustand verfiel.

*„So, mein lieber Dr. Schulte, jetzt wollen wir es nochmal ganz von vorne versuchen. Was können Sie mir über die Angehörigen von Dr. Schumann erzählen?“*

Dr. Schulte hatte seinen Speichelfluss nicht unter Kontrolle und er zuckte unregelmäßig. *„Dirk u-und Sarah haben ... zwei T-Töchter, ...Elena und S-Selina“*, keuchte er mühsam. *„Sie w-wohnen bei Sarahs E-Eltern, in Santiago.“*

*„Das geht ja wie geschmiert, Doktorchen. Wenn Sie mir jetzt noch die Adresse verraten, können wir noch richtige Freunde werden.“*

*„Santiago!“*

*“Das weiß ich, du Arsch! Straße, Hausnummer, Telefon? Glaubst du, ich hab ewig Zeit, du Trottel?“*

*„In der Schubla..lade, mein Noti..tizbuch!“*

‚Belgado‘ sprang auf, riss die Schublade auf und steckte es in seinen Koffer. Dann fixierte er den Unglücklichen mit Kabelbindern am Heizungsrohr, kappte die Telefonschnur und verließ das Büro. Am Empfang wünschte er noch dem Diensthabenden einen schönen Tag und ging zur Piste, wo sein Lufttaxi wartete.

*‚Das ging ja besser als erwartet.‘*, dachte er sich. Auf dem Rückflug mit der Hawker 400 XP entledigte er sich auf der Bordtoilette der Krawatte, des steifen Kragens und dieser dämlichen Hornbrille. Dann setzte er seine Ray Ban und das SSC-Neapel-Basecap auf und verließ den Waschraum wieder, als Luigi Serpio.

In Santiago würde er erst mal ein Hotelzimmer nehmen und gehörig ausschlafen. Morgen kann er sich dann um die beiden ‚Schnecken‘ kümmern und sie zum ‚Singen‘ bringen. Luigi war mit sich, dem Job und der ganzen Welt zufrieden.

***

## DIE WARNUNG

Etwa zwanzig Minuten später hatte Dr. Schulte wieder die Kontrolle über sich erlangt. Er realisierte, was passiert war und musste sich zusammenreißen, um nicht in Panik zu verfallen.

Mein Gott. Was hatte er getan? Dirk hatte also recht. Hier war ein ganz großes Ding am Laufen. Elena, - er musste sie sofort warnen! Das Notizbuch mit Elenas Nummer war weg. Geistesgegenwärtig fiel ihm ein, dass er sie ja vor Kurzem mit dem Smartphone angerufen hatte.

Die herausgerissene Schublade lag auf dem Fußboden. Mit dem linken Fuß gelang es ihm gerade noch, sie zu sich herzuziehen. Es müsste sich eine Schere darin befinden. Irgendwie bekam er sie zwischen die Zähne. Wie verrückt schnürten ihm die Kabelbinder die Handgelenke ein. Mit letzter Kraft gelang es ihm, sie durchzuschneiden. Zum Glück hatte ihm das Schwein sein Handy gelassen. Mit zittrigen Fingern suchte er die gespeicherte Nummer und drückte den Wahlvorgang. Eine nicht enden wollende Ewigkeit war nur der Rufton zu hören. - Dann:

*„Schumann!“*

Es war Elenas Stimme!

*„Elena, Sie sind es, Gott sei Dank! Hier ist Schumann der Kollege Ihres Vaters.“* Seine Stimme überschlug sich. *Hören Sie! Sie sind in Gefahr. Ihr Vater hatte recht. Hier läuft irgendeine große Sauerei ab! Ich bin hier bei ALMA gerade überfallen worden. So ’n Mafia-Typ hat sich als Vertreter einer Versicherung ausgegeben. Er wollte unbedingt*

*Ihre Adresse wissen. Ich war misstrauisch und hab auf dumm gemacht. Aber dann hat er mich mit so einem verdammten Laser-Gerät außer Gefecht gesetzt und mein Notizbuch mitgenommen. Er muss gerade auf dem Rückflug nach Santiago sein. Sie und Ihre Schwester, Sie müssen sich in Sicherheit bringen. Der Typ geht über Leichen!"*

*„Jetzt beruhigen Sie sich, Dr. Schulte. Haben Sie bereits die Polizei verständigt?"*

*„Nein, noch nicht. Ich wollte Sie zuerst warnen."*

*„Danke, das ist gut! Glauben Sie mir, ich kenne inzwischen die ganzen Hintergründe. Ich möchte Sie bitten, die Polizei auch vorerst nicht zu verständigen. Es würde zum jetzigen Zeitpunkt nur alles noch schlimmer machen. Ich weiß jetzt Bescheid.*

*Wir haben hier gerade Freunde im Haus. Ich denke, dass wir heute Nacht sicher sind. Es tut mir furchtbar leid, dass Sie da mit hineingezogen wurden. Ich hoffe, dass wir uns irgendwann in Ruhe und mit etwas Abstand über die Angelegenheit unterhalten können. Aber ich bitte sie noch einmal, nichts zu unternehmen. Sie müssen mir vertrauen. - Vielen Dank für die Warnung!"*

***

## RECHERCHE

Noch hoch in der Luft, über der Akatama-Wüste musste Luigi feststellen, dass in Dr. Schultes Notizbuch keine Adresse von Dr. Schumanns Töchtern in Santiago stand. Er fand lediglich eine Festnetznummer mit der Vorwahl von Antofagasta. Der Typ war anscheinend infolge seiner kleinen Therapie mit dem ‚Wahrheits-Laser' etwas verwirrt.

Er griff zum Handy und wählte eine Nummer seiner ‚Firma‘ in Virginia.

*„Barbara Simmons, Recherche!“*

*„Hey Babsie, hier ist Luigi. Wann hast du eigentlich mal keinen Kaugummi in deinem süßen Mund?“*

*„Ciao Luigi! Ja, wenn du mich mal küsst, dann nehm ich ihn raus. Was kann ich sonst noch für dich tun, Bello?“*

*„Kannst du eine Adresse und weitere Infos in Santiago de Chile für mich recherchieren? - Schumann, mit Doppel ‘n‘, Elena. Die Schwester heißt Selina. Mama, Sarah und der Papa, Dr. Dirk Schumann, sind vor zwei Jahren tödlich mit dem Auto verunglückt. Dann denk ich heut Nacht, vor dem Einschlafen, ganz fest an dich. Machst du das, Schatz?“*

*„Ich tu mein Bestes. Du könntest mich ja mal mitnehmen. In Santiago beginnt jetzt der Sommer. Hier regnet es und wir haben acht Grad.“*

*„Das nächste Mal, Süße. Ciao Bella!“*

Bereits als er am Airport ins Taxi stieg und zum Hotel fuhr, kam die Mail von Babsie:

*Elena (26) + Selina (10) Schumann Región Metropolitana Bandera 67 (bei Antoniou) Festnetz: +562 2671689 Schule von Selina Colegio Rafael Sanhueza Lizardi Eusebio Lillo 479, Recoleta.*

*Elena arbeitet stundenweise auch an dieser Schule. Sie hat ein Kinderbuch geschrieben:*

***'El lenguaje del corazón '*** *(Die Sprache des Herzens)*
*(Erlebnisse eines stummen Jungen, der die Sprache der Tiere versteht)*

*B.S.*

Luigi schmunzelte selbstzufrieden. Im Hotel ließ er sich ein Angus-Steak und eine Flasche Chianti Classico Riserva aufs Zimmer bringen. *„Das beste Pferd im Stall"*, so hatte Burns gesagt. *„Il Cavallo migliore nella Stalla". Und dann, was* Babsie angeht, die steht eh schon lange auf seiner Liste. Ja, diesem rothaarigen Luder wird er es, wenn hier alles vorbei ist, sicher auch noch besorgen. Jetzt musste er sich aber erst mal einen Plan ausdenken.

Nach dem Essen sah er sich jedoch noch die in der Mail von Babsie genannten Örtlichkeiten auf *‚Google Street'* an. Und weil er schon im Internet war, führte er sich auch noch die Rezensionen zu Elenas Buch zu Gemüte.

Nachdem sein Kopf aber vom Chianti-Wein doch etwas träge geworden war, beschloss er, das mit dem Plan auf morgen zu verschieben.

***

## GEFAHR

Elena legte den Hörer auf. Während des Gesprächs mit Dr. Schulte in der Bibliothek schien sie sehr gefasst und kontrolliert zu sein. Aber jetzt begannen doch ihre Knie zu zittern. Sie ließ sich in Opas Ohrensessel fallen, stützte die Ellbogen auf und begrub ihr Gesicht mit den Händen.

Nebenan unterhielten sich ausgelassen die anderen. Sie konnte jetzt nicht einfach hinübergehen und tun, als wäre nichts gewesen. Vielleicht stünde ja der ‚Mafiosi' bereits vor dem Haus, um zuzuschlagen. Es ging nicht nur um sie. Selina musste auf jeden Fall geschützt werden. Aber wie?

Die Großeltern einweihen. Das kam nicht infrage! Sie würden womöglich denken sie wäre übergeschnappt. Die Polizei rufen? Keine wirklich gute Idee! Sie konnte auch nicht ewig hier sitzen bleiben. Also, was tun?

Plötzlich stand Chris vor ihr. In ihre Gedanken vertieft hatte sie ihn nicht hereinkommen hören.

*„Ich hatte plötzlich das Gefühl, dir gehts nicht gut. Ist was passiert?"*

Sie sprang auf und fiel Chris um den Hals. Da brach die ganze Anspannung der letzten Wochen aus ihr heraus und entlud sich in einem Meer von Tränen. Elena begann zu schluchzen und am ganzen Körper zu zittern. Chris hielt sie fest im Arm und sie wurde sichtlich ruhiger.

*„Ich sag den anderen, dass wir eine kurze Runde um den Block gehen, dann kannst du mir alles erzählen.",* schlug Chris vor.

Oma hatte begonnen, mit Selina *‚Mensch ärgere dich nicht!'* zu spielen. Und Opa hatte in Phil seit langer Zeit wieder einmal einen anregenden Gesprächspartner gefunden.

Elena und Chris schlichen sich aus dem Haus. Als sie ihm alles erzählt hatte, sagte er *„Ja, das war auch der Grund für unser spontanes Kommen. Wir wurden durch Shamira gewarnt, dass es sich jetzt zuspitzt. Dass es so schnell geht, das überrascht natürlich. Aber wir wissen jetzt, woran wir sind. Dieser Typ jedoch hat keine Ahnung, dass wir es wissen. Er hat keine Ahnung, dass wir ihn erwarten, auch nicht,* *dass wir hier außer zwei Mädchen, auch noch drei ausgewachsene Männer sind."*

Elenas Stimmung begann sich etwas aufzuhellen. *„Aber was ist mit Selina? Sie kann unmöglich hierbleiben."*

*„Du hast recht. Habt ihr Verwandte oder Freunde, wo sie für einige Zeit abtauchen könnte? Am Ende kommt er noch auf die Idee, sie zu kidnappen, um uns zu erpressen."*

*„Nein, höchstens unsere Tante, die Schwester meines Vaters in Deutschland. Aber Selina kennt sie so gut wie nicht. Und jetzt in diesen verrückten Zeiten? Ich weiß nicht. Aber am Montag beginnen die Sommerferien. Vielleicht könnte Oma mit ihr für ein paar Tage nach Valparaiso, ans Meer fahren."*

Chris dachte nach. Dann sagte er: *„Das ist wahrscheinlich eine gute Idee. Aber ich denke, wir sollten die Großeltern von dir so schnell wie möglich einweihen. Am besten wäre gleich heute Abend, wenn Selina schläft."*

*„Die halten uns für verrückt!"*

*„Nein, das glaub ich nicht, weil wir zu dritt schließlich alle das Gleiche erzählen. Und außerdem gibt es ja noch das Tagebuch deines Vaters. Das hast du doch, oder?"*

*„Ja natürlich, auch die Sticks mit den Videos von meinem Vater. Aber die würde ich ihnen nicht zumuten. Die beiden sind immerhin schon über achtzig."*

*„Das stimmt. Aber wie ich sie einschätze, würden sie auch gerne an der Aufklärung der Todesumstände deiner Eltern mitwirken. Jedenfalls fände ich es unverantwortlich, ihnen in dieser Situation weiterhin etwas vorzuspielen."*

*„Ja, du hast wahrscheinlich recht. Wir sollten jetzt langsam aber wieder zu Hause auftauchen!"*

Für Chris war es ungewohnt, dass es Anfang Dezember, nachmittags um 17:00 Uhr noch so hell war und circa 30° herrschten. Bei dem Halsüberkopf-Aufbruch im kühlen Southampton kam es ihm auch nicht in den Sinn, daran zu denken, Sommerkleidung einzupacken. Auch war es für ihn als Bewohner der Nordhalbkugel befremdlich hier in den Geschäften die Weihnachtsdekorationen mit dem Wetter in Einklang zu bringen.

Schnell verwarf er diese Gedanken. Schließlich hatten sie ganz andere Probleme zu bewältigen. Trotzdem genossen beide ihr unverhofftes Zusammensein. Und in Elena und Chris stieg wieder das Gefühl auf, in ihrer Verbundenheit unverwundbar zu sein.

Als sie wieder am Haus ankamen, wehte vom Pazifik ein leichter Wind und die Temperaturen wurden erträglicher. Phil und der alte Herr waren immer noch in angeregter Unterhaltung vertieft. Die Frau des Hauses bereitete mit Selina das Abendessen vor. Nach dem Essen zogen sich Chris und Phil in die Dachgeschoß-Wohnung zurück und Chris informierte Phil über den beunruhigenden Anruf von Dr. Schulte. Er setzte Phil auch darüber in Kenntnis, was sie und er auf ihrem Spaziergang um den Block beschlossen hatten. Phil pflichtete bei und sagte, dass er am Nachmittag den Eindruck gewonnen hatte, dass Elenas Großeltern, als hoch entwickelte Seelen, mit der Wahrheit durchaus konfrontiert werden könnten und auch sollten.

Schließlich nutzte Chris die Zeit, um sich in Elenas Zimmer zurückzuziehen und mit seinem *Telepator* Verbindung zu Shamira aufzunehmen und sie über die aktuelle Lage nach dem Anruf von Dr. Schulte zu unterrichten. Und Phil ließ sich von Selina, die er inzwischen als eine hoch spirituelle alte Seele identifiziert und liebgewonnen hatte, in ihrem Kinderzimmer in die Feenwelt der kindlichen Fantasie entführen.

Er lernte die Erlebnisse von *Plumperquatsch*, aber auch die Abenteuer des stummen Jungen Pedro kennen. Und Phil dachte bei sich, wie wunderbar doch die Vorsehung, im Stillen, eine vollkommen neue Generation hervorbringt, um den spirituellen Aufstieg *‚Gaias'* und ihrer Schützlinge ins Werk zu setzen. Zuvor musste es ihnen nur noch gelingen, die dunkle, astrale Schwingung der Invasoren im gleißenden Lichtschein der bedingungslosen Liebe zu baden. Denn wo Licht ist, da muss die Dunkelheit weichen!

Elena bereitete inzwischen, beim Abräumen des Tisches, ihre Großeltern darauf vor, dass sie alle mit ihnen etwas zu besprechen hätten, sobald Selina im Bett wäre.

Die Frage der Großmutter, ob sie das Bettzeug für Phil auf der Couch im Dachgeschoss, oder im Gästezimmer im ersten Stock herrichten solle, beantwortete sie mit *„Im Gästezimmer"*.

# GENIALER PLAN

***

## LÄUTERUNG

Minho hatte bemerkt, dass Yini sich von Tag zu Tag mehr veränderte. Sie wirkte nachdenklicher, in sich gekehrter. Als sie eines Nachts wieder einmal beisammen lagen, da brach es unvermittelt aus ihr heraus: *„Minho, glaubst du eigentlich, dass die Führungen unserer Länder das Beste für ihre Bevölkerung im Sinn haben?"*

*„Wie meinst du das?"*

*„Ja, ich weiß nicht, wie es bei euch in Nordkorea ist, aber die Menschen in China werden auf Schritt und Tritt ständig überwacht. Seit ein paar Jahren gibt es in allen größeren Städten ein digitales System zur Überwachung der Bürger. Mit unzähligen Kameras sowie mithilfe eines raffinierten Gesichtserkennung-Programmes werden alle Aktivitäten, Bewegungsmuster sowie Bezahlvorgänge aufgezeichnet. Deine Internetaktivitäten sind ohnehin total gläsern.*

*Wenn du zum Beispiel gewisse Websites aufrufst, oder dich in den sozialen Medien negativ über die Regierung äußerst, wirst du herabgestuft und du bekommst keinen Kredit oder kannst bestimmte Schulen nicht besuchen."*

*„Ich verstehe. Bei uns erledigen das halt die Denunzianten und Spitzel. Geht auf das Gleiche hinaus. Ich glaube auch nicht, dass die sogenannten Demokratien im Westen viel besser sind. Die machen es*

*nur subtiler. Die Datenkraken und Medien sind nach meiner Überzeugung überall auf der Welt in den gleichen Händen."*

*„Du meinst also, sie haben nichts Gutes im Sinn?"*

*„Ich meine, es handelt sich um machtgeile, austauschbare Befehlsempfänger, die lediglich ihre eigene Karriere im Sinn haben."*

*„Wer bestimmt denn dann, deiner Meinung nach, weltweit, die internationale Politik?"*

*„Ich glaube, das willst du nicht wirklich wissen, Yini."*

*„Doch, sonst würde ich dich ja nicht fragen."*

*„Ach Yini, lass uns von was anderem reden. Ich hab schon viel zu viel gesagt! Verdammt, wie kommst du überhaupt plötzlich dazu, dich für diese Dinge zu interessieren?"*

*„Du hast mich darauf gebracht, mit unseren Gesprächen über Ethik und Moral. Ich habe mir niemals zuvor darüber Gedanken gemacht. Aber jetzt kann ich nichts anderes mehr denken als, ob das, was wir hier machen richtig ist. Du hast damit angefangen, Minho."*

*„Ich hab doch bis vor Kurzem genauso gedacht, wie du. Oder besser gesagt: Ich hab mir eigentlich überhaupt nichts gedacht. Ich hab nur meine Arbeit gemacht. Aber dann ..., ach was, zum Teufel, ich rede mich hier um Kopf und Kragen."*

*„Nein Minho, jetzt sag schon! Ich glaub, ich kann so nicht weitermachen."*

*„Es ist, ... ich meine, du weißt, was meine Aufgabe hier ist, oder?"*

*„Ich denke schon. Du überwachst meine Arbeit hier, für deinen Geheimdienst. Ist es nicht so?“*

*„Ja, natürlich! Ich muss denen jede Woche einen Bericht schicken.“* Minho kaute auf seiner Unterlippe herum und er rang nach Worten. *„Jetzt ist es eh schon egal. Ich hab das gleiche Problem wie du. Yini, weißt du was:*

*Wir stehen auf der falschen Seite!“*

*„Wie meinst du das?“*

*„Ich meine, wir, du und ich, wir handeln für Mächte, die uns manipulieren.*

*Wir handeln gegen die Menschheit!“*

*„Das ist genau das, was auch mir in den letzten Tagen klargeworden ist. Aber wie bist du darauf gekommen, Minho?“*

*„Ich hab Verdacht geschöpft und hab deinen Mailverkehr mit diesem ‚Deville‘ gelesen.“*

*„Aber das ist doch alles verschlüsselt!“*

*„Ich habe Verbindung zu einer Untergrundbewegung in Peking und da sind alle möglichen Spezialisten dabei.“*

*„Falun Gong?“*

*„Denk, was du willst, Yini!“*

*„Du willst also andeuten, dass es bereits auf der ganzen Welt Menschen gibt, die wissen, was wir hier machen?“*

Minho schwieg einen Moment und dachte nach, bevor er antwortete: *„Nicht nur Menschen!“*

Yini erschrak. Im fahlen Kerzenlicht konnte Minho nicht sehen, wie augenblicklich die Farbe aus ihrem Gesicht entwich. Im selben Moment schoss ihr die Erinnerung an den seltsamen Tod ihres Großvaters, in der *‚Weißen Pyramide‘* in den Kopf. *„Du glaubst also, die Menschheit wird von nicht menschlichen Wesen, also Außerirdischen manipuliert? Du willst, allen Ernstes sagen, böse Aliens sind unter uns?“*

*„Erstens glaube ich das nicht, ich weiß es! Denn ich habe die Beweise gesehen. Und zweitens sind es nicht nur ‘böse‘ Aliens, die unter uns sind. Was glaubst du denn, was hier passiert ist, als euer erster Großversuch abgebrochen werden musste? Das waren keine ‘Bösen‘!“*

*„Du willst sagen ...,“*

*„Ja, das will ich. Deville und seine Helfershelfer drehen zurzeit ziemlich am Rad.“*

*„Minho, nimm mich in den Arm! Was sollen wir bloß tun?“*

*„Ja, das ist genau das, worüber auch ich mir die ganze Zeit den Kopf zerbreche!“*

Minho drückte Yini ganz fest an sich und es war das erste Mal, dass sie das Gefühl hatte, da ist jemand, dem kann ich vertrauen, er wird mich beschützen. - Ein Freund!

Und Minho sprach weiter: *„Weißt du, die Leute in deinem Team, die machen alles, was man ihnen anschafft. Die sind wie die Zahnräder eines Uhrwerkes, das nur eines muss: funktionieren! Die sollen nicht nachdenken. Das machen ‚Die da oben‘ schon für sie. Und dann gibt* *es da diesen Raul, Dr. Callidus. Der weiß ganz genau, was er tut. Und er ist auch noch stolz darauf. Er kalkuliert alle Konsequenzen mit ein. Er billigt sie, findet sie vielleicht sogar erstrebenswert.*

*Er handelt nicht wie ein Mensch!"*

*„Du machst mir Angst, Minho."*

*„Ich denke, er ist eine Züchtung, ein Mischwesen, gezeugt aus menschlichen Genen und diesen 'Kaulquappen', ein Hybrid! Und es laufen da draußen in der Welt eine ganze Menge davon herum."*

Yini hörte gebannt zu, vergrub sich immer mehr in Minhos Umarmung und begann zu frösteln. *„Du meinst Raul ist ein Psychopath?"*

*„Wenn er eine Seele hätte, dann würde er sie, ohne mit der Wimper zu zucken, an den Teufel verkaufen! Aber wie steht es mit dir, Yini? Du hast Emotionen. Doch du warst, genau wie ich, unter der Käseglocke des Systems, in der Welt von Gewohnheiten und Konventionen eingebettet. Aber du hast einen Vertrag mit diesem Deville. Weißt du, dass ‚Teufel' im Englischen ‚devil' heißt?*

*Der Kerl hat den Teufel sogar im Namen!*

*Yini, ich frage dich jetzt: Was wirst du machen, wenn es hier wieder weitergeht? - Du musst dich jetzt entscheiden!"*

Yini war dem Zusammenbruch nahe. Diese Gedanken hatte sie in den letzten Tagen immer wieder weggeschoben. Und Minho hat es mit seinem analytischen Verstand wieder mal auf den Punkt gebracht:

*„Du musst dich jetzt entscheiden!"*, hat er gesagt.

Noch nie in ihrem Leben musste sie eine wirkliche Wahl treffen zwischen zwei gegensätzlichen Alternativen. Immer war ihr alles in den Schoß gefallen. Doch jetzt klopfte das Schicksal laut an ihre Türe. Es gab keinen Ausweg mehr. Vielleicht war das der einzige Grund, warum sie auf dieser Welt war: Den eingeschlagenen Weg zu Anerkennung und Reichtum zu wählen, oder ihn zu verlassen, den Vertrag mit dem ‚Teufel' aufzukündigen und mit leeren Händen, aber reinen Gewissens dazustehen.

Yinis Innerstes hatte sich längst festgelegt und fast erschrak sie über ihre eigenen Worte:

*„Wenn du mir beistehst, Minho, dann steige ich aus!"*

*„Ich bin froh, dass du das sagst. Noch besser fände ich allerdings, wir könnten bis zuletzt am Pokertisch sitzen bleiben und im entscheidenden Moment ein ‚Royal Flash' ausspielen."*

Yini blickte Minho fragend an. *„Du sprichst in Rätseln."*

*„Du bist Wissenschaftlerin, ich nur Geheimdienstoffizier. Das heißt du müsstest dir eine Möglichkeit ausdenken, das System im letzten Moment unumkehrbar zu sabotieren. Oder, um in der Pokersprache zu bleiben, den Spieltisch umzuwerfen. Und meine Aufgabe wäre es, mit meinen Freunden, Vorbereitungen für eine Flucht, während der allgemeinen Verwirrung, zu treffen."*

*„Und du glaubst, das funktioniert?"*

*„Ich sage nur, wie ein Geheimdienst die Sache angehen würde. Ob etwas funktioniert, das weiß man immer erst hinterher. Gefährlich ist es allemal. Wenn wir auffliegen, bin ich tot! Und in deiner Haut möchte ich dann auch nicht stecken, Yini."*

Doch Yini meinte lediglich: *„Ich werde mir was überlegen."*

***

## OFFENBARUNG

Es war bereits 22:00 Uhr, als sich die Erwachsenen am Wohnzimmertisch zum angekündigten Gespräch trafen. Und es sollte eine kurze Nacht für die zwei Frauen und die drei Männer werden.

Des Ehepaar Antoniou hatte sich schon zuvor Gedanken darüber, gemacht, um was es wohl ginge und stellte sich auf Verlobungspläne der Enkeltochter ein. Umso mehr waren sie überrascht von dem, was sie zu hören bekamen.

Elena ergriff das Wort auf Spanisch, weil Frau Antoniou bei diesem Thema bestimmt im Englischen nicht so gut hätte folgen können. Als sie schließlich zum Kern der Sache kam, nahmen die Gesichter der Großeltern von Minute zu Minute einen ungläubigeren Ausdruck an.

Elena dachte kurz daran, sie mit den Videos oder mit Dirks Tagebuchaufzeichnungen zu konfrontieren, aber das hätte bestimmt ihre Erinnerung zu sehr aufgewühlt. Stattdessen hatte Chris eine geniale Idee:

Elena könnte mithilfe des *Telepators* zu Shamira Kontakt aufnehmen. Die könnte dann mit Herrn und Frau Antoniou kommunizieren und die Situation bestätigen.

Elena und Chris holten ihre Stirnreife. Als die Verbindung zu Shamira hergestellt war, stellte sich heraus, dass Boq und sie das Shuttle in nur circa hundert Meter Höhe über ihrem Haus in der Región Metropolitana geparkt hatten. Sie wollten in der Nähe sein, für den Fall, dass die

Lage sich zuspitzen sollte. Zur Bestätigung ließen sie einen roten Laserpunkt auf der Terrasse tanzen. War das schon erstaunlich genug, waren die alten Leute nach der Demonstration mit den *Telepatoren* schließlich vollends überzeugt. Wie kleine Kinder strahlten sie sich an und schüttelten immer wieder erstaunt den Kopf. Und zu seiner Frau gewandt sagte Elenas Großvater:

*„Da haben wir über achtzig Jahre alt werden müssen, um das zu erleben!“*

Dann wurde heiß diskutiert, was wohl die beste Strategie sei, einem erwarteten Angriff des Agenten zu begegnen. Nach Dr. Schultes Erfahrung war damit zu rechnen, dass der ‚Mafiosi‘ wieder in irgendeine Rolle schlüpfen würde, um Vertrauen zu erschleichen. Auf alle Fälle sollte Frau Antoniou gleich am nächsten Morgen mit Selina per Bus nach Valparaiso fahren, um sie aus der Schusslinie zu nehmen. Ferner wurde beschlossen, dass, sollte es an der Haustür klingeln, immer nur Elena öffnen sollte. So könnten sie den Angreifer in Sicherheit wiegen. Allerdings müssten dann immer Chris und Phil in Alarmbereitschaft sein, um ihn, sollte er seinen ‚Wahrheits-Laser‘ bei ihr anwenden, sofort kampfunfähig machen zu können. Herr Antoniou sollte zu diesem Zweck morgen früh gleich zwei Baseballschläger und große Kabelbinder besorgen.

Obwohl Phil und Chris aus tiefster Seele jegliche Gewalt und Zwang ablehnten, waren sie sich einig, dass ihnen in diesem Fall keine andere Wahl blieb. Wollten sie Leib und Leben aller in diesem Haus beschützen, dann mussten sie die hoch kriminelle Energie des skrupellosen Angreifers abwehren. Sie hatten nur diese eine Möglichkeit, gegen diesen Profi-Agenten bestehen zu können:

Die konsequente Anwendung des Überraschungsmomentes!

***

## DER NÄCHSTE TAG

Luigi ließ sich ein *‚amerikanisches Frühstück‘* aufs Zimmer bringen. Er mochte es gern deftig. Und General Burns hatte ihn, als sein bestes Pferd, mit einem äußerst großzügigen Spesenkonto ausgestattet. Jetzt ließ er es sich erst mal gut gehen. Danach würde er sich einen genialen Plan überlegen.

Doch das war gar nicht so leicht. Schließlich hatte er keine Ahnung, ob der Typ von gestern schon wieder auf dem Damm war. Womöglich hatte er Elena bereits gewarnt, oder, noch schlimmer, die Bullen eingeschaltet. Das erschien ihm allerdings unwahrscheinlich. Er schätzte Dr. Schulte eher als blassen Computer-Freak ein, der sich bestimmt die Hosen vollgepisst hatte und jetzt nicht den Helden spielen würde. Aber er musste sichergehen. Deshalb holte er aus seinem Koffer ein ‘Wegwerfhandy‘, bei dem sich der Anruf nicht zurückverfolgen ließ und wählte die Festnetznummer, die er von Babsie hatte.

***

## DER KÖDER WIRD AUSGELEGT

Das Telefon klingelte. Elena nahm den Hörer und Chris schnappte sich die Mithörmuschel.

*„Schumann!“*

*„Spreche ich mit Señorita Elena?“,* fragte am anderen Ende der Anrufer mit dem starkem italienisch/amerikanischen Akzent. Chris nickte und hob den Daumen.

*„Ja, das bin ich."*

*„Belgado, Danielle Belgado. Ich bin froh, dass ich Sie endlich gefunden habe. Dr. Schulte von ALMA hat mir freundlicherweise ihre Nummer gegeben. Meine Agentur recherchiert im Auftrag der deutschen Versicherung ERGO auf dem amerikanischen Kontinent. Ich denke, ich habe sehr gute Nachrichten für Sie."*

*„Ich verstehe nicht."* Chris nickte.

*„Ihr verstorbener Vater hatte eine Lebensversicherung bei der ERGO abgeschlossen. Es ist eine lange Geschichte. Können Sie heute Nachmittag ins ‚Panamericana' kommen, sagen wir um 15:00 Uhr? Ich gebe Ihnen die Adresse."*

Chris schüttelte energisch den Kopf.

*„Ich weiß, wo das ist. Es tut mir leid, aber ich bin hier ganz allein im Haus mit meiner kleinen Schwester. Ich möchte sie nicht unbeaufsichtigt lassen."*

Chris deutete mit dem Zeigefinger zum Boden.

*„Aber Sie können gern hierherkommen. Es ist nicht weit."*

*„Gern Señorita. Bandera 67, ist das korrekt?"*

*„Genau! Also 15:00 Uhr, bis dann.*

Zuletzt hatte Elena weiche Knie bekommen. Sie ließ sich in den Sessel fallen. Chris schmunzelte spitzbübisch.

*„Das war fantastisch, Elena, ganz großes Kino!"*

Jetzt kam auch Phil um die Ecke, der im Wohnzimmer gelauscht hatte. Er schaute auf die Uhr und sagte *„Jetzt haben wir noch gute zwei Stunden. Ich glaube, es gibt gleich Essen und dann lass uns letzte Vorbereitungen treffen! Wir schaffen das, zusammen!“*

Schon beim gemeinsamen Mittagessen war die Stimmung etwas angespannt. Niemand sprach jedoch darüber, schon um Selina nicht zu verunsichern. Nach dem Essen wurde vereinbart, dass Oma mit der Kleinen im Dachgeschoss bleibt, bis Entwarnung gegeben wird. Elena würde die Tür öffnen und den Agenten in die Bibliothek bitten. Phil sollte auf der Kellertreppe, sprungbereit mit dem Baseballschläger sitzen. Und Chris‘ Aufgabe war es, im rechten Moment mit seiner ‚Waffe‘ aus dem Garderobenschrank zu springen. Opa war als allerletztes ‚Back up‘ vorgesehen, um in der Küche mit einem Nudelholz und den Kabelbindern auszuharren.

Elena teilte die Lage auch Shamira im Shuttle mit und sie vereinbarten, dass sie während der ganzen Aktion ihren ‚Kopfschmuck‘ aufbehalten würden.

Anfangs gab es noch manch scherzhafte Bemerkung über die makabre Situation. Mit jeder Minute, die sich aber die Zeiger der Uhr auf 15:00 Uhr zubewegten, machte sich mehr und mehr eine fast unerträgliche Spannung breit.

***

## UPDATE

Fernand befand sich gerade an der Tankstelle, um den Maybach aufzutanken. Seinen Chef hatte er kurz davor zu einer Besprechung im Ministerium gefahren. Da ging der Vibrationsalarm seines anonymen Handys, das er von Huan im Park bekommen hatte.

Huan war dran und gab ihm Updates zur aktuellen Situation im Labor des *Paektusan* und was Minhos und Yinis Pläne betraf. Ferner gratulierte er ihm zum gelungenen Coup bei der 'Vorstandssitzung'. Schließlich mahnte er ihn noch zu erhöhter Wachsamkeit, weil die Ereignisse sich jederzeit überschlagen könnten. Man versprach, in Verbindung zu bleiben.

Andernorts kletterte Han aus dem Bauch des Transporters zu Huan ins Fahrerhaus und nahm auf dem Beifahrersitz Platz.

*„Erstaunlich,"*, sagte er *„wir sind mindestens zwanzig Kilometer entfernt und die Wanze funktioniert immer noch einwandfrei."*

***

## DIE FALLE SCHNAPPT ZU

Kurz vor 15:00 Uhr setzte Elena ihren Stirnreif auf. Ihre Nerven waren zum Zerreißen gespannt. Shamira schaltete sich ein: *‚Achtung, da schleicht jemand bei euch ums Haus'*. Elena bemerkte ein fremdes Gesicht am Terrassenfenster, ging hin und rief durch die Scheibe: *„Mr. Belgado?"*

Der Ertappte erschrak und nickte.

*„Kommen Sie, der Eingang ist auf der Straßenseite."* Elena ging zur Tür und öffnete sie.

*„Verzeihen Sie Señorita Elena! Ich war mir nicht sicher."* Der Mann sah so gar nicht wie ein Italiener aus.

*„Kommen Sie, wir unterhalten uns in der Bibliothek!"*

*„Ein so schönes altes Haus erwartet man gar nicht, mitten in der Stadt.“*

*„Ja, es gehört meinen Großeltern, sie sind verreist.“* Elena wunderte sich, wie kühl und konzentriert sie plötzlich war.

*„Und ihre kleine Schwester?“*

*„Die sitzt im Dachgeschoss, vorm Fernseher. Ich hab ihr gesagt, sie darf uns nicht stören. Aber was haben Sie mir zu sagen, Mr. Belgado?“*

Luigi triumphierte. ‚*Das läuft ja wie im Bilderbuch*‘ dachte er bei sich. Er wollte gleich ohne lange Reden seinem Ziel näherkommen und öffnete den Diplomatenkoffer.

‚*ALARMSTUFE ROT!*‘ kam über den *Telepator* Shamiras eindringliche Warnung. Und schon blitzte in Luigis Hand das Stroboskop des ‚Wahrheits-Lasers‘ auf.

Elena war durch Shamiras Warnung geistesgegenwärtig unter den Tisch geflüchtet. Chris hatte, durch den Türspalt im Garderobenschrank, als Erster die Blitze bemerkt und war in Sekundenbruchteilen zu Luigi gestürzt und streckte ihn mit einem gezielten Hieb auf den Kopf nieder.

Dieser hatte keinerlei Zeit zu reagieren. Mit ungläubigem Gesichtsausdruck ging er zu Boden. Phil war ebenfalls herbeigeeilt, setzte sich auf den Unglücklichen und band, mit den von Elenas Opa gereichten Kabelbindern, Luigis Beine und Hände zusammen.

Chris war total überrascht über seine Kaltschnäuzigkeit und Brutalität. Doch, als Elena, noch etwas benommen, unter dem Tisch hervorkroch und ihm um den Hals fiel, wie eine aus den Krallen des Untieres befreite Jungfrau dem Drachentöter, da fühlte er fast so etwas wie Stolz in sich emporsteigen.

Opa hob das Luigi entglittene Blitz-Gerät vom Boden auf. Wenn der Agent wieder zu Bewusstsein käme, würden sie den Spieß umdrehen und die Identität seiner Auftraggeber damit herausbekommen.

Der gönnte sich jedoch eine längere Auszeit. Elena kühlte in der Zwischenzeit die rasant wachsende Beule an *‚Mr. Belgados'* Kopf. Dabei legte die verrutschte Perücke Luigis blauschwarzes Haar frei. Nach etwa einer halben Stunde fing der Patient an, schwer zu atmen und zu wimmern und zu stöhnen. Schließlich schlug er die Augen auf. Langsam begann er, die Situation richtig einzuschätzen.

Mit schmerzverzerrtem Gesicht fing er an, wie wild in seinem kalabrischen Dialekt zu fluchen. Schließlich gingen die derben Verwünschungen über, in ein eher kindliches Schluchzen. Als er sich einigermaßen gefasst hatte, sagte er nur: *„Was habt ihr jetzt vor, mit mir?"*

Die Vier schauten sich überrascht an. Phil fand als Erster seine Sprache wieder. *„Junger Freund, vielleicht solltest du uns lieber sagen, was dich hierhergeführt hat. Meinst du nicht?"*

*„Aus mir bekommt ihr nichts raus! Lieber beiße ich mir die Zunge ab."*

*„Deine Zunge kannst du ruhig behalten. Wir haben ja jetzt dein schönes Spielzeug."*, sagte Opa.

Da schaltete sich Elena ein. *„Mr. Belgado, oder wie auch immer Sie heißen mögen, Sie haben die Wahl. Entweder Sie sagen uns einfach,* *wer Sie schickt und warum, oder wir testen das Gerät zur Abwechslung mal an Ihnen. Sicher würde auch, liebend gern, Dr. Schulte das Verhör mit Ihnen durchführen. Wollen Sie das?"*

Luigis Teint wurde noch eine Spur blasser. Wie ein Tiger in einer Fallgrube bewegte er seinen Oberkörper zwanghaft hin und her und begann erneut zu fluchen. Darauf sank er schließlich völlig kraftlos in sich zusammen und meinte nur lapidar: *„Wenn ich singe, dann bin ich tot!"*

*„Hör mal, Freundchen!"*, schaltete sich Chris ein. *„Hier geht es um das Schicksal der ganzen Menschheit. Glaubst du wirklich, dein armseliges Leben ist da irgendwie von Bedeutung? Ich weiß ja nicht, was dich letztlich auf die schiefe Bahn geführt hat. Aber sterben müssen wir alle irgendwann. Meinst du nicht, dass es da besser wäre dem Schöpfer mit wenigstens einer guten Tat auf dem Konto entgegenzutreten?"*

Das hatte gesessen. Jetzt brach Luigi vollends zusammen. Phil setzte noch einen darauf: *„Was meinst du, was deine Mutter zu dir sagen würde, wenn sie dich so bei uns hier sehen könnte?"*

Luigi wurde wie in einem Fieberanfall geschüttelt und die Mauern seiner Macho-Welt begannen zu bröckeln, bis sie schließlich restlos zusammenbrachen. Und inmitten all der Trümmer saß Luigi, als ein Häufchen Elend.

Elenas Großvater klopfte sicherheitshalber noch dessen Taschen ab und förderte dabei ein Klappmesser und eine sechsschüssige Minipistole zutage

Die drei Männer zerrten, Luigi in den Keller und banden ihn an ein massives gusseisernes Abflussrohr, um ihn für ein paar Stunden seiner Katharsis zu überlassen. Danach wurde das ‚Schlachtfeld' wieder in

Ordnung gebracht. Als Elena Luigis Koffer mit dem Blitz-Laser und den Waffen verräumen wollte, fiel ihr die Akte der ACIO in die Hände.

Bereits beim Überfliegen des Inhaltes wurde ihr klar, dass darin der ganze Fall, angefangen mit dem ersten Kontakt zwischen ihrem Vater und den 'Besuchern', bis hin zum Tod ihrer Eltern dokumentiert war. Diese Akte würde sie jedenfalls in einer ruhigeren Stunde bestimmt ganz genau studieren. Doch jetzt teilte sie erst mal der Großmutter im Dachgeschoss mit, dass die Lage unter Kontrolle wäre.

Diese unternahm daraufhin mit Selina einen Spaziergang, um ihr ein Eis zu spendieren. So konnten sich die anderen in Ruhe über die weitere Vorgehensweise beraten. Es war natürlich allen klar, dass das mit dem Agenten im Keller kein Zustand auf Dauer sein konnte. Doch wohin mit ihm, ohne dass er noch mal gefährlich werden könnte? Da ging die Türklingel. - Es war Shamira.

*„Es ist nicht leicht", sagte sie „in einer Großstadt am lichten Tag unbemerkt aus einem ‚Ufo' zu steigen, aber ich wollte euch unbedingt meine Überlegungen mitteilen. Solange Elena den Stirnreif aufhatte, habe ich alles mitbekommen. Großes Kompliment! Es hätte auch schiefgehen können."*

*„Großvater, das ist Shamira, von der ich dir erzählt habe.",* erklärte Elena. *„Du kannst deinen Mund ruhig wieder zu machen! - Entschuldige, Shamira! Du wolltest uns etwas sagen?"*

*„Ja, Boq und ich, wir haben von dem Angreifer einen Scan seiner Seele gemacht. Das Ergebnis war, er ist eigentlich im Kern ein guter Mensch, aber er wuchs quasi auf der Straße auf und fiel so der Mafia in die Hände. Natürlich hat er ein übersteigertes Ego. Er versucht eben sein verletztes Selbstwertgefühl mit Weibergeschichten und Anerkennung in der Gruppe zu kompensieren.*

*Aber jetzt zu unserer Überlegung. Was wäre denn, wenn wir ihn zu der Einsicht bewegen könnten, dass er lediglich durch unglückliche Umstände auf der falschen Seite der Gesellschaft gelandet ist. Da er aber hochintelligent ist, können wir uns vorstellen, dass er uns am wertvollsten als Doppelagent sein würde."*

*„Wie soll das denn gehen?"*, fragte Chris.

*„Er hat doch selbst gesagt: ‚Wenn ich singe, bin ich tot!' Das ist ja auch eine logische Mafiaregel. Also soll er eben nicht singen. Lassen wir ihn doch, zum Schein, seinen Auftrag erfolgreich ausführen."*

*„Jetzt versteh ich überhaupt nichts mehr!"*, meinte Opa.

*„Na, ist doch ganz klar"*, warf Phil ein. *„Er geht zu seinem Chef und meldet den Vollzug des Auftrages. Vorher muss er uns natürlich verraten, wie dieser gelautet hat."*

*„Exakt!", fuhr Shamira fort. „Dann wiegt der Gegner sich in der falschen Sicherheit, dass er weitermachen kann, seine Pläne umzusetzen. Wenn Luigi mitspielt, würden seine Überlebenschancen erheblich steigen. Und da er klug ist, wird er das genauso sehen. Wollen wir ihn gleich mal fragen?*

*„Ich denke, es wäre besser, ihn noch bis morgen früh zappeln zu lassen."*, sagte Chris. Alle nickten.

Im selben Moment kam auch Frau Antoniou mit Selina wieder vom Eis essen zurück.

Nachdem ihr der neue Gast vorgestellt wurde, sagte sie, zu Shamira gewandt *„Darf ich für Sie im Gästezimmer auch ein Bett herrichten?"*

Shamira las kurz in Phils Augen. Dann nickte sie. *„Das wäre schön, Frau Antoniou. Danke!“*

Nach dem Abendessen brachten die Männer auch dem Delinquenten etwas Essbares sowie eine Flasche mit Wasser.

Außerdem ließen sie ihn die Toilette im Keller aufsuchen, bevor er wieder angebunden wurde. Der alte Herr Antoniou stand jederzeit, mit dem ‘Blitz-Laser‘, zum Einsatz bereit daneben.

***

## DIE STRATEGIE

Yini zerbrach sich über die ganze Zeit den Kopf, was es für eine Strategie geben könnte, beim nächsten Versuch den ganzen Ablauf zu sabotieren. Diese müsste so perfekt sein, dass nicht mal ihre eigenen Leute es mitbekommen würden. Plötzlich stieg in ihrer Erinnerung ein seltsamer Gesprächsfetzen hoch, der, im Zusammenhang mit Minhos Bemerkungen über die Aliens gefallen war:

‚Kaulquappen‘ hatte er sie genannt.

Dr. Zhìxiàng wusste natürlich, dass Kaulquappen zu den Amphibien gehörten, in der Evolution einer Vorstufe der Reptilien. Aber wusste Minho das auch? Oder wollte er damit lediglich ausdrücken, dass die Erde, zusammen mit der ganzen beseelten Menschheit, von Reptilien und deren Hybridwesen ausgebeutet wird?

Und dann erinnerte sie sich an ihre Vorversuche im Labor. Eidechsen, Schildkröten und Schlangen waren völlig immun gegen die im Quantenfeld erzeugten Emotionen. *‚Wie praktisch für die Auftraggeber‘,* dachte sie sich.

Und dann reifte eine geniale Strategie zur Sabotage in ihrem klugen Köpfchen.

Je länger sie sich damit auseinandersetzte, desto mehr war sie beseelt davon, diese auch so bald wie möglich zu verifizieren. Als sie sich vergewissert hatte, dass noch alle Versuchstiere vorhanden waren, gab sie ihren Kollegen für den Rest des Tages frei, um ungestört arbeiten zu können.

Zuerst begann sie, einem Teil des von Deville besorgten Mediums mittels Bioresonanz-Generator das Quantenfeld der Reptilien unter den Versuchstieren aufzumodulieren. Dann setzte sie die Mäuse dem Feld der manipulierten Probe aus. Ohne Reaktion!

Bei der Gegenprobe mit dem Originalmedium fielen die Tiere, genauso wie bei den früheren Versuchen, in Agonie. Bei den Reptilien zeigte sich wiederum keine Auswirkung.

Jetzt wurde es interessant. Wie reagierten die Reptilien, auf das Feld der manipulierten Probe? Das Ergebnis war umwerfend. Die Tiere reagierten total aggressiv und fielen, obwohl sie nach Spezies getrennt waren, über die eigene Art her.

Dr. Zhìxiàng hatte genug gesehen. Sie stellte im Labor wieder den ursprünglichen Zustand her und klopfte, von innerem Hochgefühl ergriffen, an Minhos Türe.

So gut es ging, versuchte sie mit einfachen Worten Minho verständlich zu machen, was sie soeben herausgefunden hatte. Das war es! Und keiner würde es bemerken, erst wenn es zu bereits zu spät wäre. Sie müsste nur unbemerkt die Proben vertauschen. - Ein Kinderspiel!

Jetzt war Minho an der Reihe. Er musste seine Freunde dazu bringen, für den Tag ‚X‘ einen Plan auszuarbeiten, wie für sie eine Flucht über die nahe Grenze gelingen könnte. In jedem Land der Welt wäre dies sicher leichter als gerade in Nordkorea!

***

## DIE SPALTUNG

Während Protagonisten beider Seiten sich auf einen wohl nicht zu vermeidenden Endkampf vorbereiteten, ging die Spaltung auch auf allen Ebenen der Gesellschaft ständig weiter. Wollte man dies an einer Grenzlinie festmachen, so wäre diese zwischen Menschen *mit* und *ohne* Angst zu ziehen.

Die weltweit gelenkten Medien waren in Dauerschleife, rund um die Uhr, damit beschäftigt, die Menschen in Furcht und Schrecken über eine *‚Pandemie'* zu halten. Doch viele informierten sich zunehmend abseits des Mainstreams im Internet, wo auch unabhängige Wissenschaftler zu Wort kamen.

Und so fragten sich viele, die noch selbst zu denken gewohnt waren, welchen Sinn es machte gesunde Menschen, ohne Symptome, zu testen, ob sie krank wären? Vielmehr begannen sie, auch wieder auf das eigene Immunsystem und eine natürliche Lebensweise zu vertrauen, anstatt auf eine fragwürdige ‚Impfung'.

Schließlich wurde auch immer deutlicher, dass infolge der Maßnahmen gegen eine *‚Pandemie',* wesentlich mehr Menschen zu leiden hatten als unter der eigentlichen Krankheit. Dies ging vom Verlust der Lebensfreude, über Existenzängste, bis hin zu Selbsttötungen.

Die, nicht zuletzt, durch Masken- und Abstandsregeln verkümmerte Immunabwehr, verbunden mit Dauerstress in den Familien, führte zu kränkelnder Physis und deformierter Psyche bei Erwachsenen und

Kindern. Und dies alles stand in keinerlei Verhältnis zu einem eventuellen Nutzen.

Vollends kippte die Stimmung jedoch, als sich herausstellte, dass die ‚Impfungen' wegen angeblich immer neuer Mutationen alle halbe Jahre wiederholt werden mussten.

Auch gab es nicht wenige, die vermuteten, dass die rasant ansteigenden Todeszahlen, gerade unter Geimpften, eher auf den ‚Nebenwirkungen' der neuartigen mRNA-Vakzine beruhten als auf Mutationen. Dass Influenzaerreger jedes Jahr mutierten, war schließlich seit Jahrzehnten bekannt.

Die Politiker konnten jedoch nicht mehr zurück, wollten sie nicht völlig ihr Gesicht und auch ihr Einkommen verlieren. Und so kam es zu immer drastischeren Einschränkungen der Freiheitsrechte.

Aus diesem Grund machte sich, vor allem in den meisten westlichen Demokratien, immer mehr die Stimmung breit, dass die Politik total versagt hätte. Böse Zungen behaupteten sogar, dass sie genau das erreicht hatten, was im Drehbuch der Puppenspieler stand.

Jedenfalls war eine kritische Masse längst erreicht. Es war nur noch nicht ausgemacht, ob der sich abzeichnende Systemwechsel in Gewalt und Unterdrückung à la *‚Great Reset'*, nach chinesischem Vorbild, oder in einen kollektiven Aufbruch in Freiheit und Selbstverantwortung münden würde.

Zwar war das morphogenetische Feld des Planeten immer noch angefüllt mit der bei Stonehenge, als dem Herz-Chakra der Erde, eingebrachten Energie der bedingungslosen Liebe. Und jeden Tag kamen Emotionen der Sehnsucht nach Frieden und Freiheit von Milliarden Seelen dazu.

Auf der anderen Seite stiegen aber auch all die Gefühle von Angst, Depression und Machtlosigkeit empor, in den Erdkreis. Und unzählige Speichellecker und Hofschranzen, die sich in der Macht der ‚Puppenspieler' sonnten, versuchten genauso jeden Tag, diese negativen Emotionen zu mästen.

Auf der feinstofflichen Ebene drängte also eine Mischung diametral widerstreitender Gefühls- und Gedankenmuster auf Materialisation in der 3-D-Welt. Die Frage war lediglich, welches würde die Oberhand gewinnen?

Und dies alles ist kein Eso-Geschwurbel wahlweise rechter oder auch linker Spinner, sondern reinste physikalische Gesetzmäßigkeit. Wenn in naher Zukunft Denkverbote und Zwangskorsette des Wissenschaftsbetriebes gefallen sein werden, wird dies sehr schnell wiederentdeckt werden.

Wieder? Ja, denn alles war schon mal da. Und das wissen nicht nur all die Archäologen, die nicht mit Scheuklappen durch das Leben gehen, sondern auch alle Geheimdienste dieser Welt.

Der *‚Dritte Weltkrieg'* spielte sich also in den Köpfen und Herzen der Menschen auf diesem Planeten ab. Und die *‚Schlacht- und Aufmarschpläne'* wurden im für unsere Augen unsichtbaren morphogenetischen Feld vorbereitet.

Bildlich gesprochen, stand die *‚Generalität'* beider Seiten auf dem Feldherrnhügel und beobachtete den Fortgang der *‚Kampfhandlungen'*.

Die Kriegsherren der Finsternis, sie standen auf der einen Seite. Sie wappneten sich mit den Pfeilen des Intellektes, der Lüge und der Verschwörung.

Ihre Waffe war der

BRAINBOW,

der weltumspannende Bogen von Manipulation und steter Vernebelung der Gedanken sowie der Geiselhaftnahme unserer Gehirne durch die *‚Matrix'*.

Auf der anderen Seite waren die *‚Krieger des Lichts'*, die Geburtshelfer des Aufstiegs sowie alle erwachten Seelen versammelt. Ihr Harnisch war die Sanftmut, ihre Munition die universelle Liebe aus dem Kern ihres Herzens, dem

HEARTCORE.

Doch, noch scharrten die Pferde nur mit den Hufen. Wie groß und wie stark die widerstreitenden Heere tatsächlich waren, das würde sich erst herausstellen, wenn die Hörner geblasen und die Feldzeichen gehoben würden.

***

## ABENDFRIEDEN

Elenas Großvater empfand die Situation außerordentlich aufregend. Es war schon lange her, dass in seinem Haus so viel Leben herrschte. Für seine Frau hingegen war es eher beunruhigend, vor allem, wenn sie an den ‚Gast' im Keller dachte. Ihre Gefühle waren teils von Wut geprägt, aber auch von Mitleid mit dem Unglücklichen, der mit einer Kopfverletzung, angebunden und ohne Bettzeug, dort ausharren musste. Herr Antoniou versicherte ihr jedoch, dass dies für seinen Läuterungsprozess sicher hilfreich sein werde. Und ohnehin würde sie ja gleich morgen früh mit Selina ans Meer fahren, um die ersten Ferientage unbeschwert mit ihr zu verbringen.

Im Dachgeschoss genoss Chris, nach all seinen Jahren als Junggeselle diese Zeit mit seiner Minifamilie. Elena hatte Selina soeben ins Bett gebracht und eröffnete ihm: *„Selina hat mich gebeten, dich zu fragen, ob du ihr noch eine Geschichte erzählst?"*

Chris war einerseits überrascht, fühlte sich andererseits aber auch geschmeichelt. Er ging in das Kinderzimmer und setzte sich zu Selina, an den Bettrand.

*„Chris, warum hast du so lange Haare?"*

Chris wusste zwar, dass Kinder häufig seltsame Fragen stellen, aber darauf war er nicht vorbereitet.

*„Ich denke, die Haare des Menschen sind so etwas wie Antennen für den Kopf. Die Indianer hatten ja auch lange Haare, nicht nur die Frauen. So wussten sie im Voraus, wie kalt der Winter wird und wo die Büffelherden ziehen."*

*„Aber du bist doch kein Indianer."*

*„Aber es ist mein Beruf, in die Seelen der Menschen zu schauen und herauszufinden, was gut für sie wäre."*

*„Was ist das für ein Beruf?"*

*„Lebensberater!"*

*„Und das ginge nicht, mit kurzen Haaren?"*

*„Ich glaube nicht. Schau Selina, die Soldaten zum Beispiel müssen alle kurz geschoren sein, denn sie sollen lediglich gehorchen, aber keinerlei Gefühle haben. Logisch, oder?“*

*„Ja, das verstehe ich. Sonst würden sie nicht in den Krieg ziehen. Sind die Frauen also klüger?“*

*„Stimmt meine Theorie mit der Länge der Haare, dann hat das ‚schwache Geschlecht‘ bessere Antennen für Dinge, die dem menschlichen Auge verborgen bleiben.“*

*„Dann ist eigentlich das schwache Geschlecht gar nicht so schwach.“*

*„Natürlich nicht, nur anders. Die Männer denken mehr mit dem Kopf, die Frauen mit dem Herzen. Beides ist wichtig. Auf den Ausgleich kommt es an.“*

*„Hast du eine Geschichte für mich?“*

*Ja, aber nur eine kurze, es ist schon spät.“*

*„Wie heißt sie?“*

*„ ‘Zwei Wölfe‘, - und sie geht so:*

Der alte Indianerhäuptling sitzt mit seinem Enkelsohn am Lagerfeuer und sagt:

*„Im Leben gibt es zwei Wölfe, die miteinander kämpfen.*

*Der eine verkörpert Hass, Misstrauen, Feindschaft, Angst und den Krieg. Der andere steht für Liebe, Vertrauen, Freundschaft, Mut und Frieden.“*

*„Und welcher Wolf gewinnt?“*, fragt der Junge.

Der Häuptling starrt ins Feuer und schweigt eine Weile. Dann sagte er:

*„Der, den du fütterst!“*

*„Das verstehe ich. Es ist eine schöne Geschichte.“*

*„Schlaf jetzt! Morgen gehts ans Meer. - Gute Nacht!“*

Phil und Shamira hatten sich im Gästezimmer eingerichtet. Sie lagen beide bis spät in die Nacht auf dem Doppelbett und unterhielten sich angeregt über Gott und die Welt. Großes Thema war natürlich, ob sie den Agenten morgen früh überzeugen können würden, die Seiten zu wechseln. Und wenn ja, wie eine glaubwürdige Coverstory beschaffen sein müsste? Aber vielleicht wüsste er ja selbst dazu einige professionelle Vorschläge aus seinem Erfahrungsschatz beisteuern.

Der neue Tag wird es zeigen.

Schließlich hielten sie sich an den Händen und spürten, wie gegenseitig die Wärme tief empfundener platonischer Liebe in ihnen pulsierte. Dann schliefen sie beide beseelt ein.

***

## ENTSCHEIDUNG

Der nächste Tag würde eine Entscheidung darüber bringen, ob der Plan Shamiras aufgeht. Elenas Großmutter war mit Selina gleich am frühen Morgen aufgebrochen und zum Busbahnhof gefahren. Die drei

Männer befreiten den Agenten aus seiner misslichen Lage im Keller und holten ihn an den Frühstückstisch. Seine Beine blieben gefesselt.

Elenas Großvater - er sollte den *‚Bad Cop‘* spielen - fing das Gespräch an. *„Als Erstes sollten wir wissen, mit wem wir es zu tun haben. Vielleicht verrätst du uns deinen richtigen Namen?“*

*„Luigi“*, kam es halblaut.

*„OK, ich bin Leon. Ich will gar nicht lang rumreden. Ginge es nach mir, würden wir mit dir kurzen Prozess machen. Und wärst du unter Deinesgleichen, dann wärst du schon, mit Zement an den Schuhen bei den Fischen. Aber meine Freunde hier meinen, du hättest heute Nacht ein bisschen Zeit zum Nachdenken gehabt. Vielleicht hattest du ja einen Geistesblitz. Na, was meinst du, Luigi?“*

*„Vielleicht sollten wir erst mal frühstücken“*, ging Elena dazwischen, *„sonst wird der Kaffee kalt. Das wäre doch jammerschade.“*

Luigi machte zwar keinen glücklichen Eindruck, aber das ließ er sich nicht zweimal sagen. Und so langte er zu, als wäre es seine Henkersmahlzeit. Nach dem Frühstück ging es Luigi sichtlich besser. Auch seine Beule am Kopf war über Nacht merklich zurückgegangen und machte einem tiefblauen Bluterguss Platz.

*„Also, ich hab euch ja gestern schon gesagt, wenn ich die Firma verpfeife, dann bin ich erledigt. Andererseits werdet ihr mich auch nicht so einfach laufenlassen. Und selbst dann könnte ich mich nirgends mehr blicken lassen.“*

*„Du bist ein heller Junge, Luigi“*, sagte Leon. *„Es ist ein wirkliches Dilemma. Man könnte direkt Mitleid bekommen.“*

Jetzt schaltete sich Shamira ein. *„Luigi, du sitzt wirklich ganz tief in der Scheiße und das ist dir auch klar. Weißt du, wir haben dich gescannt...“*

*„Gescannt?“*

*„Ja, aber das ist eine längere Geschichte.*

*Tatsache ist,- und das wird dich überraschen - Luigi, du bist ein guter Kerl! Du hast im Grunde ein gutes Herz. Ich bin mir sicher, du hattest unter den Umständen, unter denen du groß geworden bist, keine andere Wahl, als dort zu landen, wo du jetzt bist. Aber nun bist du alt genug, um zwischen Gut und Böse unterscheiden zu können. Und du wirst es wissen: Luigi, du bist auf der Seite des Bösen!“*

*„Wer seid ihr und was wollt ihr überhaupt von mir?“* Luigis Stimme überschlug sich.

*„Wir wollen lediglich, dass du darüber nachdenkst. Kann sein, du bist morgen wirklich tot. Aber man sollte nicht als Handlanger des Teufels sterben, was meinst du?“*

Luigi fühlte, Shamira hatte seinen wunden Punkt getroffen. Er hatte die ganze Nacht fast kein Auge zugetan und das nicht nur wegen der Schmerzen. War es sein Gewissen, das da unaufhörlich an ihm nagte?

Wollte Gott ihm eine allerletzte Chance geben, um auf dem steil nach unten führenden Weg in die sichere Hölle umzukehren? Luigi sank noch tiefer in seinen Stuhl. Fieberhaft ratterten die Gedanken in seinem Kopf. Und es klang fast wie ein Hilferuf:

*„Was, um Gottes willen, soll ich tun?“*

*„Hey Luigi, ich bin Chris! Ehe wir deine Frage beantworten, erzählst du uns vielleicht erst mal, wer deine ‚Firma' ist und was dein Auftrag war!"*

Luigi rutschte, mit weißen Knöcheln an seinen Händen, auf dem Stuhl hin und her. Schließlich ließ seine Anspannung nach und es sprudelte nur so aus ihm heraus. Er erzählte alles, was er aus der Akte wusste, warum Elenas Vater verfolgt wurde und wer den Tod ihrer Eltern verursacht hatte.

Zuletzt kam er damit heraus, dass es sein Auftrag war, Elena zu finden und sie dazu zu bringen, den Kontakt mit den Aliens preiszugeben. Ferner sollte er ihre Rolle bei der fehlgeschlagenen *BRAINBOW*-Aktion herausfinden und welche Hilfe sie dabei von den Außerirdischen hatte.

*„Und wenn sie es dann wüssten?"*, fragte Phil.

*„Das können Sie sich doch denken, Mr. ...?"*

*„Phil."*

*„Aber Sie müssen mir glauben, mein Job war lediglich die Recherche."*, schob Luigi hastig nach.

*„Weißt du was, Luigi"*, schaltete sich Leon wieder ein, der sich seiner Rolle bewusst war. *„es kommen mir echt die Tränen, wenn ich denke, dass du noch ein ganzes Leben vor dir hättest haben können."*

*„Was soll das heißen, Mr.?"*

*„Kannst du dir das nicht denken, Luigi?"*

*„Hören Sie! Es muss doch eine Möglichkeit geben. Ich könnte doch sagen, ich hätte Elena nicht gefunden."*

*„Ja, ja, Luigi, und die Adresse und unsere Telefonnummer, die wir in deinem Koffer gefunden haben? - Netter Versuch. Ich denke, du gehst erst mal wieder in die Präsidentensuite im Keller. Wir lassen uns dann was einfallen."*, bluffte Leon.

*„Hey Leute, das könnt ihr nicht machen. Ihr wollt doch die ‚Guten' sein. Ich tu alles, was ihr verlangt. Nicht wieder in den Keller!"*

Jetzt war er so weit. Shamira meinte: *„Ich hab da so eine Idee. Was wäre denn, wenn Elena tot wäre? Ich meine nur so, als Annahme. Also Luigi findet ihre Großeltern, erzählt seine Story von der Lebensversicherung und erfährt aber, dass sie aus irgendeinem Grund todkrank ist. Er besucht sie auf der Intensivstation.*

*Bei der Behandlung mit dem ‚Wahrheits-Laser' geht sie hops, aber nicht ohne ihm vorher alles erzählt zu haben. Er findet den E-Booster bei ihr zu Hause und hat damit einen Beweis für seine Auftraggeber. Und die wiegen sich somit in Sicherheit. - Operation gelungen!"*

*„Patient tot!"*, ergänzte Chris lapidar. *„Zwei Fragen bleiben. Erstens: Woran ist sie denn gestorben? Und zweitens: Wie könnten die Auftraggeber denn von so einer skurrilen Story überzeugt werden?"*

*„Und drittens:"*, *warf Elena ein „Was ist, wenn die anderen den E-Booster für ihre Zwecke missbrauchen? Shamira, du sagtest einmal, er funktioniert andersrum genauso."*

*„Das mit dem Booster ist kein Problem. Den können wir im Shuttle deprogrammieren. Er ist dann lediglich wie ein Kinderspielzeug."*, klärte Shamira auf.

*„Und das mit der Krankheit, das übernehme ich."*, meinte Leon. *„Ein guter Freund von mir, aus der Synagoge, ist Arzt. Der besorgt mir bestimmt einen Totenschein. Der ist mir noch was schuldig."*

Luigi saß die ganze Zeit staunend dabei. *„Von euch kann ich noch was lernen. Ihr meint also, ich geh mit dieser Coverstory und diesem ‚Booster' - was auch immer das sein soll - in die Firma und die kaufen das einfach so? - Hmm, - doch! - Die glauben das. Der Plan ist zwar völlig verrückt. Aber wenn ich die Beweise anbringe, dann schlucken die das, weil sie es glauben wollen!"*

*„Ist es nicht ein bisschen auffällig, wenn Luigi gleich mit einem Totenschein ankommt?"*, fragte Phil in die Runde.

*„Nein, ganz im Gegenteil! Schließlich bin ich doch als der Versicherungsagent Danielle Belgado unterwegs und ich brauche den ‚Wisch', weil die Begünstigte schließlich den Abgang gemacht hat. Nein, der Plan ist perfekt. Gratuliere! Aber es müsste schnell gehen. Die erwarten schon lange einen Bericht von mir. Zwei, vielleicht drei Tage kann ich sie noch hinhalten."*

Und Elena meinte noch:

*„Denkt euch aber einen schönen Tod aus, für mich!"*

***

## VORBEREITUNG

Mittlerweile hatte sich die Tatsache, dass Dr. Zhìxiàng mit Mr. Hain konspirierte und wohl auch einen Weg gefunden hatte, das Unternehmen *BRAINBOW* zu sabotieren, über Minho in Huans Netzwerk verbreitet. Kluge Köpfe waren seitdem mit der Ausarbeitung eines Planes beschäftigt, um die beiden in der Stunde ‚X' sicher aus der Gefahrenzone bringen zu können.

Da natürlich auch Devilles Telefongespräch mit Alexander Burns aufgezeichnet und entschlüsselt wurde, war es auch allen klar, dass sie nur noch kurze Zeit haben werden, bis die Kabale einen erneuten Großangriff auf die Menschheit starten würde, um diese weiterhin ausbeuten zu können.

***

## BEKEHRUNG

Nach der konspirativen Unterredung in der Stadtvilla im Herzen Santiagos wurde beschlossen, dass man sich in zwei Tagen wieder trifft, um die Aktion ‚falsche Fährte' zu starten.

Herr Antoniou telefonierte sogleich mit seinem Freund und Glaubensbruder, um die Sache mit dem Totenschein in die Wege zu leiten. Shamira und Phil zogen sich zurück, um mit Elena die Akte in Luigis Diplomatenkoffer zu studieren.

Chris löste Luigis Fußfessel. Und weil dieser nach seiner Kopfwunde und der unbequemen Nacht im Keller ziemlich wackelig auf den Beinen war, begleitete er ihn zu seinem Hotel.

*„Luigi,“*, sagte er auf dem Weg dorthin. *„glaub mir, ich habe noch nie einen Menschen verletzt, so wie dich gestern. Es tut mir wirklich leid, doch du wirst einsehen, dass es nötig war. Das Schicksal eines Menschen muss manchmal zu sehr drastischen Mitteln greifen, um ihn von einem falschen Weg abzubringen und seine Seele vor größerem Schaden zu bewahren. Und ich denke, dein Gewissen, oder das, was davon noch übrig ist, wird mir eines Tages recht geben.“*

*„Das tut es jetzt schon, Chris. Ihr alle, ihr seid schwer in Ordnung. Glaub mir, gestern, da hab ich echt gedacht, so, das war's jetzt. Und heute, da hat sozusagen mein zweites Leben angefangen. Weißt du, ich hab schon viele Scheiß Situationen erlebt. Aber gestern Nacht, da hatte ich viel Zeit zum Nachdenken. Ja, das ist genau das Problem. Ich hab immer nur in den Tag hinein gelebt, ohne dass ich mir Gedanken gemacht hätte. Gestern Nacht hab ich mich an meine Zeit auf der Straße erinnert. Da gilt das Gesetz des Stärkeren. Da prügelst du die Informationen aus deinem Gegner raus. Entweder er sagt dir, was du wissen willst, oder er ist tot. Einer weniger, was solls? Mein Vater ist in meinen Armen an einer Kugel gestorben, als ich vierzehn war. Er wurde einfach nur auf der falschen Straßenseite geboren. Was glaubst du, geht da in einem Jungen vor?*

*Ich hab versucht, seinen Tod zu rächen. Irgendwann hab ich jedoch gemerkt, dass Gewalt nur immer nur Gegengewalt erzeugt. Aber ihr, ihr habt gestern nicht mal den Laser gegen mich angewendet. Erst hab ich gedacht, ihr seid nur Amateure. Jetzt weiß ich, ihr seid Profis. Ihr habt mit eurer Methode geschafft, dass ich jetzt mit euch zusammenarbeite - und so ein zweites Leben leben kann!"*

*Luigi, du bist ja ein verkannter Philosoph. Du solltest mal irgendwann deine Lebensgeschichte aufschreiben. Das würde ein Bestseller werden."*

*„OK, wenn das hier mal alles vorbei ist, dann muss ich mir sowieso einen neuen Job suchen. Wir sind da. Jetzt gibts erst mal 'ne Dusche und dann ein weiches Bett."*

*„Ciao!"*

Als Chris wieder zurück in die Stadtvilla kam, hatte Elena gerade Selina am Telefon. *„Ja, ich wäre auch gerne mit euch mitgekommen.*

*Die Hauptsache ist, ihr habt Spaß. Und die Ferien fangen ja grad erst an. Pass auf Oma auf!“*

Nachdem Elena aufgelegt hatte, sagte Chris: *„Weißt du was, ich denke, wenn Phil einverstanden ist, sollten wir wieder nach Schottland, ins Rustico gehen. Selina könnte mitkommen. Sie hat jetzt ja fast drei Monate Ferien.“*

*„Du meinst also wirklich, das Kind sollte mit ihren erst zehn Jahren, mal einfach so, mit einem UFO in Urlaub fliegen? Weil's ja schließlich cool ist, oder wie?“*

*„Hör zu, Elena! Wenn Luigis ‚Firma‘ ihm diese Coverstory abnimmt, dann bist du erst mal ‚tot‘. Entschuldige, aber du solltest dann nicht hier sein. Es gibt immer wieder dumme Zufälle. Und für Selina wird es das Beste sein, wenn sie dort ist, wo auch du bist.“*

*„Wahrscheinlich hast du recht. Ich hab jetzt ja auch Ferien. Die Zeit ist also günstig. Aber traust du denn Luigi wirklich über den Weg?“*

*„Ich bin mir ziemlich sicher, dass er es ernst meint. Und wenn nicht, dann ist es erst recht wichtig, dass du von der Bildfläche verschwindest. Und falls die Aktion doch wieder starten sollte, dann werden wir eh wieder in Stonehenge gebraucht.“*, ergänzte Chris. *„Ich werde Phil gleich fragen.“*

*„Am Loch Lomond beginnt jetzt der Winter“, sagte Elena.*

*„Schon, aber wir haben ja den Kamin und unsere heiße Liebe.“*

Elena legte ihre Arme um Chris‘ Hals, stellte sich auf die Zehenspitzen und erwiderte, *„Da hast du allerdings recht.“* Dann küsste sie ihn.

***

## FALSCHE FÄHRTE

Bereits am nächsten Tag kam Leon freudestrahlend, mit dem Totenschein in der Hand wedelnd, an. „Mit Unterschrift und Stempel der Universitätsklinik“, triumphierte er.

„Kreislaufversagen nach anaphylaktischem Schock“, las Opa vor. „Es ist halt immer gut, wenn man Freunde hat.“

Bereits für diesen Nachmittag hatten sie sich mit Luigi und Shamira verabredet, um das Unternehmen ‚falsche Fährte‘ in allen Einzelheiten zu besprechen. Chris schärfte Elena vorher auch noch ein, vor Luigi auf keinen Fall etwas über ihre schottischen Reisepläne zu erwähnen. Man könne ja nie wissen.

Als sich alle wieder um den Wohnzimmertisch versammelt hatten, wurden akribisch alle Eventualitäten besprochen, um das Risiko eines Scheiterns möglichst auszuschließen. Shamira klärte Luigi über die physikalische Wirkungsweise des Sterntetraeders auf. Sie vermied es allerdings, auf die potenzierende Wirkung der mit am Tisch sitzenden beiden Dualseelen hinzuweisen. Sie erwähnte lediglich die hohen spirituellen Fähigkeiten Elenas. Wie als Beweis durfte sie, ganz alleine, die Scheibe im mitgebrachten Kristallwürfel in sehr hohe Drehzahl versetzen. Shamira erwähnte es auch nicht, dass die Aktion bestimmt, nicht zuletzt, auch wegen des Einsatzes genau über dem Herz-Chakra des Planeten, bei Stonehenge, so erfolgreich war.

Leon überreichte Luigi den Totenschein und übersetzte ihm die Diagnose. Luigi könne also selbst entscheiden, ob er, seiner ‚Firma‘ gegenüber, als Grund eine allergische Reaktion auf eine Impfung, oder eine Auswirkung seiner ‚Behandlung‘ mit dem ‚Wahrheits-Laser‘ nennen wolle.

Elena schlug auch noch vor, Luigi einen der Sticks, die sie von ihrem Vater erhalten hatte, zu übergeben, auf dem in einem Video zu sehen war, wie er über eine Bedrohung durch zwei ACIO-Agenten spricht.

Chris nahm Luigi auch nochmal speziell ins Gebet, indem er auf die aktuelle Situation auf der Erde einging, mit dem wohl schon bald bevorstehenden Endkampf zwischen Gut und Böse. Dabei hätte er nun die ultimative Chance dieses Mal auf der ‚richtigen Seite der Straße' zu stehen.

Luigi erhielt von Shamira auch noch den inzwischen vertauschten, deprogrammierten *E-Booster* überreicht. Von Leon bekam er seinen Diplomatenkoffer, mit der mittlerweile kopierten Akte, dem Taser und der Minipistole zurück. Als Elena ihm den Stick überreichte, gab sie ihm noch einen Rat mit auf den Weg: *„Vergiss nicht, deine Beule mit Schminke zu behandeln, bevor du wieder unter Menschen gehst!"*

*„Danke, aber dafür hab ich mein Basecap."*

Alle lachten und wünschten Glück.

*„Ich denke, das kann ich brauchen."*

***

## IM UNTERGRUND

Im Keller des abgelegenen Anwesens am nordwestlichen Stadtrand Pekings trafen sich Han und Huan mit einigen ihrer Glaubensbrüder. *Falun Gong* ist ja keine Glaubens-Gemeinschaft im herkömmlichen Sinn, vielmehr verbindet ihre Anhänger lediglich, dass sie versuchen, ihr Leben an gewissen spirituellen Grundsätzen auszurichten.

Es gibt weder Gebetshäuser noch Personenkult oder eine irgendwie geartete Hierarchie. Dass die ‚Kommunistische Partei Chinas' die Bewegung massiv verfolgt, hat natürlich dafür gesorgt, dass gerade besonders freiheitsliebende und mutige Geister sich beim Praktizieren der dem Qigong ähnlichen Übungen kennenlernen.

Neben dem spirituellen Interesse wird sie gewiss auch die gemeinsame Ablehnung des politischen Systems einen. Eine Staatsmacht, die glaubt, nur mittels Social Scoring, Einschüchterung und drakonischem Strafregiment regieren zu können, zeugt eben nicht gerade von großer Weisheit und Spiritualität.

So fanden sich immer wieder gleichgesinnte Menschen unterschiedlicher sozialer Herkunft und verschiedenster Berufe, mit dem Ziel, das Volk, langfristig von Willkür und Tyrannei zu befreien.

Heute versammelte sich also ein mutiges, hoch motiviertes Häufchen von Spezialisten in diesem besagten Keller.

Huan zeigte die konspirativ erlangten Videos und Mails von Devilles Plänen und Aktivitäten. Han informierte über den zu erwartenden zeitlichen Ablauf der nächsten Schritte der Kabale.

Der wichtigste Grund der Zusammenkunft war jedoch, zu konkretisieren, wie man in der Stunde ‚X‘ am besten die beiden Protagonisten der Sabotageaktion, Yini und Minho, unbeschadet aus der Gefahrenzone bringen könnte.

Für die logistische Leitung war Liang vorgesehen. Als ehemaliger Offizier der SOF, einer Einheit für spezielle Operationen, hatte er eine der härtesten Ausbildungen innerhalb der ‚Kommunistischen Befreiungsarmee‘ hinter sich. Er wusste, wie man sich alleine hinter den feindlichen Linien durchschlägt und war mit verdeckter Aufklärung vertraut.

Liang hatte sich bereits militärisches Kartenmaterial vom Grenzgebiet am *Paektusan* besorgt und spielte mehrere Szenarien für einen unentdeckten Grenzübergang durch.

Allen Alternativen war gemein, dass sie einen Kleinbus auf der chinesischen Seite benötigten. Außerdem würden sie ein Schlauchboot beschaffen müssen. Damit sollten die beiden ‚Saboteure' den Grenzfluss *‚Yalu'* überqueren, da die Straßenübergänge vermutlich vom nordkoreanischen Militär gesichert sein werden.

Liang selbst sollte mit dem Schlauchboot auf die andere Seite des Flusses gelangen. In die Uniform eines KVA-Geheimdienstoffiziers gekleidet, würde er sich von Minho dann zum Stollen chauffieren lassen. Im geeigneten Augenblick würden sie dann am Tag ‚X' mit Yini in dem startbereiten Jeep die Flucht bis zum Schlauchboot antreten.

Jetzt war noch zu klären, was dann auf chinesischer Seite mit den ‚Flüchtlingen' geschehen soll.

*„Diese Yini lehrt doch an der hiesigen Uni. Dort kann sie sich doch in nächster Zeit nicht mehr sehen lassen.",* bemerkte Tailin, Huans Freundin, eine Anglistikstudentin.

*„Ja, und Minho hat hier überhaupt keine Wurzeln.", sagte Han.*

*„Wisst ihr was? Mir kommt gerade eine total abgefahrene Idee.", sagte Huan. „Ihr kennt doch Fernand, den Chauffeur und Privatsekretär von Deville. Er ist mittlerweile für uns die Quelle Nr. 1, unmittelbar an der Front. Außerdem steht er unserer Bewegung sehr positiv gegenüber. Er war es zum Beispiel auch, der die Wanze in Devilles Haus platziert hat. Ganz egal, was sein Chef plant oder tut, alles geht über seinen Schreibtisch.*

*Nun zu meinem Gedanken: Falls die Kabale die nächste konzertierte Aktion BRAINBOW startet, werden wir es ein paar Tage vorher wissen. Fernand könnte nun für diesen Tag die Piloten von Devilles Privat-Jet in Bereitschaft für einen Flug, zum Beispiel nach Tokyo, setzen. Fernand steigt mit Liang, der sich als Devilles Geschäftsfreund ausgibt, ins Flugzeug. Sie haben den Auftrag, am Baishan-Airport aus irgendeinem Grund zwischenzulanden.*

*Dort steigen sie zu den anderen in den Kleinbus. Nach geglückter Mission setzen sich Yini, Minho und Fernand in den Jet und fliegen weiter nach Tokyo, Manila, Moskau oder sonst wohin. Mit Fernands Diplomatenpass sollte das möglich sein.*

*Was sagt ihr?"*

*„Klingt abenteuerlich, könnte aber klappen. Die drei wären im Ausland vorerst in Sicherheit. Wir anderen bleiben hier und gehen unverdächtig unserer Arbeit nach. Je mehr ich drüber nachdenke, desto genialer find ich den Plan.",* sagte Tailin. *„Aber was wird Fernand dazu sagen?"*

*„Das ist die große Frage.",* meinte Huan, *„Aber ich denke, er wartet nur auf eine Gelegenheit, sich bei den Devilles zu revanchieren, für das, was ihm in seiner Kindheit angetan wurde."*

*„Fernand und Minho müssten ja im Ausland eine neue Existenz aufbauen. Und dazu braucht es Geld.",* gab Liang zu bedenken.

*Fragen über Fragen",* bemerkte Huan. *„Ich werde mit Fernand reden. Aber es wird knapp. - Es kann jederzeit losgehen!"*

***

## DIE TÄUSCHUNG

General Burns nahm den Hörer ab *„Was gibt es Shirley?"*

*„Mr. Serpio ist wieder da. Er steht neben mir."*

*„Schicken Sie ihn rein, verdammt noch mal!"*

Es klopfte. Burns ging persönlich zur Tür, um zu öffnen. *„Luigi, kommen Sie rein! Sie haben uns hier ja ganz schön auf heißen Kohlen sitzen lassen. Ich hoffe, das Warten hat sich gelohnt."*

*„Tag, General!"* Luigi ließ sich in den Sessel fallen. Er hatte seine obligatorische Ray Ban auf. Das SSC Basecap war tief in seine Stirn gezogen.

*„Ich denke schon, General. Der Job war beileibe ziemlich tough. Aber ich denke, was ich mitgebracht habe, wird Sie angenehm überraschen."* Dann kramte er seine ‚Beweise' aus seiner Tasche. *„Am besten, sie sehen sich als Erstes das Video auf diesem Stick an."*

Burns steckte den Stick in seinen Laptop und sah sich das etwa zehnminütige Video von Elenas Vater an, in dem er von dem nur knapp entgangenen Taser-Angriff der beiden Agenten erzählte.

*„Diese elenden Schwachköpfe! Was für Amateure!"*. Entfuhr es ihm, als er den Bildschirm herunterklappte. *„Wo haben Sie das her?"*

*„Aus der Wohnung von Dr. Schumanns Tochter."*

*„Ich denke, die ist unauffindbar. Jedenfalls haben diese beiden Trottel das behauptet. Und was ist das?"* Burns deutete auf den Kristallwürfel.

*„Ich bin mir nicht sicher, General, aber es spricht sehr viel dafür, dass es sich um die Sache handelt, nach der die beiden Kollegen gesucht haben. In der Akte gibt es auch einen Hinweis, der in diese Richtung zeigt. Es ist ein sehr seltsames Ding.*

*Haben Sie gesehen, die Scheibe dreht sich, langsam, ohne Aufhängung und völlig frei im Raum schwebend? Ich denke, es ist nicht von dieser Welt."*

*„Und Sie wollen mir sagen, diese Tochter hat ihnen den Stick und dieses Wunderding einfach so mitgegeben?“*

*„Sie ist tot!*

Burns schaute für einen Moment, als hätte er einen Geist gesehen. *„Aber ich hab Ihnen doch gesagt, dass...“*

*„Nein, sie war schon tot, als ich hinkam.“*

*„Jetzt versteh ich gar nichts mehr.“*

*„Sie ist an irgend so einer Art Kreislauf ... Moment! Hier steht es ... an einem anaphylaktischen Schock ... infolge Zytokin-Sturm ... blablabla ... gestorben. Der Arzt meint, sie wäre wohl Allergikerin gewesen.*

*„Wo steht das?“*

*„Hier, auf dem Totenschein.“*

*„Wie kommen Sie denn an einen Totenschein?“*

*„Ich musste doch irgendwie an die Familie rankommen. Also war ich als Versicherungsagent unterwegs, um ihr die Lebensversicherung ihres alten Herrn auszuzahlen. Und da sie ja tot ist, brauchte ich einen Totenschein der Klinik.“*

*„Luigi, es ist zum Verzweifeln. Warum sind nicht alle meine Leute so clever wie Sie?*

Luigi grinste, wie eine Meerkatze.

*„Sie haben sich eine kleine Prämie verdient.“* Burns griff zum Hörer. *‚Shirley, stellen sie doch Mr. Serpio einen Barscheck über eintausend Dollar aus!‘ „Nehmen Sie sich eine Woche Sonderurlaub, Luigi! Sie haben es sich verdient!“*

Luigi holte sich, rundum mit sich zufrieden, den Scheck ab. Dann ging er den Flur nur ein paar Büros weiter, steckte den Kopf durch eine Tür und fragte:

*„Hey Babsie, glaubst du, dass du für eine Woche freibekommst? Hier ist unser Urlaubsgeld.*

***

## LANGERSEHNTER ANRUF

*„Mr. Burns? Ach ja, General Burns. Ich dachte, Sie würden eher anrufen. Hoffentlich haben Sie gute Nachrichten für mich. Der Kult ist ziemlich in Aufregung."*

*„Ja Claude, ich weiß. Aber ich habe Ihnen ja versprochen, die Sache zu Ende zu bringen. Die Zielperson ist ermittelt. Und wie der Zufall so spielt, ist sie vor Kurzem verstorben. Ich habe alle Beweise hier liegen. Es braucht sich also keiner die Hände schmutzig zu machen."*

*„Was heißt hier Hände schmutzig machen? Wir sind im Krieg. Schließlich geht es um höhere Ziele. Diese Art von ‚Weltverbesserern' wird langsam gefährlich."*

*„Wie gesagt, Claude, ich habe hier physische Beweise. Die Sache ist vollkommen klar, auch was die Hilfe der anderen anbelangt. Ich denke, von da aus ist erst mal nichts mehr zu erwarten."*

*„Ja, das hört sich alles äußerst ermutigend an. Können Sie mir vielleicht noch einen detaillierten Bericht zukommen lassen, Alex?"*

*„Schon geschehen. Es ist übrigens, im Anhang, ein sehr interessantes Video dabei. Sie müssten es in Ihrem Postfach haben, Claude"*

*„Ja! Es ist eben angekommen. Danke, gute Arbeit!"*

Deville war ziemlich aufgeregt, was man ihm nicht so oft ansehen konnte. Er überflog die Mail und sah sich das etwa zehnminütige Video an sowie die ebenfalls angehängten Fotos vom Totenschein und dem *E-Booster*.

Jetzt war auch er überzeugt. Sogleich leitete er die Mail an Dr. Bloomfield, beim JRO in Lima, weiter, mit der Bitte, die an der fehlgeschlagenen Aktion beteiligten Stellen mögen einen neuen Termin koordinieren.

An Dr. Zhìxiàng und das Team im Stollen ging seine Mail, mit der Information, dass alle Probleme beseitigt seien. Außerdem sollten sie sich, in der nächsten Zeit, auf eine Wiederholung der Aktion vorbereiten.

***

## GENOZID?

Die Spaltung der Gesellschaft nahm immer groteskere Züge an. Trotz der mit gewaltigem finanziellen und auch psychologischen Aufwand durchgeführten Impfkampagnen der Staaten, blieb etwa ein Drittel nicht geimpft.

Diese Personengruppe war weder durch Androhungen des Ausschlusses von der Teilhabe an dem gesellschaftlichen Leben noch durch de fakto Berufsverbote zu ‚bekehren‘. Es war ja auch eine sonderbare ‚Logik‘, den Geimpften Angst davor zu machen, dass Nichtgeimpfte sie anstecken könnten. Wovor schützt denn dann die Impfung?

Es gab sogar eine ständig wachsende Anzahl geimpfter Personen, die leider zu spät bemerkte, dass sie staatlicher Propaganda aufgesessen war. Schließlich zeichnete sich immer mehr ab, dass mittlerweile die Todeszahlen dieser Gruppe, die der nicht Geimpften überstiegen.

Auch glich sich, über längere Zeit, die statistische Größe der Sterblichkeit in Staaten mit und ohne Lockdowns an. Mit staatlichen Eingriffen war sie zwar am Beginn geringer, doch gegen Ende der *'Pandemie'*, umso höher. Es verhielt sich also in etwa so, wie bei dem weisen Spruch:

*'Ein Schnupfen dauert mit Arzt nur zwei Wochen, ohne Arzt, jedoch vierzehn Tage!'*

Ganz böse Zeitgenossen gingen sogar so weit, dass sie einen Zusammenhang mit der sogenannten *'Deagelliste'* herstellten. Diese gibt eine äußerst verstörende Prognose zu Ökonomie und Bevölkerungszahlen in 189 Staaten, bis zum Jahr 2025. Diese ominöse Website *'deagle.com'* ist sehr umstritten, weist sie doch nicht mal ein Impressum auf. Das detaillierte Hintergrundwissen lässt jedoch auf Geheimdienstkreise und/oder Akteure aus dem militärisch-industriellen-Komplex schließen.

Das verstörende an *'deagle.com'* ist, dass vor allem den Ländern des westlichen Verteidigungspaktes NATO, ein Schrumpfen der Bevölkerung, von bis zu siebzig Prozent prognostiziert wird. Die Länder im russisch-chinesischen Einflussbereich hingegen würden ziemlich 'ungeschoren' bleiben. Ohnehin schon bevölkerungsreiche Staaten wie Indien, Pakistan oder die Philippinen hätten bis 2025 sogar größere Zuwächse zu verzeichnen.

Ein solches Szenario lässt sich schwerlich mit einem Kriegsgeschehen erklären, denn dann gäbe es Verluste in beiden Lagern. Auch eine wirklich verheerende Seuche, vergleichbar mit den Pest-Epidemien im Mittelalter würde sich in der heutigen global vernetzten Welt wohl kaum an Ländergrenzen stoppen lassen. Denkbar wäre jedoch ein, von wem auch immer, geplanter Genozid durch eine *'Impfung'*.

Dieser Verdacht war womöglich der latente Grund für die vielen Impfverweigerer. Ein Motiv für diese Kreise könnte dabei die Tatsache gewesen sein, dass die neuartigen mRNA-Impfstoffe gerade in diesen westlichen Ländern massiv medial propagiert wurden. China stellte diese Art Vakzine zwar auch her, jedoch nur in Lizenz und für den Export in den Westen.

Auch kamen immer mehr Hintergründe und Beweise auf den Tisch, dass die *‚Pandemie'*, wie auch das folgende Krisen- und Impfregiment jahrelang konspirativ vorbereitet wurde.

Ein geflügeltes Wort, das der RAF-Szene in Deutschland zugeschrieben wird, das da lautet:

*„Wir können sie nicht zwingen, die Wahrheit zu sagen, aber wir können sie zwingen, immer dreister zu lügen"*,

kam immer mehr zur Geltung. So wurden Vertuschungen und Lügen immer unglaubwürdiger und es verging kein Tag, an dem nicht irgendein neuer Korruptionsskandal oder politischer Kuhhandel aufflog.

Und so fragten sich immer mehr Bürger, wem dienen denn unsere sogenannten Volksvertreter eigentlich, dem Volke, oder vielleicht ganz anderen Interessen?

In diesen Tagen der Spaltung mag es sicherlich unzählige Aufrichtige, in den Parlamenten, den Schreibstuben sowie bei Militär und Polizei gegeben haben. Jedoch spätestens jetzt müssten sie erkennen, dass sie inzwischen selbst Teil des Problems geworden sind, das zu lösen eigentlich ihre Aufgabe wäre.

Doch nur wenige fanden den Mut, ihr Gewissen über gewohnte Vorteile und Bequemlichkeiten zu stellen und Stellung zu beziehen, aufzubegehren, ihre Kündigung einzureichen oder, im Falle der Beamten, wenigstens zu remonstrieren.

Geschichtliche Ereignisse verlaufen selten linear. Wird ein bestimmter Punkt erreicht, können sie eine völlig unerwartete Dynamik entwickeln und sich verselbständigen. Dann sollte man nicht auf der falschen Seite stehen!

***

## RUHE VOR DEM STURM

Phil und Shamira hatten Chris‘ Plan, Elena für einige Zeit von der Bildfläche in Santiago verschwinden zu lassen, sofort zugestimmt. Selina und die Großmutter wurden vom Kurzurlaub am Pazifik zurückbeordert. Shamira war auch vom Mutterschiff bereits über die vom Netzwerk in Peking erlangten Informationen unterrichtet. Daher war ihr klar, dass nicht mehr viel Zeit blieb.

Zum Abendessen saßen schließlich wieder alle vereint um den Tisch. Es lag so eine Art Abschiedsstimmung in der Luft. Elenas Großeltern dachten mit gemischten Gefühlen daran, dass schon morgen das Haus wieder ziemlich leer und die Aufregung der letzten Tage vorbei sein würde.

Als Selina zu Bett gebracht wurde, musste Chris wieder ‚Sandmännchen‘ spielen. Das Kind fragte ihm ein Loch in den Bauch, wie es denn in Schottland aussehen würde.

*„Santiago ist auf der südlichen Halbkugel, hier hat eben der Sommer begonnen. Schottland ist auf der Nordseite. Dort beginnt jetzt der Winter. Wir werden in einem kleinen Haus oberhalb eines Sees wohnen.“*

*„Kann man dort Schlittschuhlaufen?“*

*„Das glaube ich nicht. Aber vielleicht liegt schon Schnee.“*

*„Fliegen wir mit dem Flugzeug, oder fahren wir mit dem Bus?“*

*„Einen Bus, der übers Meer fahren kann, gibt es, glaube ich, nicht. Ja, es ist eine Art Flugzeug.“*

*„Wenn es Flügel hat und fliegen kann, dann ist es doch ein Flugzeug, oder?“*

*„Ja sicher, aber unser ‚Flugzeug‘ hat keine Flügel und es kann trotzdem fliegen.“*

*„Jetzt weiß ich es. Wir fliegen mit einer Rakete!“*

*„Du bist ganz schön schlau, für dein Alter. Dann weißt du auch bestimmt, was ein UFO ist.“*

*„Na klar, eine fliegende Untertasse.“*

*„Jetzt weißt du, wie wir dorthin kommen.“*

*„Cool!“*

*„Hast du keine Angst?“*

*„Vor Aliens?“*

*„Ja, zum Beispiel.“*

*„Ach nein, die sind nett.“*

*„Du kennst welche?“*

*„Ja, ich träume oft von ihnen. Wir unterhalten uns. Sie sagen, ich gehöre zu ihnen. Sie sehen genauso aus, wie wir. Sie beschützen uns!“*

Chris musste sich unbemerkt eine Träne aus dem Auge wischen. *„Wie recht du hast. Aber ich glaube, jetzt ist Zeit, zu schlafen! Gute Nacht!“*

Am nächsten Morgen wurde gepackt, einschließlich warme Kleidung. Boq hatte durchgegeben, dass es am helllichten Tag und bei so vielen

Passagieren wohl besser sei, einen Treffpunkt außerhalb der Stadt zu vereinbaren. Er schlug einen Ort nahe einer Busstation Richtung Valle Nevada, etwa fünfzehn Kilometer außerhalb der Stadtgrenze vor.

Elenas Großvater kannte die Buslinie, weil sie früher öfter dorthin zum Skifahren in die Anden fuhren. Gegen 13:00 Uhr saßen sie im Bus und eine Stunde später stiegen sie an der vereinbarten Haltestelle aus. Shamira führte sie zu einer nicht einsehbaren Stelle, wo alle in das getarnte Shuttle geführt wurden. Selina machte bei alldem den Eindruck, als würde sie in den morgendlichen Schulbus steigen.

Nur Minuten später flogen sie mit *‚Mach 15'* dem Wintermorgen in Schottland entgegen.

***

## WILLKOMMEN, IM CLUB

Fernand fuhr zum Gemüsemarkt am *Xinfadi-Park.* Huan hatte sich auf seinem unregistrierten Handy ein weiteres Mal mit ihm dort verabredet. Huan saß bereits mit dicker Jacke und hochgeschlagenem Kragen auf einer Bank. Fernand hatte schon am Wagen seinen Wintermantel und Handschuhe angezogen. Mitte Dezember stand auch in Peking der Winter vor der Tür und es hatte, auch tagsüber, nur wenige Grade über null. Wortlos nahm er neben Huan Platz und spielte unbeteiligt auf seinem Smartphone herum.

Huan tat, als führte er ein Telefongespräch. Dabei legte er Fernand den Plan zur Evakuierungsaktion für Minho und Yini dar. Als er schließlich zu dem Part kam, den Fernand dabei spielen sollte, blitzte es in dessen Augen. Das wäre die Gelegenheit, auf die er so lange gewartet hatte, um mit Deville die alte Rechnung zu begleichen.

Insgeheim bewunderte er den Mut, den Yini und Minho in dieser Situation aufbrachten. Vor allem für Minho hieß es, alles auf eine Karte zu setzen.

Der Einsatz war hoch, - sein Leben!

Doch er, Fernand Cerbére, der Hühne mit dem weichen Herzen? Er war kein ‚James Bond'! Er war nur Devilles Laufbursche, sein ‚Mädchen für alles', sein Fußabstreifer!

Huans Plan war perfekt. Er würde das alles glaubhaft für die Piloten darstellen können. Doch was, wenn Deville an diesem Tag die Maschine selber bräuchte? Was, wenn sie aus irgendeinem Grund miteinander telefonieren sollten?

Aber dann stellte er sich vor, alles liefe planmäßig ab und er, Fernand, wäre an einem filmreifen Coup zur Rettung des Planeten beteiligt. Er wäre seinen Job los. Das ist klar. Aber er hatte nicht unerhebliche Ersparnisse und nicht wie die meisten Trottel, deren ‚Bankguthaben' sich im Crash in virtuelle Papierschnipsel verwandelt hatten. Nein, er hatte sich ein kleines, aber feines, physisches Golddepot bei einer Schweizer Bank aufgebaut. Und in Devilles Umfeld konnte er auch immer wieder mal Insidertipps der Profis aufschnappen, nach denen er einige Firmenanteile erwarb. Und deren Papiere standen, selbst in der Krise immer noch ganz gut da. Huan bemerkte natürlich den Kampf, den die zwei Seelen in Fernands Brust ausfochten, schwieg aber.

*„Wie viel Zeit bleibt uns?"*, fragte Fernand, unvermittelt.

*„Du meinst, bis die Sache steigt? Höchstens eine Woche. Warum fragst du?"*

*„Ich müsste vorher an meine Ersparnisse kommen und die sind in Europa. Am besten wäre, die Maschine würde in Seoul landen. Da kann sich Minho in der Muttersprache verständigen und ich komme mit*

*meinem Englisch sicher auch zurecht. Außerdem sind dort keine Sanktionen zu befürchten."*

*„Ja verdammt, darauf hätte ich auch kommen können. Also bist du dabei?"*

*„Ich bin dabei!"*

Huan sprang spontan auf und drückte Fernand.

*„Willkommen im Club!"*

# BRAINBOW 2.0

***

## WEIHNACHTSGESCHENK

*„Monsieur Deville, Mr. Bloomfield ist in der Leitung. Kann ich ihn durchstellen?“*

Devilles Adrenalinspiegel schoss rasant in die Höhe.

*„Aber ja, Fernand, machen sie schon!“*

*„Deville, - Hi Dave! Hast du was für mich?“*

*„Ja Claude, ich hab ein richtiges Weihnachtsgeschenk für dich. Wir haben es diesmal ganz groß aufgezogen. Fast alle machen mit. BRAINBOW 2.0 steigt am 23. Dezember, 8:00 Uhr, koreanische Zeit. Raul und Dr. Zhìxiàngs Team wissen Bescheid.“*

*„Dank Dave, das ist fantastisch. Hätte nie gedacht, dass ich Weihnachten mal was abgewinnen könnte.*

***

## DER COUNTDOWN LÄUFT

Bereits zur gleichen Zeit hatte Huan durch Minho eine Kopie von Dr. Bloomfields Mail an Dr. Callidus und Dr. Zhìxiàngs Team erhalten. Ein paar Mausklicks später wussten auch Shamiras Späher und auch Fernand Bescheid.

Jetzt war rege Betriebsamkeit angesagt, um alle nötigen Maßnahmen in die Wege zu leiten. Fernand beauftragte seinen Anlageberater in

Paris bei der BNP Paribas damit, sein Aktiendepot an die Filiale in Seoul zu transferieren.

An sein Edelmetalllager in der Schweiz jedoch würde er wohl nicht innerhalb weniger Tage kommen. Schließlich räumte er noch sein Girokonto bei der Pekinger Bank ab.

Huan schickte Minho Liangs detaillierten Fluchtplan mit den relevanten Kartenausschnitten. Dann bereitete er, mit Han zusammen, alle für die Aktion benötigten Dinge, wie Seile, Nachtsichtgeräte, vor allem aber auch das Schlauchboot und einen 12 V-Kompressor, um es aufzupumpen, vor.

Liang steuerte noch LED-Taschenlampen, eine Pistole mit Leuchtmunition sowie zwei Taser bei, die er noch vor der Versetzung in den Ruhestand ‚abzweigen' konnte. Tailin hatte noch die Idee, sich in der dünnbesiedelten Gegend, mit Reservekanistern vom Tankstellennetz unabhängig zu machen.

Im Labor im Stollen des *Paektusan*, übte Yini mit Minho, wie dieser in einem günstigen Augenblick das Medium für den Bioresonanz-Generator vertauschen sollte. Auf Minho wartete auch noch die Aufgabe, das Fluchtgepäck in den Armee-Jeep zu laden.

***

## LETZTE VORBEREITUNGEN

Bereits als das Shuttle in 60.000 Fuß Höhe die Azoren überflog, kam ein Signal von der „Starseed", dem hinter dem Mond geparkten Mutterschiff. Shamira ließ sich von Boq den *Telepator* reichen. Als sie ihn wieder absetzte, sah sie bedeutungsvoll in die Runde und sagte nur:

*„Es ist so weit. Freitag, 1:00 Uhr, Greenwich-Zeit!"*

*„Das heißt, wir haben noch fünf Tage"*, bemerkte Chris.

Und Phil meinte: *„Die werden wir auch brauchen.“*

Im Anflug auf die britischen Inseln schaltete Boq wieder den Tarnmodus ein. Bei Loch Lomond angekommen, ging das Shuttle wieder auf der bewährten Lichtung bei den Hügeln über dem Rustico nieder. Bereits einige Minuten später hätte man in der Morgendämmerung eine illustre Wandergruppe mit einem Kind den Ziehweg der Holzfäller hinuntergehen sehen können.

Der Himmel war ziemlich wolkenverhangen. Es musste kurz zuvor geregnet haben und über dem See stiegen Nebelschwaden auf. Als sie am Rustico ankamen, waren die Fensterläden bereits wieder aufgeklappt. Phil holte den Schlüssel hinter der Sonnenbank hervor und schloss auf. Drinnen prasselte ein anheimelndes Feuer im Kamin und auf dem Herd stand ein großer Topf mit Erbsensuppe.

Nach der warmen Mahlzeit und einer Kostprobe von Phils aufgebrühtem Kaffee zogen sich Phil und Shamira sowie Elena und Chris ins Obergeschoss zurück, um ihr Gepäck einzuräumen. Selinas Bett wurde auf dem Sofa in Chris‘ und Elenas Zimmer hergerichtet. Boq und Selina blieben im Erdgeschoss. Die beiden hatten festgestellt, dass sie ohne Hilfsmittel, auf telepathischem Wege miteinander kommunizieren konnten. Sie waren sich sofort vertraut, so, als würden sie sich seit Anbeginn der Zeit kennen.

Am Nachmittag, als der Himmel etwas aufklarte und ab und zu sogar die Sonne durchblinzelte beschlossen sie, alle zusammen, eine kleine Wanderung über die Hügel der Moränenlandschaft zu unternehmen. Auch wollten sie Boq zum Shuttle begleiten, der die Nächte aus Gründen der Sicherheit ohnehin dort verbringen wollte. Als die anderen etwa gegen 17:00 Uhr wieder zum Haus zurückkehrten war es schon wieder dunkel geworden, was alle daran erinnerte, dass bereits in einer Woche Weihnachten sein würde.

Nach dem Abendessen nahmen sie Chris‘ Vorschlag auf, auch einmal in Selinas Gegenwart mit dem *E-Booster* zu experimentieren. Selina, die den Kristallwürfel zum ersten Mal zu Gesicht bekam, hatte sichtlich Freude an diesem ‚Spielzeug‘. Als ihr dessen Wirkungsweise erklärt wurde, war sie nach kurzer Zeit imstande, auch ohne den Würfel zu berühren, die Drehzahl der Disk im Inneren beliebig zu steuern. In ihren Händen war es ihr auch alleine möglich, die Energie so weit zu steigern, dass die violetten Strahlen an den Spitzen der Tetraeder austraten.

Die Erwachsenen blickten sich mit erstaunten Mienen an. Und im selben Augenblick hatten bestimmt alle nur den einen Gedanken:

*‚Selina wird am Freitagmorgen mit dabei sein!‘*

Schließlich zogen sie sich für die Nacht zurück und alle gingen zuversichtlich zu Bett.

Shamira und Phil hatten sich bereits am Nachmittag, beim Spaziergang darauf verständigt, in den nächsten Nächten zusammen auf Seelenreise gehen. Sie hatten die Absicht, alle Mitglieder der *‚Weißen Bruderschaft‘* über die geplante erneute Aktion der Seelenlosen zur weiteren Unterwerfung *‚Gaias‘* zu unterrichten.

Und so würden sich alle diese wohlmeinenden Seelen der aufgestiegenen Meister dafür einsetzen, die negativen Energien von *BRAINBOW 2.0* zu eliminieren. Die über Stonehenge, dem Herz-Chakra der Erde ausgesendete Kraft der bedingungslosen Liebe würde somit von den Chakren bei Mount Shasta, Gizeh und Kailash potenziert.

Die nächsten Tage verbrachten alle fröhlich gestimmt, mit erbaulichen Gesprächen, gutem Essen und Wanderungen an der frischen Luft. Mit aufgetankter Seele und Zuversicht im Herzen fieberten sie, in freudiger Erwartung, der immer näher rückenden längsten Nacht des Jahres entgegen.

Als Fernand seinen Chef um ein paar Tage Urlaub bat, damit er eine Einladung von Freunden wahrnehmen könne, da war Deville nicht abgeneigt. So würde er sich voll und ganz auf die *BRAINBOW*-Aktivitäten konzentrieren können.

Bereits am Mittwoch mieteten sich Han, Huan und Tailin einen Kleinbus und machten sich auf den Weg ins etwa eintausend Kilometer entfernte Baishan. Am Abend ließ Fernand sich von Liang mit dem Auto abholen. Er hatte nur das Allernötigste an persönlichen Gegenständen, aber all seine Dokumente und Bargeld eingepackt.

Von unterwegs beauftragte er die Piloten, die Maschine für den nächsten Morgen startklar zu machen. Er verbrachte die Nacht bei Liang. Am nächsten Tag fuhren sie bereits in der Morgendämmerung zum Hangar am Daxing-Airport. Dort stellte er den startbereiten Piloten Liang als einen alten Geschäftsfreund von Deville vor, der nach einem Zwischenstopp in Baishan nach Seoul zu bringen wäre. Nur eine halbe Stunde später saßen sich Fernand und Liang, hoch über den Wolken, in ihre dicken Alcantara-Sitze gelümmelt gegenüber und grinsten sich triumphierend an.

Nach der Landung auf dem Baishan-Airport wurden die Piloten angewiesen, die Nacht in einer Parkposition zu verbringen und sich am nächsten Tag für den Weiterflug nach Seoul bereitzuhalten.

Nach dem Auschecken im VIP-Bereich stießen sie zu den anderen, die sie schon im Kleinbus erwarteten. Eine mehrstündige Fahrt später, über National-, Provinz- und zuletzt Gemeindestraßen, erreichten sie am frühen Nachmittag schließlich den Fluss *‚Yalu'*, der die Grenze zwischen den beiden Ländern bildet. Etwa 15 Kilometer südlich des *Paektusan* wurde die Straße, die bis zum Gipfel mit dem berühmten *‚Himmelssee'* führt, mautpflichtig. Dieser See hatte sich nach einem großen Ausbruch im Jahr 946 in der Gipfel-Caldera des Vulkans gebildet.

Nach weiteren etwa 10 Kilometern erreichten sie die von Minho in den Mails bezeichnete Stelle, an der die diesseits und jenseits des Grenzflusses verlaufenden Straßen nur in etwa zweihundert Metern Abstand verliefen. Sie parkten den Bus etwas abseits der Straße. Liang und Han gingen zum vereinbarten Zeitpunkt zum Flussufer hinunter. Minho wartete bereits auf der anderen Seite. Huan, Tailin und Fernand waren im Kleinbus zurückgeblieben. Als sie ein Pfeifsignal hörten, machten sie sich daran das Schlauchboot mit dem Kompressor mit Luft zu füllen und es zu den anderen zu tragen. Der Fluss war an dieser Stelle nur circa zehn Meter breit, jedoch ziemlich reißend.

Liang befestigte am Boot ein Seil und schleuderte es gekonnt zu Minho auf die andere Seite. Darauf hängte er sich seinen Rucksack um, in dem auch die KVA-Uniform verstaut war und stieg ins Schlauchboot. Nachdem Minho ihn vorsichtig zur anderen Seite gezogen hatte, verbargen sie es im Gebüsch. Im Jeep zog Liang die Uniform an. Und wenig später stellte Minho dem Team im Labor seinen neuen Kollegen vor.

In dieser längsten Nacht des Jahres sollte sich nun das Schicksal der ganzen Menschheit entscheiden. Würde der perfide Anschlag der Seelenlosen, die natürlichen Kräfte der Evolution für weitere Jahrhunderte zu unterdrücken, aufgehen? Könnte ihr Traum des *Transhumanismus'*, die menschliche Genetik mit KI-gesteuerten Maschinen zu verschmelzen, Wirklichkeit werden? Ließe sich die Hybris der Parasiten, ihre blasphemische Selbstüberschätzung tatsächlich durchsetzen?

Sie hatten alles aufgefahren. Gesteuert mit der Präzision einer Mondlandung, hatten unzählige aus dubiosen Töpfen gespeiste Hightech-Forschungsanlagen, im Verbund mit zahlreichen Geheimdiensten, an der Durchführung von *BRAINBOW* gearbeitet.

Auf der anderen Seite waren infolge immer dreisterer und offensichtlicher Lügen der Kabale viele Millionen aus der *Matrix* erwacht. Sie hatten durch die Entdeckung ihrer Herzqualitäten den Erdkreis angefüllt mit positiver Liebesenergie. Und in vielen spirituellen Zentren der Erde bereiteten sich die Lichtkräfte des Planeten darauf vor, ‚*Gaias*' Energiekörper zu stärken.

***

## SHOWDOWN

Wie bei der ersten *BRAINBOW*-Aktion am 12. November startete das Shuttle rechtzeitig zu den Steinkreisen von Stonehenge. Diesmal war auch Selina mit an Bord. Genau wie damals parkte Boq das Gefährt im Tarnmodus exakt über dem steinzeitlichen Monument und schaltete den Antrieb ab. Bereits um Mitternacht setzten sich Elena, Chris und Selina im Schneidersitz um den *E-Booster* und fassten sich mit den Händen an den Schultern. Shamira, Phil und Boq bildeten um die drei einen weiteren Kreis und hielten sich an den Händen.

Die verbleibende Zeit nutzten sie, um sich bis 1:00 Uhr optimal abzustimmen und den *E-Booster* an neue Leistungsgrenzen zu bringen.

Am fast neuntausend Kilometer entfernten Paektusan war es schon 7:00 Uhr, morgens. In den nächsten Minuten der zunehmenden Morgendämmerung wurde ein weiteres Mal das bizarre, waschbrettartige Wolkenmuster sichtbar, das schließlich ein riesiges, kreisförmiges Loch freigab.

Kurz vor 8:00 Uhr hatte Dr. Zhìxiàng die zuvor von Minho vertauschte Probe in das Bioresonanzsystem integriert. Dr. Callidus legte den Hebel für die Starkstromversorgung der Transmitteranlage um. Exakt um 8.00 Uhr startete Frau Dr. Zhìxiàng die quantenphysikalische Übertragung.

Punkt 1:00 Uhr gingen auch unsere Freunde im Shuttle, über dem Herz-Chakra des Planeten, in den Dauerbetrieb zur Manifestierung ihrer heilenden Energie. Stärker und kraftvoller als jemals zuvor, bahnte sich der alles durchdringende violette Strahl bedingungsloser Liebe seinen Weg, hoch, in das Magnetfeld der Erde.

Das weltweite Netz seismografischer Detektoren zeigte durchgehend keinerlei ungewöhnliche Ausschläge. Die Operateure der begleitenden HAARP- und Scatter Radar-Anlagen, rund um den Erdball, blickten zufrieden auf ihre Instrumente, Ausdrucke und Monitore. Deville und seine Kultbrüder, die sich zu einem Video-Chat verabredet hatten, feixten schon in ausgelassener Stimmung, um den sich abzeichnenden Erfolg der Aktion zu feiern.

***

## DER STURM BRICHT LOS

Erst war es, als hielte die ganze Welt den Atem an. Wie im Auge des Orkans, schien die Zeit stehen zu bleiben. Eine seltsam gespenstische Stimmung lag überall in der Luft. Nur äußerst feinfühlige Seelen wären imstande gewesen, die dunklen Wolken zu sehen, die sich dem physischen Auge verborgen, zusammenbrauten.

Es begann ganz langsam, wie die ersten Tropfen eines beginnenden Monsunregens. In der Natur konnte man beobachten, dass die Tiere unruhig wurden. Viehherden begannen zusammenzustehen. Andere zogen sich tief in ihren Bau zurück. Insekten und Vögel suchten Schutz.

Echsen, Krokodile, Schlangen und andere Reptilien jedoch reagierten aggressiv. Sie fingen an, sich gegen die eigene Art zu richten. Es spielten sich grausame Szenen ab.

Im Labor, im Paektusan wurden im Team fragende Blicke ausgetauscht. Minho nahm als Erster diesen singenden, fast nicht wahrnehmbaren Ton wahr. Seine Frequenz sank immer tiefer in den hörbaren Bereich, wobei die Lautstärke ständig zunahm. Schließlich begann auch wieder dieses Zittern und Vibrieren des Fußbodens. Liang machte Minho und Yini auf die Wassertropfen aufmerksam, die überall an der Felsendecke sich zu bilden begannen. Dr. Callidus und die anderen im Team waren so in ihre Instrumente vertieft, dass sie es nicht bemerkt hatten.

Einer Intuition folgend verließ Yini kurz das Labor und sah nach den Versuchstieren. Als sie feststellte, dass von den Reptilien alle den Tod gefunden hatten, öffnete sie all die Käfige der anderen Tiere, um ihnen eine Flucht aus dem Stollen zu ermöglichen. Als sie wiederkam, rief sie Minho und Liang unter einem Vorwand aus dem Labor und teilte ihnen mit, dass die Aktion offensichtlich erfolgreich war.

Inzwischen waren an den Felswänden kleine Rinnsale zu sehen und auf dem Fußboden hatten sich überall Pfützen gebildet. Der singende Ton hatte sich mittlerweile zu einem unheilvollen Brummen und Grummeln gewandelt, sodass die drei beschlossen, sofort die Flucht anzutreten.

Sie kletterten auf einen der bereitstehenden elektrischen Plateauwagen und steuerten dem Stollenausgang zu. Es war auch keinen Moment zu früh. Nach einem lauten Knall und angsteinflößenden Berstgeräuschen hörten sie, hinter sich, eine Wasserwalze mit tosendem Lärm und großer Geschwindigkeit immer näherkommen.

Buchstäblich in letzter Sekunde sprangen sie am Ausgang des Stollens von ihrem Gefährt ab, um sogleich höheres Gelände zu erreichen, wo glücklicherweise auch Minhos Jeep stand. Unter ihnen schossen, wie in einem reißenden Wildbach, die gurgelnden Wassermassen aus dem Stollen und führten alles mit sich, was auch immer sich ihnen in den Weg gestellt hatte.

Doch es war keine Zeit zu verlieren. Auch aus den Flanken des Berges quollen an vielen Stellen Wasserfontänen, die sich, zusammen mit den Schneemassen, den Weg ins Tal bahnten.

*„Jetzt oder nie!“,* schrie Liang, geistesgegenwärtig. Huan stürzte zum Jeep, um ihn zu starten. Liang packte Yini, die wie zu einer Salzsäule erstarrt war, wuchtete sie auf die Rücksitzbank und sprang auf den Beifahrersitz. Es blieb nur ein winziges Zeitfenster, der drohenden Katastrophe zu entkommen.

Der größte Teil der sich aus dem Stollen ergießenden Wassermassen bahnte sich seinen Weg durch den Wald, dem tiefer gelegenen Flussbett des *‚Yalu‘* entgegen. Trotzdem war die Straße bereits circa 20 Zentimeter hoch überflutet und das Wasser stieg unaufhörlich weiter. Also setzte Minho den Jeep vorsichtig in Bewegung und pflügte die überschwemmte Straße entlang, nach Süden.

Nach einigen Kilometern wurde die Straße wieder trocken und sie hatten die Stelle erreicht, wo Liang und Minho, abseits im Wald, das Schlauchboot versteckt hatte.

*„Die Chance, dass das Schlauchboot noch an seinem Platz ist, dürfte gleich ‚null‘ sein. Das Wasser des Flusses ist bestimmt mehrere Meter hochgestiegen.“,* sagte Liang.

*„Ich denke, wir sollten so schnell wie möglich von hier wegkommen. Der Berg kann jeden Moment in die Luft fliegen. Der ‚Himmelssee‘ auf dem Gipfel hat über zwei Milliarden Kubikmeter Wasser. Wenn die daherkommen, dann gute Nacht!“,* warf Minho ein.

Die anderen nickten und Minho trat das Gaspedal durch. Yini wagte ab und zu einen Blick nach hinten, wo über dem Paektusan riesige Schwaden vom Dampf kochenden Wassers aufstiegen und bereits ein Helikopter kreiste.

***

## SPREU UND WEIZEN

Unterdessen spielten sich, rund um den Erdball gespenstische Szenen verstörender und entsetzlicher Art ab. Auf der einen Seite fielen sich wildfremde Menschen in die Arme und zogen fröhlich singend durch die Straßen. Oder sie suchten, spontan, ihre Kirchen, Moscheen sowie Tempel und Synagogen auf, um Kerzen zu entzünden.

Auf der anderen Seite jedoch, fingen vielerorts Menschen an, seltsam und unberechenbar zu reagieren. Es war, als würden sie den Verstand verlieren. In harmloseren Fällen kauerten sie, am ganzen Körper zitternd, am Boden und waren nicht mehr ansprechbar. Bei vielen jedoch steigerte es sich bis zum totalen Kontrollverlust. Manche sprangen, mitten in der Nacht aus dem Bett und stürzten sich, laut schreiend aus dem Fenster. Andere liefen wie Zombies in einem Horrorfilm, mit Messern fuchtelnd auf die Straßen, um Unschuldige zu verletzen und sich schließlich selbst zu töten.

Arbeiter in den Schlachthöfen richteten sich gegenseitig mit ihren Bolzenschussapparaten und Tranchierscheren. Pharmazeutische und medizinische Mitarbeiter in den Tierversuchslaboren stopften sich voll, mit schädlichen Substanzen oder setzten sich tödliche Injektionen.

Auf den Fluren der Fernsehanstalten und Medienhäuser gingen Redakteure, Abteilungsleiter und Intendanten wie Berserker oder wild gewordene Furien aufeinander los.

Auch in Devilles Video-Chat spielten sich abscheuliche Szenen ab. Erst griffen sich die Ersten an die Brust, bevor sie mit schmerzverzerrtem Gesicht vom Stuhl kippten. Andere blickten plötzlich mit ungläubigem Blick in die Webcam, um sich kurz darauf zu übergeben und auf die Tastatur zu sinken.

Schließlich war auch im *‚E.T-Hotel'*, am *‚Homey-Airport',* tief unter dem Wüstenboden Nevadas, der *‚Doomsday'* angebrochen. Ein Erdbeben der Stärke 5,8 hatte in der Nacht zuvor die Stromversorgung der Lebenserhaltungs-Systeme für das Zuchtprogramm im *‚Drako'*-Habitat' zerstört. Da zugleich die Notstromsysteme versagten, war das Schicksal *‚Gondraks'* und all seiner ‚Mitstreiter' endgültig besiegelt.

***

## RISKANTES SPIEL

Kurz darauf passierten die drei in Minhos Armeejeep eine Stelle, wo der Wald für kurze Zeit einen freien Blick auf den Fluss freigab. Dieser war inzwischen bestimmt auf das Fünffache seiner Breite angewachsen und führte jede Menge Gestrüpp und entwurzelte Bäume mit sich. Minho hielt den Jeep kurz an und versuchte mit seinem Mobiltelefon Huan zu erreichen, doch er hatte keinen Empfang. Liang hatte mit seinem Satelliten-Handy mehr Glück.

Als er Huan die Situation geschildert hatte, meinte er noch: *„Wir wissen zwar noch nicht wie, aber irgendwie müssen wir es über die Grenze schaffen. Bitte haltet wenigstens bis morgen die Stellung! Aber ihr solltet euch einen Platz, weiter vom Fluss entfernt suchen."*

Hinter der nächsten Straßenbiegung, an der Stelle, wo die Straße zu der Stadt *‚Samjiyon'*, mit dem Großmonument des *‚Ewigen Präsidenten'* und Staatsgründers *Kim Il-Sung* führte, war eine Straßensperre des Militärs aufgebaut. Sie galt jedoch nur für Reisende in Richtung Paektusan.

Minho hielt trotzdem an und winkte den nächststehenden KVA-Soldaten zu sich, der eifrig herbeilief und salutierte. Minho erklärte ihm, dass sie gerade einer Katastrophe im Stollen entgehen konnten und die chinesische Leiterin des wissenschaftlichen Projektes mit sich führten. Dann wollte er noch wissen, wo er mit den Vorgesetzten des Soldaten sprechen könne. Der erklärte, dass in der nahen Stadt *‚Samjiyon‘* ein Katastrophen-Interventionsteam sowie eine Hubschrauberstaffel stationiert wären. Die Leitung des Einsatzes wäre im Flughafengebäude untergebracht. Liang folgte einem intuitiven Geistesblitz. Er nickte Minho zu und deutete nach Osten.

*‚Samjiyon‘* ist eine auf dem Reißbrett als Prestigeprojekt des Diktators Kim Jong-Un entstandene Retortenstadt. Auf über 1300 m Höhe, mitten in einem Skigebiet gelegen, beherbergt sie eine Monumentalstatue seines Vaters Kim Il-Sung, des Staatsgründers der Volksrepublik Nordkorea.

Auf der circa zwanzigminütigen Fahrt klärte Liang auch die beiden anderen über seinen verwegenen Plan auf. *„Dass der Berg unsere Absichten über den Haufen geworfen hat, das war wahrscheinlich Pech. Dass das Schlauchboot derzeit eine Reise zum ‚Gelben Meer‘ unternimmt, zeugt auch nicht gerade von unserem Glück. Aber als der Soldat an der Straßensperre von einer Hubschrauberstaffel gesprochen hat, sind unsere Aktien plötzlich wieder durch die Decke gegangen.“*

Minho und Yini schauten ihn verständnislos an.

*„Ist doch ganz einfach,“*, scherzte Minho, *„wir schnappen uns so ein Ding, nehmen die Handbremse raus und fliegen mal eben über den Fluss, zu den anderen.“*

Yini entwich ein gequältes Lachen.

*„Ganz so einfach ist es nicht“, meinte Liang, „Vielleicht wir finden einen Helikopter, bei dem der Schlüssel steckt. - Es ist zwar schon lange her, aber zur Not kann ich so ein Ding auch fliegen. - Die wahrscheinlichere Variante ist jedoch, wir schnappen uns einen Piloten und überreden ihn, uns zu begleiten.“*

*„Wir?“*, fragte Minho.

*„Na ja, für die Drecksarbeit bin schließlich ich engagiert.“*, war Liangs Antwort. *„Aber ich werde lieb zu ihm sein, wie eine Mama zu ihrem Baby, versprochen!“*

*„Können wir nicht einfach zur Einsatzleitung gehen und von dem Unglück im Stollen berichten? Das Unternehmen ‚BRAINBOW‘ ist schließlich vom Präsidenten abgesegnet und ich bin als wissenschaftliche Leiterin offiziell von der chinesischen Regierung ausgeliehen“*, war Yinis Einwurf.

*„Und was ist mit Liang? Womit soll er seine Anwesenheit erklären?“*, entgegnete Minho. *„Yini, ich glaube du hast gar keine Vorstellung, was das hier in diesem Land für ein System ist.“*

*„Ihr könnt, wenn ihr wollt, gerne hierbleiben. Was jedoch mich betrifft, ich hab vor, noch ein paar Jahre zu leben. Ich nehme mir auf jeden Fall das Lufttaxi!“*, grinste Liang. Und alle wussten, dass er es ernst meint.

*„Entschuldige, Liang! Das hab ich nicht bedacht.“*, sagte Yini, kleinlaut.

*„Und ich hab auch nicht vor, in diesem ‚Freiluftgefängnis‘ zu krepieren“*, beendete Minho die Diskussion.

***

## DIE MEDIZIN WIRKT

Nach mehrstündiger Meditationsarbeit am *‚E-Booster‘* ließ die Konzentration unserer sechs Freunde merklich nach. Selina war bereits in Elenas Arm eingeschlafen. Shamira gab schließlich ein Zeichen, die Aktion zu beenden. Noch vor Anbruch der Dämmerung waren alle wieder am Loch Lomond gelandet. Boq wollte sich für ein paar Stunden im Shuttle regenerieren. Die anderen stapften, durch die vom Mond beschienene Winterlandschaft, den Weg hinunter zum Rustico. Selina hing wie ein nasser Sack über Chris‘ Schultern.

Bereits drei Stunden später, nach einer ziemlich kurzen Schlafpause, saßen alle wieder am Frühstückstich, etwas übermüdet zwar aber gutgelaunt. Kurz darauf stieß auch Boq wieder zu ihnen und brachte neue Nachrichten von der *‚Starseed‘* mit:

*‚Nach Informationen des globalen Netzwerkes der Scouts und Späher zeitigte die nächtliche Aktion überall auf dem Erdball epochale Auswirkungen. Es sei aber noch zu früh, ein ganzes Bild zu zeichnen. Überall, rund um die Welt, laufen ‚Breaking News‘ in Dauerschleife. Brennpunkt- und Sondersendungen werden vorbereitet. Als sicher jedoch gilt, dass die ganze Welt von einer mysteriösen Welle der Selbsttötungen erfasst wurde. Auch wurde von unzähligen kleineren und mittelschweren Erdbeben und vulkanischen Tätigkeiten berichtet. Die Wissenschaft stehe vor einem Rätsel. Die gesamte Menschheit war für kurze Zeit am Rande eines Atomkrieges. Er wurde nur deshalb verhindert, da aus unerklärlichen Gründen die Befehlsketten zusammengebrochen sind. Man vermute, dass gerade in den weltweiten Führungs- und Entscheidungsebenen die Suizidraten überproportional hoch waren. Vielfach wurde der nationale Notstand ausgerufen.‘*

*„Es scheint,“*, fand Phil als Erster seine Sprache wieder, *„als hätte ‚Gaia‘ nach unserer ‚Medizin‘ hohes Fieber und stellenweise auch Schüttelfrost bekommen. Aber in den Kreisen der Homöopathie gilt Erstverschlimmerung ja als ein Zeichen dafür, dass die Behandlung anschlägt.*

*„Wollen wir ihr alles Gute wünschen!“*,

stimmten die Anderen mit ein.

***

## DIE FLUCHT

Inzwischen waren Minho, Yini und Liang an dem kleinen Flughafen, außerhalb von *‚Samjiyon'* angekommen. In der Ferne konnte man an den Flanken des Berges inzwischen überall kleine Lavaströme erkennen, die sich dampfend mit dem Schnee vermischten und ins Tal wälzten. Über dem Krater des Paektusan kreisten in respektvoller Entfernung zwei Helikopter. Auf dem Weg zum Airport und bereits als sie den Ort durchquerten, herrschte überall reger Verkehr und hektisches Treiben. Eine Unzahl von Militärkräften war damit beschäftigt, die Wintersportgäste zu evakuieren. Es schien ein Wettlauf mit der Zeit zu sein, einem unmittelbar bevorstehenden Ausbruch zuvorzukommen.

Abseits vom Rollfeld standen zwei weitere Helikopter. An einem davon hantierte der wohl zugehörige Pilot herum.

Das war ihre Chance!

Liang sagte, Minho solle den Piloten durch ein Gespräch ablenken. Er würde ihn dann mit dem Taser für kurze Zeit außer Gefecht setzen und in die Pilotenkanzel verfrachten. Minho würde mit Yini inzwischen das Gepäck einladen.

*„Hast du was dagegen, wenn ich es erst einmal mit meiner Methode versuche?“*, fragte Minho.

*„Nur zu! Vielleicht kann ich ja noch was lernen.“*, war die Antwort.

Minho kletterte aus dem Jeep und ging auf den Piloten zu. Geistesgegenwärtig konnte er, als er ihm seinen Ausweis als RGB-Offizier unter die Nase hielt, dessen Namenszug auf dem Overall entziffern.

*„Sie müssen ‚Chang' sein".* Der Pilot salutierte und nickte. *„Ihr Einsatzleiter meint, sie wären der geeignete Mann für mich. Ich habe einen Sonderbefehl von General ‚Song-li'."* Das ist der Name von Minhos oberstem Dienstherrn und RGB-Chef. Sicher würde er dem Piloten bekannt sein.

*„Ich soll diese chinesische Wissenschaftlerin",* er deutete auf den Jeep *„so schnell wie möglich über die Grenze bringen. Können wir sofort starten?"*

*Chang* wirkte etwas überrascht. *„Ich werde nur kurz den Staffelführer informieren."*

*„Das sollten Sie besser bleiben lassen. Der Einsatzleiter persönlich hat Sie mir empfohlen. Ich denke, er will nicht, dass die Sache an die große Glocke gehängt wird."*

*Chang* nickte. *„Ich verstehe."* Er kletterte in die Kanzel und ließ die Maschine warmlaufen. Minho winkte die Freunde im Jeep herbei. Die kamen mit Minhos und Yinis Gepäck und nahmen im spartanischen Fond des *‚Hughes 500 MD',* einem Helikopter amerikanischer Herkunft, Platz.

*„Wir sind in einer halben Stunde wieder hier. Kann der Jeep so lange dort stehen bleiben?",* fragte Minho.

Der nickte und setzte den Helm auf. *Chang* erhöhte die Drehzahl der Maschine und der Helikopter stieg langsam in den Winterhimmel. Minho deutete nach Westen.

Liang stellte inzwischen einen Kontakt zu Huan und den anderen im Kleinbus wartenden her und informierte sie, dass sie in circa zehn Minuten bei ihnen wären. Huan schien sehr aufgeregt zu sein und sagte irgendwas von sensationellen Nachrichten. Liang verstand jedoch wegen des lauten Rotorgeräusches fast nichts und brach das Gespräch ab.

***

## RUHE

*„Wir haben hier aus guten Gründen weder ein Radio noch einen Fernseher"*, fuhr Phil fort. *„Dieses Haus hier, es soll ein Ort der Ruhe, des Rückzugs vom Alltagsgeschehen, ein Ankerplatz für Innenschau und Kontemplation sein. Nachrichten prasseln von außen auf uns ein. Sie lenken unsere Gedanken in beabsichtigte Bahnen. Sie halten uns davon ab, auf das zu hören, was unsere Seele uns gerne mitteilen möchte. Drastisch ausgedrückt:*

*Es ist betreutes Denken!*

*Schlimmer noch, es ist überhaupt kein Denken. Es ist das Nachplappern von Gedanken, die andere uns zugedacht haben. Nachrichten, das sind keine objektiv vermittelten Wahrheiten, sondern ‚nach gerichtete' Leitplanken für die Gehirne der Untertanen, aufgestellt von den Obrigkeiten."*

*„Aber das ist doch mit allem so.", wandte Chris ein. „Ganz egal, ob ich ein Buch lese oder einen Vortrag höre, immer werden meine Gedanken in irgendeine Richtung gelenkt, oder irre ich mich da?"*

*„Nein, das stimmt natürlich."*, meldete sich Elena zu Wort. *„Aber bei einem Buch oder einem Vortrag weiß ich doch immer, dass es sich um die persönliche Meinung eines Autors oder Verfassers handelt. Außerdem entstehen bei einem Buch, einem Roman zum Beispiel, die Bilder der Geschichte in meinem Kopf. Jeder Leser erlebt die eigene Auslegung der Handlung."*

*„Ja, das ist genau das, was ich meine. Vor langer Zeit war es üblich in der Zeitung Nachrichten und Meinungen scharf auseinanderzuhalten. Das geschieht heutzutage nur noch in den seltensten Fällen. Und wenn doch, dann steht in jedem Blatt das gleiche"*, sagte Phil.

Jetzt mischte sich Shamira ein. *„Ja, aber es wird doch keiner gezwungen, Nachrichten zu lesen oder Fernsehen zu schauen."*

*„Natürlich nicht,"*, pflichtete Chris bei *„aber die meisten Menschen sind mittlerweile so konditioniert, dass sie mit ihren eigenen Gedanken nichts mehr anzufangen wissen. Sie sind geradezu süchtig nach Ablenkung. Den ganzen Tag ist die Flimmerkiste an, sogar während des Essens. Schau dich um auf den Straßen, im Park, in der U-Bahn! Jeder schweigt vor sich hin und daddelt nur auf seinem Smartphone rum. Von wegen ‚smart', dass ich nicht lache. Was soll daran intelligent sein, sich den ganzen Tag von einem Gerät tyrannisieren zu lassen, das einem abnimmt, selbst zu denken und dabei das Gehirn vernebelt?"*

*„Aber lasst es uns positiv sehen!"*, meldete sich wieder Phil zu Wort. *„Es muss halt immer erst alles schlechter werden, bevor der Mensch einen Missstand erkennt und dagegen steuert. Erst wenn die Karre so richtig tief im Dreck steckt, dann helfen plötzlich alle mit, sie mit vereinten Kräften, wieder herauszuziehen. Das ist der Lauf der Welt.*

*Das, was wir heute Nacht erreicht haben, kann sicher als ein gutes Beispiel dienen. Und dass es so gut gelaufen ist, das verdanken wir sicher, zu einem großen Teil, diesem kleinen Mädchen hier."* Alle schauten auf Selina. Diese lächelte verschämt und strahlte mit ihren großen blauen Kinderaugen über das ganze Gesicht.

*„Boq bittet mich, euch zu sagen, wie stolz und glücklich er ist, dass er heute Nacht mit dabei sein durfte.", teilte Shamira mit. „Denn ihr sollt wissen, wir, und auch zahlreiche andere Rassen der ‚Galaktischen Föderation', unterstützen seit vielen Jahren diese reifen Kinderseelen, die sich bereit erklärt haben, auf eurer Erde zu inkarnieren.*

*Daher rührt auch der Name unseres Mutterschiffes, der ‚Starseed'.*

*Und ich bin, genauso wie Boq, stolz und glücklich darüber, zu sehen, wie diese Saat jetzt aufgeht."*

***

## DER HIMMEL STÜRZT EIN

Minuten später war der Helikopter am Grenzfluss ‚*Yalu*' angelangt und ging in den Tiefflug. Jetzt wurde das ganze Ausmaß der Überschwemmungs-Katastrophe sichtbar. Der Fluss hatte überall sein Bett verlassen und alles mit sich gerissen, was sich ihm in den Weg stellte. Auch der Kleinbus mit den wartenden Freunden war nicht mehr weit von den Wassermassen entfernt. Minho sah noch einmal zum Berg und zur immer bedrohlicher werdenden Gefahr, die von ihm ausging. Kurzentschlossen drehte er sich zu Liang und bedeutete ihm, er solle Huan schnellstens dazu bewegen, den Transporter aus der Gefahrenzone zu bringen und den Weg zurückzufahren.

Chang bat er, abzudrehen und circa zwanzig Kilometer entfernt, auf der Straße Richtung Baishan niederzugehen und auf den Bus zu warten. Huan hatte Liangs Warnung offensichtlich sofort verstanden denn er setzte den Wagen mit hohem Tempo in Bewegung.

Schon wenige Augenblicke später wurden die schlimmsten Befürchtungen wahr. Eine kilometerhohe Wasserfontäne schoss plötzlich aus dem Krater des Paektusan. Und fast wie in Zeitlupe konnte man sehen, wie ein riesiges Stück der Kraterwand herausbrach und sich an der Flanke des Berges ein gigantischer Spalt auftat, aus dem sich ein Sturzbach sintflutartiger Wassermassen ins Tal ergoss.

Wie auf einem Logenplatz im Actionfilm-Kino sah Minho von der Helikopterkanzel aus, wie eine viele Meter hohe Flutwelle dem Kleinbus unaufhörlich näherkam.

Gerade als Huan den Parkplatz der *Changbaishan Scenic Area* erreicht hatte, dort, wo die Provinzstraße 99 einen Knick nach Westen macht, konnte er im Rückspiegel beobachten, wie die Mautstation von den Fluten hinweggespült wurde.

Der ‚Himmel' war eingestürzt!

Das Nationalheiligtum Nordkoreas, dem Mythos nach die Geburtsstätte des koreanischen Volkes, der Paektusan, hatte einen Riss bekommen. Die Wassermassen des ‚Himmelssees' wurden dem Sitz der Götter entrissen und stürzten zu Tal.

Aber sie waren in Sicherheit!

Ein paar Kilometer weiter hatte Chang den Helikopter neben der Straße aufgesetzt. Minho, Yini und Liang waren ausgestiegen. Chang blieb in der Kanzel sitzen und hörte den Funkverkehr ab. Als kurz darauf die Freunde im Bus auftauchten, gab es ein stürmisches Wiedersehen und alle feierten das glückliche Ende des Husarenstücks. Dabei hatten sie gar nicht bemerkt, dass Chang sich zu ihnen gesellt hatte.

*„Was habt ihr jetzt vor?"*, sagte er, zu Minho gewandt.

*„Chang", erwiderte Minho, „wir müssen uns alle bei dir bedanken. Aber wir haben dir nicht ganz die Wahrheit gesagt. Ich bin zwar RGB-Offizier, aber soeben desertiert. Mein Freund Liang ist chinesischer SOF-Offizier und er hat verbotenerweise eure Grenze überschritten, um mir bei der Flucht zu helfen.*

*Alles was ich über Dr. Zhìxiàng gesagt habe, entspricht aber der Wahrheit. Du musst also alleine zurückfliegen. Vielleicht solltest du dir irgendeine glaubhafte Geschichte einfallen lassen. So was wie Maschinenaussetzer wegen des Ausbruchs oder so, damit du keine Schwierigkeiten bekommst. Aber vielleicht haben sie deinen kleinen Ausflug ja gar nicht mitbekommen."*

*„Hört mal her!“*, sagte Chang, *„Ich habe gerade unseren Sprechfunk abgehört. In Pjöngjang ist der Teufel los. Es gibt Gerüchte, dass es Massenselbstmorde in der Führung gegeben habe. Die Präsidentenfamilie ist untergetaucht. Hunderttausende haben die Grenze zum Süden überrannt und sich mit dem dortigen Militär verbrüdert. Unsere Leute halten still. Es ist bis jetzt kein einziger Schuss gefallen. Wenn es euch nichts ausmacht, dann würde ich gerne mit euch gehen.“*

Alle schauten sich verdutzt an.

*„Aber du weißt doch, dass unsere Führung auch schon etliche Republikflüchtlinge wieder zurückgeschickt hat?“*, warf Liang ein.

*„Ich glaube, da kann ich euch beruhigen*“, ging jetzt Huan dazwischen. *„Das gehört nämlich zu den Neuigkeiten, die ich Liang vorhin am Telefon angekündigt habe. Bei der KPC ist es nämlich das Gleiche. Das gesamte Politbüro ist untergetaucht oder zurückgetreten. Der Generalstab hat eine Notregierung proklamiert. Das Militär hält Ministerien und Medien besetzt.*

*Ein guter Freund bei ‚Falun Gong‘ hat mir vorhin mitgeteilt, dass Deville mit durchschnittener Kehle im Zhonghai-See treibend aufgefunden wurde, wahrscheinlich Selbstmord. Hey Freunde, es sind stürmische Zeiten!“*

Fernand, Minho und Yini sahen sich verdutzt an. Dachten sie alle das Gleiche? *‚Wenn Deville tot war, die Führung zurückgetreten oder untergetaucht, dann gäbe es keinen vernünftigen Grund mehr, das Land zu verlassen.‘*

Fernand griff zum Smartphone und rief bei den Piloten auf dem Baishan-Airport an. *„Wir sind auf dem Weg. Der Plan wurde geändert. Es geht zurück nach Peking!“*

Und zu Huan gewandt fragte er, *„könnt ihr den Mietwagen auch am Baishan-Airport zurückgeben?“*

*„Ich denke schon!“*, war die Antwort.

Minho wollte von Chang wissen *„Hast du noch genug Sprit bis Baishan in deinem Vogel?“*

Der nickte.

*„Und wie viele Leute haben bei dir Platz?“*

*„Mit mir fünf, vorne zwei, hinten drei.“*

Dann wurde Yinis Gepäck in den Kleinbus verfrachtet und Huan, Tailin und Han fuhren los. Am Baishan-Airport wollte man sich wieder treffen. Die anderen stiegen zu Chang in den Helikopter.

Etwa drei Stunden später saßen alle glücklich vereint in der Falcon 7X. Huan hatte den Mietwagen noch zuvor am Airport abgegeben und mit Fernands Diplomaten-Papieren konnte alle durch den *VIP-Check-in* geschleust werden. Vom Tower kam die Starterlaubnis und kurz darauf hob die Maschine ab. Bei allen Passagieren ließ die Anspannung der letzten Stunden mit der Zeit merklich nach.

Hoch über den Wolken bekam Fernand Gerald, Devilles Leibkoch ans Telefon, der wie auch er, im Anwesen am Zhonghai-See in einem Nebengebäude wohnte. Gerald war wohl noch unter Schock. Er hatte all die Blutspuren im Haus und schließlich Deville, am Ufer treibend entdeckt. Die Polizei hatte alles aufgenommen und den Leichnam zur forensisch pathologischen Untersuchung mitgenommen.

Fernand versuchte ihn zu beruhigen und teilte ihm mit, dass er ihn in etwa drei Stunden mit sieben Gästen zum Abendessen erwarten könne. Außerdem möge er doch die Aufwartefrau bitten, die Gästezimmer herzurichten. Gerald stellte fest, dass das heute wohl nicht sein Tag sei. Dennoch war er froh, die Zeit nicht mehr alleine in diesem Haus zubringen zu müssen.

Fernand holte eine Flasche Dom Perignon Vintage aus der Bordküche und schenkte acht Champagnergläser ein.

*„Liebe Freunde, alle hier Anwesenden haben die letzten Stunden ganz Außerordentliches geleistet. Für manche von uns mag der Tag ein einschneidender Wendepunkt in seinem Leben sein. Und vielleicht stellt er sogar einen Zeitenwandel für den ganzen Planeten dar. Die kommenden Entwicklungen werden es zeigen. Lasst uns auf eine friedvollere Welt anstoßen!*

*E vive la paix!"*

*„E vive la paix!"*, klang es im Chor und Fernand fügte hinzu: *„Ich hoffe, ihr seid heute Abend alle meine Gäste. Gerald freut sich, ein kleines Dîner vorzubereiten."*

Die ohnehin gute Stimmung hellte sich weiter auf.

Wenig später waren sie auf dem Daxing-Airport gelandet und man fuhr mit einem Kleinbustaxi zum Haus am Zhonghai-See. Gerald hatte in der kurzen Zeit, die ihm zur Verfügung stand, ein erstaunlich gutes Dreigänge-Menü gezaubert und genoss sichtlich das Privileg, mit an der großen Tafel sitzen zu dürfen. Chang, der nordkoreanische Hubschrauberpilot widerstand die ganze Zeit, sich zu kneifen, um nicht zu riskieren aus einem fantastischen Traum zu erwachen.

Nach dem Dinner aktivierte Fernand den Flachbildschirm an der Stirnwand und sie schauten einige der auf allen TV-Kanälen in Dauerschleife laufenden Sondersendungen. Überall auf der Welt wurde von epochalen Umwälzungen berichtet. Aufgrund der großen Anzahl globaler Suizide und unerklärlicher Todesfälle musste die Menge an Toten in Massengräbern verscharrt werden, um dem Ausbruch von Seuchen vorzubeugen. Experten kamen zu Wort, die bis vor Kurzem noch als Ketzer und ‚*Pandemie*'-Leugner ausgegrenzt wurden. Generell fiel auf, dass die gesamte Berichterstattung plötzlich nicht mehr staatlicher Zensur unterworfen war.

Trotzdem riefen die Militärs dazu auf, die nächsten Tage in Ruhe abzuwarten, um Ordnungskräften und Mitarbeitern der Katastrophen- und Zivilschutzdienste nicht die Arbeit zu erschweren. Plünderungen und Vandalismus zu vermeiden, wurden überall nächtliche Ausgangssperren angeordnet. Polizei und Militär hatten bei Nichteinhaltung rigorosen Schießbefehl.

Zur Abwendung von Hungersnöten und Verteilungskämpfen, wurden militärisch gesicherte Nahrungsmitteltransporte und -Ausgabestellen eingerichtet.

Weltweit hatte man Hunderttausende von Abgeordneten und Mandatsträgern bei Absetzbewegungen, an Landesgrenzen und Flughäfen abgefangen und in Gewahrsam genommen.

*„Ich glaube, das genügt fürs Erste“,* sagte Fernand, als er die Übertragung stoppte. Überall konnte man in betretene Gesichter schauen. Yini brach als Erste das Schweigen.

*„Ich glaube, ich kann für viele sprechen. Wir haben uns alle irgendwie von diesem korrupten System einfangen lassen. Es war schließlich perfekt ausgeklügelt und sie haben es schleichend immer weiter ausgebaut. Es war wie bei dem Vergleich mit dem Frosch im Kochtopf. Wenn das Wasser allmählich erhitzt wird, dann springt er nicht heraus. Wir haben überhaupt nicht bemerkt, dass wir im wahrsten Sinne abgekocht wurden.*

*Ich habe es Minho zu verdanken, dass ich nicht mehr im Topf bin. Und so wird jeder von euch irgendwann seinen Moment gehabt haben, in dem er gesprungen ist. Nicht umsonst heißt es:*

*Wer eine Lüge nicht erkennt, ist ein Dummkopf. Wer sie jedoch erkennt und an ihr festhält, ist ein Verbrecher!“*

*„Und so, wie es jetzt aussieht, haben sich diejenigen, die sich die Lügen ausgedacht und in die Welt gesetzt haben, aus welchen Grund auch immer, heute Morgen selbst gerichtet“,* warf Fernand ein.

*„Ich glaube, wir kennen den Grund. Und das haben wir nur dieser genialen Wissenschaftlerin hier“,* Minho deutete auf Yini *„zu verdanken.“* Alle schauten zu Dr. Zhìxiàng.

Yini senkte, verschämt, den Blick. *„Es ist schon verrückt, denn einerseits habe ich mich ja am Anfang erst schuldig gemacht, indem ich mich, aus egoistischen Gründen für die ganze Sache habe einspannen lassen. Drum bin ich froh, dass ich letzten Endes zu deren Scheitern beitragen konnte. Es ist nämlich so:*

*An irgendeinem Punkt meiner Forschungen bin ich darauf gestoßen, dass meine Auftraggeber alle eines gemeinsam hatten, einen hohen Anteil an reptiloiden Genen. Durch ein paar Modifikationen im Programmablauf gelang es uns, die gegen die gesamte Menschheit gerichtete ‚Waffe‘ gegen sie selbst zu richten.“*

Yini genoss sichtlich die anerkennenden Blicke der anderen.

*„Und das Schönste dabei ist“, ergänzte Minho, „sie haben alle dabei kräftig mitgeholfen.“*

*„Ja Yini“,* pflichtete Huan bei, *„wir sind alle mächtig stolz auf das, was du und Minho dort im Stollen geleistet habt. Und natürlich auch auf Liang und all die anderen, die zur Flucht beigetragen haben. Dies alles wird vielleicht in ein paar Jahren Stoff irgendeines Actionfilms sein.*

*Doch, ohne euren Erfolg in irgendeiner Weise schmälern zu wollen, die ganze Sache konnte nur gelingen, weil sie mit der Unterstützung und Vorbereitung durch mächtige Akteure zustande kam, die uns von außerhalb zur Hilfe kamen.“*

*„Von außerhalb?"* Liang schaute verwundert.

*„Ja, du hast schon richtig gehört. Ich habe bis jetzt nur mit Tailin und Han über diese Dinge gesprochen. Wie ihr ja bestimmt wisst, sind wir sozusagen der konspirative Kopf von ‚Falun Gong' in Peking. Bei uns laufen die Fäden vieler internationaler spiritueller Bewegungen zusammen.*

*Dadurch haben wir Zugang zu vielen Informationsquellen, die niemals im Mainstream erscheinen würden. Aber nun zurück, zu deiner Frage, Liang. Fakt ist, dass sich schon seit langer Zeit außerirdische Spezies auf unserer Erde tummeln. Die ‚bösartigen', unter ihnen, haben schnell spitzgekriegt, wie toll man uns manipulieren kann. Sie wollen allerdings nicht den sogenannten ‚Drakos' in die Quere kommen, die hier schon seit Jahrtausenden sind und somit gewissermaßen das Hausrecht ausüben.*

*Und dann sind da noch die ‚gutartigen' Aliens, die unseren spirituellen Aufstieg befördern wollen, um damit der Erde den Weg zu bereiten, einst Mitglied der ‚Galaktischen Föderation' zu werden.*

*Wie ihr sicher bemerkt habt, hat das spirituelle Erwachen der Menschheitsfamilie in den letzten Wochen dramatisch zugenommen. Dies ist unmittelbare Auswirkung der Arbeit einer dieser Spezies, die dies, zusammen mit der ‚Weißen Bruderschaft' und anderen hoch spirituellen Menschen, unterstützt hat. Unser Netzwerk war während der ganzen Zeit in den Austausch von Nachrichten, und zwar in beiden Richtungen, involviert."*

Fernand, Gerald und ihre Gäste diskutierten noch bis spät in die Nacht über die Erlebnisse der letzten Tage und über all das heute Abend Gesagte. Alle hatten klar vor Augen, dass die nächsten Tage, Wochen und Monate gewaltige Umwälzungen im politischen, sozialen sowie finanziellen Bereich mit sich bringen werden.

Tailin riet Yini, sie solle ihrem Dekan an der Uni einfach von der Naturkatastrophe am Paektusan erzählen und dass sie aufgrund glücklicher Umstände am Leben blieb und ihr eine spektakuläre Flucht gelang. Einer weiteren Verwendung innerhalb der Fakultät stände somit bestimmt nichts im Wege.

Und dann war ja noch der hoch dotierte Forschungsauftrag Devilles, der ja mit Sicherheit schon geflossen wäre. Tailin war auch nicht verborgen geblieben, dass Yini und Minho mehr verband als die unfreiwillige Schicksalsgemeinschaft im Stollen des Unglücksberges. Sie gab sich einen Ruck und fragte geradeheraus.

*„Ich will mich ja nicht in deine Angelegenheiten einmischen, aber als Frau ist mir natürlich das mit Minho und dir sofort aufgefallen. Kann es sein, dass ihr eine gemeinsame Zukunft plant? Ich habe das Gefühl, ihr beide würdet gut zusammenpassen."*

Yini lief rot an. *„Ich weiß nicht"*, druckste sie herum, *„aber ich bin da etwas altmodisch. Ich denke, das solltest du am besten ihn fragen."*

Minho war schon geraume Zeit mit Chang in angeregte Unterhaltung vertieft. Einerseits sprachen sie die gleiche Sprache. Andererseits hatte Chang noch immer mit einer Art Kulturschock zu kämpfen und Minho, der ihn in diese Lage gebracht hatte, fühlte sich irgendwie verpflichtet dazu, ihm beizustehen.

Gewissermaßen teilten sie ja das gleiche Schicksal. Beide waren sie in einem fremden Land, ohne Wurzeln, ohne einem Dach über dem Kopf, mit ungewisser Zukunft? Und dann war da dieser amerikanische Hubschrauber der neunhundert Kilometer entfernt, noch immer in Baishan stand. Sollten sie ihn den chinesischen Behörden übergeben? Könnte ihn vielleicht ein nordkoreanischer Pilot dort abholen? Und das alles in diesen chaotischen Tagen, wo sich fast alle Regierungen quasi in Luft aufgelöst hatten?

Da schoss es Minho in den Kopf: Könnten sie ihn denn nicht, jetzt in dieser ungewissen Zeit der Gesetzlosigkeit, einfach irgendwie behalten? Und dann gab es ja noch Liang, diesen ‚Haudegen', den ehemaligen Spezial-Agenten und jetzigen Frustrentner. Der sollte doch eine Möglichkeit finden den ‚Vogel' in ihr Nest zu legen. Dazu mag es gut passen, dass die *Hughes 500 MD* in Kreisen des Militärs*, flying egg'* genannt wurde. Und überhaupt, Liang und er, zwei Topagenten, er selbst eher der Taktiker und dann Liang, der Mann fürs Grobe. Und Chang, ein junger Kerl, mit elf Jahren Militärdienst, Hubschrauberpilot, auf Jobsuche, - wäre das nicht fast eine Mannschaft, um einen Sicherheitsdienst, eine Agentur für Personenschutz, eine Detektei, vielleicht ein Team für Spezialaufträge oder so, ins Leben zu rufen?

Dabei hatte er noch gar nicht an Han, den Technikfreak und an Huan, den genialen Systemanalytiker und Hobby-Hacker oder an Tailin die perfekte Englisch-Übersetzerin gedacht. Minho geriet ins Schwärmen. Doch es war spät geworden. Morgen früh würde er ihnen seine Pläne unterbreiten.

# OMEGA

***

## HEILIG ABEND

Am Morgen des 24. Dezember erwachte Chris erst später als gewöhnlich. Elena an seiner Seite war immer noch im Tiefschlaf. Leise stand er auf und verschwand im Bad zur Morgentoilette und um sich anzukleiden. Draußen war es fast noch dunkel. Vorsichtig schlich er sich am Sofa vorbei, wo Selina wie ein Engel mit ihrer ‚*Plumperquatsch-Puppe*' schlief. Im ganzen Haus schien es noch ruhig zu sein. Auf Zehenspitzen ging er die Treppe hinunter.

Zu seinem Erstaunen war der Tisch bereits gedeckt und ein Korb mit Brötchen und frischen Croissants stand in der Mitte. Im Kamin brannte auch schon wieder ein loderndes Feuer. Er entschloss sich, im Schuppen den Korb für das Feuerholz aufzufüllen.

Als er vor die Tür trat, bemerkte er, dass es rechtzeitig zu Heiligabend über Nacht geschneit hatte. Die ersten Sonnenstrahlen blinzelten über die Hügel am anderen Ufer und er sah frische Fußspuren, die weg vom Haus führten.

Als er mit seinem gefüllten Korb aus dem Schuppen trat, sah er Phil den Weg von der Uferstraße herauf stapfen. Er hatte sich anscheinend an der Bushaltestelle eine Zeitung der Boulevardpresse besorgt.

„*Frohe Weihnachten!*“, schallte es ihm entgegen.

„*Frohe Weihnachten! Die ‚Mädchen' schlafen noch.*“

„*Das denk ich mir. Es ist ja auch spät geworden, gestern.*“

Sie gingen ins Haus. Phil widmete sich der Zubereitung seines bewährten Kaffee-Rezeptes. Chris begann, die Holzscheite aufzuschichten.

***

## ZEITENWECHSEL

‚Zeitenwechsel', prangte mit riesigen Lettern auf dem ‚Revolverblatt'. Fast magisch angezogen, griff Chris nach der Zeitung, um den Aufmacher-Artikel zu studieren. Entgegen der gewöhnlich reißerischen und sensationsheischenden Art des Blattes für die Unterschichten der Gesellschaft, war der Inhalt des Leitartikels sehr tiefsinnig, ja fast philosophisch gehalten. Auch fehlte das übliche Pin-Up Foto, auf der ersten Seite, mit den entblößten Damenoberkörpern. Und so ging das auf allen Seiten. Das konnte nicht nur am heutigen Datum liegen. Es war bis gestern eine Schundgazette, nicht mehr als ein Schmierblatt und schließlich nicht die Hauspostille der Heilsarmee. Was, zum Teufel, geschieht hier?

Haben all die Verfasser dieser Artikel ihren Tee plötzlich mit Weihwasser zubereitet? Oder hatten sie, über Nacht ein religiöses Erweckungserlebnis? Wo waren ihre dumpfen Appelle an die niederen Triebe in der Gesellschaft, ihre reißerischen, die Aggression aufpeitschenden Artikel?

Oder haben sie ihr hochtrabendes Berufsethos, ihre journalistische Ausgewogenheit bisher erfolgreich unterdrückt und waren somit lediglich prostituierte Schreibbüttel und Erfüllungsgehilfen der Mächtigen, die Stimme ihres Herrn?

Und die war seit gestern verstummt.

Chris musste unwillkürlich an den Spruch denken:

*Ist die Katze tot, dann tanzen die Mäuse!*

Aber vielleicht hatten sie ja ihre ‚Headline' ganz bewusst gewählt, in der weisen Vorausahnung, dass der Wind sich bald drehen könnte. Und da war es nicht verkehrt, rechtzeitig umzuschwenken und so dem womöglich aufkommenden Volkszorn zu entgehen.

Inzwischen waren auch die drei ‚Damen' erschienen. Im selben Moment klopfte Boq an die Türe, der, wie üblich im Shuttle ‚Nachtwache' gehalten hatte. Und so saßen wieder alle fröhlich vereint am Frühstückstisch und genossen die feierliche Weihnachtsstimmung.

*„Ich soll, in Boqs Namen, von den sensationellen News berichten, die er von der ‚Starseed' heute Nacht erhalten hat. Demnach wurde bei Scans des Erdmagnetfeldes eine Schwingungserhöhung auf das Zehnfache des in letzter Zeit ohnehin gestiegenen Wertes festgestellt. Und sie hält immer noch an. Es ist mit Sicherheit davon auszugehen, dass das für diese parasitäre Spezies absolut tödlich war."*

Und Shamira fügte hinzu *„Ich denke, nicht alle Menschen werden bereit sein, diesen Aufstieg ‚Gaias' zur nächsten Entwicklungsstufe mitzumachen. Viele werden sich noch verabschieden."*

*„Was passiert mit den Milliarden von Menschen, die guten Glaubens der Propaganda des Kultes aufgesessen sind und sich bereitwillig haben impfen lassen?"*, fragte Elena. *„Auch an meiner Schule wurde der psychische Druck auf den Lehrkörper immer unerträglicher. Irgendwann hätte ich mich sicher entscheiden müssen: impfen oder kündigen."*

*„Diejenigen, die sich aus übersteigerter Angst oder wegen vermeintlicher Vorteile, ganz bewusst in die erste Reihe gestellt haben, werden wohl zur vorhin genannten Gruppe gehören. Ihr ‚Höheres Ich' hat sich bereits entschieden, auf einem niedrigeren Niveau, weitere Erfahrungen in anderen Welten zu machen."*, antwortete Shamira.

*„Aber was ist mit denjenigen, die man förmlich gezwungen hat, deren finanzielle Existenz davon abhing? Was ist mit all den unschuldigen Kindern?“*, wollte Chris wissen.

*„Da haben viele in der Staatspropaganda, in den Medien und in der hoch angesehenen Kaste der ‚Weißkittel‘ sich bestimmt allerschwerstes Karma aufgeladen“*, sagte Phil. *„Hier wird es, in der nächsten Zeit an uns allen liegen, mit unseren Gebeten, weltweiten Heilritualen sowie verstärkter Aufklärung beim Schöpfer um Gnade für diese Seelen zu bitten. Dass diese epochale Umwälzung nicht ohne Opfer und Blessuren abgehen würde, das muss uns allen klar gewesen sein.“*

Und Elena bemerkte *„Das Allerschlimmste, was passieren hätte können, wäre doch schließlich gewesen, wenn gar nichts passiert wäre. Ich weiß, das klingt verrückt. Aber ich meine, stellt euch vor, die Erde würde auch weiterhin nur ausgebeutet und geschunden, das ständige Einschränken der persönlichen Freiheitsrechte, die fortwährende Zensur und Überwachung, all das ginge immer weiter! In so einer Welt würde ich nicht leben wollen.“*

*„Im Grunde können wir also froh sein“, sagte Chris, „dass das alles zum jetzigen Zeitpunkt geschehen ist, auch wenn es für den Einzelnen noch so schlimm gewesen sein mag. Ich mag gar nicht daran denken, was wäre, wenn wir diese irren Wissenschaftler weiterhin am Erbgut des Menschen herumpfuschen lassen hätten.*

*Wie krank muss ein Gehirn eigentlich sein, um in Betracht zu ziehen, irgendetwas besser machen zu können, als die Natur es in Jahrmilliarden der Evolution vermochte? Wie groß muss die geistige Verblendung, das gigantische Maß der Selbstüberschätzung sein, Krankheiten generell abzuschaffen zu wollen? Genauso gut könnte man in der Medizin fordern, die Schmerzübertragung zum Gehirn zu unterbrechen und sich dann zu wundern, dass es nach verbranntem Fleisch riecht, wenn man die Hand auf die heiße Herdplatte legt. Allein der blasphemische Gedanke, Gott spielen zu wollen, lässt einen Menschen, der sich noch einen letzten Rest an Gewissen bewahrt hat, frösteln."*

Den Vergleich fanden die anderen zwar etwas drastisch und makaber, aber durchaus einprägsam.

*„Ich denke, wir sollten, vor dem Mittagessen, noch einen längeren Spaziergang machen, um, an der frischen Luft positive Gedanken und Energie für eine lichte Zukunft zu tanken",* schlug Shamira vor.

Die Sonne stand jetzt, im Südosten, eine Handbreit über dem Horizont am blauen Himmel. Die Luft war klar und erfrischend und die ganze Landschaft, wie auf Bestellung, mit einer dünnen Schneeschicht überzogen. Sie gingen den gewohnten Weg die Hügel hinauf, vorbei an der Stelle wo das Shuttle, den Blicken verborgen, geparkt war. Mit jedem Meter, den sie während des Anstieges an Höhe gewannen, wurden ihre Lungen freier und es bildeten sich kleine Atemwölkchen vor den Gesichtern. Elena und Chris gingen Hand in Hand und genossen ihre Verbundenheit. Shamira und Phil tauschten Informationen zu der ‚Weißen Bruderschaft' und über die *‚Galaktische Föderation'* aus. Boq perfektionierte mit Selina weiterhin den telepathischen Austausch von Gedanken, was den beiden sichtlich Spaß bereitete. Als sie dann am Aussichtspunkt standen und ins Tal hinabblickten, auf Loch Lomond und die unberührte, winterliche Landschaft, hatten sie das Gefühl, auf dem Dach der Welt zu stehen, wie am Morgen eines *Achten Schöpfungstages.*

## BESCHERUNG

Etwa eine Stunde später trafen wieder alle am Rustico ein. Zur großen Überraschung der Gäste stand, in einem Topf neben dem Kamin, ein kleiner, prachtvoll geschmückter Weihnachtsbaum.

Chris und Elena tauschten ungläubige Blicke, aber sie hatten ja beschlossen, sich über nichts mehr zu wundern.

Selina sprang sofort zu dem Tannenbaum, um ihn zu betrachten und zu beschnuppern. Daheim in Santiago gab es zur Weihnachtszeit, in den Shopping-Malls immer nur diese bonbonfarbenen Plastikbäume zu sehen.

Der Tisch war für sechs Personen festlich gedeckt. In der Mitte brannten sechs Bienenwachs-Teelichter, aufgereiht um eine Schale mit schottischem Weihnachtsgebäck. Doch zuerst gab es einen deftigen Linseneintopf, in dem Phil schon einige Zeit am Herd herumrührte.

Nach dem Essen wurde Kaffee und Kinderpunsch zu den Plätzchen gereicht und Shamira fragte nach der Entstehung des Weihnachtsbrauches. Phil fühlte sich berufen, diese Frage zu beantworten.

*„Von den christlichen Amtskirchen wird der 25. Dezember als Geburtstag des ‚Christus' oder ‚Jesus von Nazareth' proklamiert. Dieser Zusammenhang wurde jedoch erst im vierten Jahrhundert hergestellt, wahrscheinlich, um ihn mit dem Festtag des heidnischen Sonnengottes ‚Sol Invictus' zu koppeln, um Akzeptanz im Volk zu erreichen. ‚Christus', das heißt so viel wie ‚der Gesalbte', der ‚Erleuchtete', hat also nicht das Geringste mit einem Sohn Gottes zu tun. Solche ‚Christusse' erscheinen alle paar Tausend Jahre in verschiedenen Kulturkreisen. Es sind dies außerordentlich hoch entwickelte Seelen, die das Rad der Wiedergeburt schon lange hinter sich gelassen haben. Sie verkörpern sich jedoch freiwillig an bestimmten Kulminationspunkten der Geschichte, um der Menschheit einen Liebesdienst zu erweisen. Im Falle des Jesus von Nazareth hat es jetzt wohl zweitausend Jahre gedauert, dessen Saat aufgehen zu lassen."*

*„Aber vom esoterischen Hintergrund betrachtet, macht es doch durchaus Sinn"*, meinte Chris *„den Weihnachtstag auf die Zeit der Wintersonnwende zu legen. Schließlich ist da die Natur im Stadium*

*des größtmöglichen Rückzuges. Das heißt, die Welt ist am empfangsbereitesten für allerlei geistige Impulse von außen."*

*„Ja, Chris. Das ist wahrscheinlich auch der Grund für den durchschlagenden Erfolg unserer gestrigen Aktion. Und wenn ihr nichts dagegen habt, würde ich gerne mit euch zusammen ein kleines Dankes- und Auflösungsritual machen."*

Shamira ging kurz nach oben, um den E-Booster mit dem Sterntetraeder zu holen und auf den Tisch zu stellten. Alle fassten sich an den Händen und Phil sprach eine kurze Meditation.

*„Wir möchten uns bei allen Menschen guten Willens, die gestern mitgeholfen haben, die Liebesschwingung dieses Planeten zu erhöhen und damit ‚Gaia' von einer Invasion zu befreien, bedanken.*

*Wir möchten uns ferner bei diesen Invasoren bedanken, dafür, dass sie uns durch ihr immer dreisteres Verhalten schließlich zum Aufwachen aus unserer Lethargie und zum Gegensteuern gebracht haben. Wir wissen, dass auch diese Wesenheiten, genauso wie alle anderen, Teil der göttlichen Ordnung sind, weil wir nur durch das ‚Böse' imstande sind, das ‚Gute' zu erkennen."*

*Weiterhin bitten wir das universelle, göttliche Bewusstsein, im Zuge eines Gnadenaktes, alle Menschen und vor allem die Kinder, vor negativen Folgen der in gutem Glauben empfangenen Manipulation ihres Erbgutes zu bewahren."*

Alle lauschten mit geschlossenen Augen Phils Gebeten. Und so konnten sie weder die sich unvorstellbar schnell drehende Disk sehen noch den gewaltigen Strahl violetten Lichts, der in den Äther schoss.

Inzwischen war es draußen dunkel geworden.

*„Ich denke"*, sagte Chris, *„wir sollten jetzt unsere Socken an den Kamin hängen. Vielleicht kommt ja heute Nacht das Christkind oder der*

*Weihnachtsmann mit Geschenken für uns. Wer weiß?* - Dabei schaute er verschmitzt zu Selina.

Die ließ sich das nicht zweimal sagen und flitzte hoch, um ihre Socken zu holen. Die Freunde saßen noch bis spät in die Nacht bei Punsch, Weihnachtskeksen und anregenden Gesprächen. Selina war in Chris' Armen schon längst eingeschlafen und er trug sie schließlich nach oben.

Die Erwachsenen traten anschließend alle gemeinsam vor die Tür und blickten in den sternenklaren Nachthimmel. Die hauchdünne Mondsichel des ausgehenden Neumondes spiegelte sich in der unbewegten Oberfläche des unter ihnen liegenden Sees. Rings um Loch Lomond waren lediglich vereinzelte Lichter zu sehen, jedoch, ganz im Norden der Szenerie bot sich ein bewegendes Schauspiel der Natur dar. Ein bizarres Lichterband gelb-grün-oranger Polarlichter säumte den Horizont, ganz so, als wolle *‚Gaia'* sich für das geballte Doping mit Liebesenergie bedanken.

***

## NEUBEGINN

Schon beim ersten Vogelgezwitscher tippelte Selina, mit nackten Füßen, die Treppe hinunter zum Kamin. Einer Jagdtrophäe gleich hielt sie ihre Socke in die Höhe, als sie zu Elena und Chris ins Bett sprang. Außen war mit buntem Band ein Päckchen befestigt und in der Socke kam ein Santa-Claus aus Schokolade und ein Etui mit einer Art Bernsteinkette zum Vorschein. Jetzt war auch für Elena und Chris an Weiterschlafen nicht mehr zu denken. Alles musste ausgepackt werden.

Das Päckchen entpuppte sich als Verlags-Belegexemplar des zweiten Bandes von *‚Die Sprache des Herzens'*. Die ‚Bernsteinkette' war eine Art tropfenförmiger, gläserner Anhänger an einem kunstvoll verzierten Halsband, das mit fremdartigen Schriftzeichen versehen war. Als

Selina sich von der großen Schwester das Schmuckstück anlegen ließ, leuchtete es in oszillierenden Gelb-Orange-Tönen auf.

Als sich schließlich alle zum Frühstück versammelt hatten, fanden auch Elena, Chris und Phil in ihren Socken so ein Halsband vor.

*„Kann es sein, dass der Weihnachtmann heut Nacht von ‚Altair' hierhergeflogen kam?"*, fragte Chris Shamira.

*Ja, das kann gut möglich sein."*, war die Antwort. *„Aber ich glaube, ich muss euch erklären, was es damit auf sich hat. Der Kristall nimmt die Farbe an, die eurem momentanen Gemütszustand entspricht. ‚Rot' steht dabei für Liebe, Leidenschaft, Tatkraft und so weiter, ‚Orange' für Freude, Lebenslust et cetera. ‚Violett' dagegen zeigt Kontemplation, Altruismus und geistige Versenkung an. Vielleicht nutzt es ja, sich in manchen Lebenslagen selbst zu kontrollieren.*

Jetzt war auch Boq wieder vom Shuttle zurückgekehrt und das Frühstück konnte beginnen.

Danach stand Chris unvermittelt auf und klopfte mit dem Messerrücken an sein Wasserglas. Die anderen lehnten sich zurück, in Erwartung einer Festansprache.

Chris wirkte ungewöhnlich unsicher. Man merkte, dass er wohl all seinen Mut zusammengenommen hatte.

*„Ich habe hier noch ein Geschenk. Und zwar dieses Mal vom ‚englischen Weihnachtsmann'."* Chris zog ein weiteres kleines Etui aus seiner Hosentasche und überreichte es Elena, die es mit hochrotem Kopf öffnete. Zum Vorschein kam ein filigran gearbeiteter silberner Ring mit einem kleinen Rubin. Dann sank er vor Elena theatralisch auf die Knie und legte seine rechte Hand aufs Herz.

*„Elena, ich möchte dich, an diesem Weihnachtsmorgen, hier vor all diesen Zeugen, bitten, meine Frau zu werden. Ich kann mir einfach nicht mehr vorstellen, ohne dich zu leben."*

Elena sprang auf, mit Tränen in den Augen und fiel Chris um den Hals. Und mit erstickender Stimme sagte sie:

*„Ja, Chris. Ja, ich will nichts lieber, als deine Frau zu werden!"*

*„Das wurde aber auch Zeit, wir dachten schon, ihr würdet als verbitterte Jungfer und alter Kauz enden",* sagte Phil.

Alle lachten.

Selina sprang auf und umarmte das fest umschlungene Paar. *„Bist du jetzt mein Papa, Chris?"*

*„Nein, Selina, strenggenommen werde ich dein Schwager",* Er wischte sich eine Träne aus dem Augenwinkel, *„aber ich verspreche dir, wie ein Vater für dich zu sein."*

Und Phil holte aus der Vitrine eine Flasche *Dalmore,* des fünfzehn Jahre gelagerten schottischen Whiskeys, den er für besondere Anlässe aufbewahrt hatte.

*„Hat wer was dagegen, das zu begießen?",* fragte er in die Runde. - Keiner meldete sich.

Und dann stießen alle an auf das überglückliche Paar, deren sich ergänzende Seelenanteile im Begriff waren, sich, zumindest für dieses Leben, wieder zu vereinen.

*„Werdet ihr in Santiago leben, oder in Southampton?",* fragte Shamira.

*„In Southampton“, meinte Elena, fast wie aus der Pistole geschossen. „Ich war zwar nie wirklich dort,“*, sagte sie verschmitzt, *„aber in Santiago bin ich schließlich ‚tot‘.“*

*„Wenn ihr uns nicht mehr braucht, dann werden Boq und ich heute Nacht zur ‚Starseed‘ zurückkehren. Ich denke, dass ich mich dort auch wieder mal sehen lassen muss.“*

Und dann traten alle, wie zum Abschied, hinaus in die Mittagssonne. Die Luft schien klarer zu sein und auch der Himmel blauer. Ja sogar das Zwitschern der Vögel meinte man lauter zu hören als sonst.

Der ganze Planet stand an einem Neubeginn. Das dumpfe weltumspannende Netz von Manipulation und Kontrolle des Bewusstseins, der BRAINBOW, war zerrissen.

In den Startschuhen stand der ewig nach Harmonie und Vervollkommnung strebende Geist aller Menschen, die guten Willens sind. Und bald würde die Welt, anstatt von kalten, egoistischen Reptilien-Gehirnen, von den warmen, mitfühlenden Herzen der gesamten Menschheitsfamilie regiert werden, dem unermüdlich schlagenden Zentrum bedingungsloser Liebe, dem

HEARTCORE.

Und wie, um es zu bestätigen, begannen in der Ferne die Weihnachtsglocken zu läuten.

ENDE

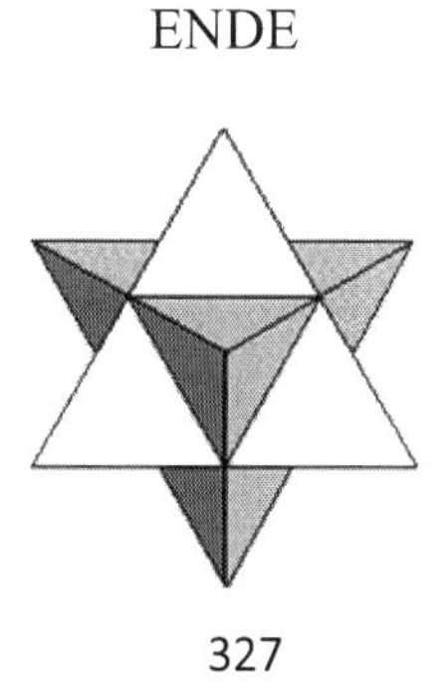

***

## HINTERGRUND-INFOS

### HAARP

war ursprünglich nur die Abkürzung für **H**igh Frequency **A**ctive **A**urora **R**esearch **P**rogramm, ein Forschungsprojekt, das die gleichnamige berühmte Antennenanlage in Gakona, Alaska nutzt. Inzwischen wurde daraus so etwas wie das „Markenzeichen" der gesamten Technologie.

### Das HAARP-Netzwerk

Die 16 wichtigsten HAARP-Anlagen der Welt bilden gemeinsam ein Netzwerk (siehe untere Weltkarte). In diesem Netzwerk hat jede der Anlagen ihre individuelle Funktion, Geometrie und auch spezielle Aufgaben, die aus ihrer geographischen Position folgen.

Das Ionosphäreninstitut des CRIRP betreibt in der chinesischen Taklamakan-Wüste in der Provinz Xinjiang ein HAARP-ähnliches Antennen-Array. Es findet ein täglicher Datenaustausch mit Partnerstationen in Russland und Australien statt. Exakte Daten der Antennenanlage sind nicht zugänglich. Die Anlage kooperiert auch mit der chinesischen Antarktis Station Zhongshan.

Dass es tatsächlich eine weltweite Kooperation der Anlagen gibt, ist teilweise durch bekannt gewordene Verträge beweisbar. So wird z. B. eine neu errichtete Antennenanlage auf dem Gelände der chinesischen Zhongshan-Forschungsstation in der Antarktis synchronisiert betrieben mit korrespondierenden Radaranlagen auf der Insel Svalbard (Spitzbergen) im Nordpolarmeer, einer Außenstelle der norwegischen HAARP-Anlage EISCAT.

Gleichzeitig existieren Kooperationsabkommen zwischen Zhongshan und der chinesischen HAARP-Anlage CRIRP in der Taklamakan-Wüste in Westchina. Da der chinesische Staat um seine Forschungsaktivitäten sehr viel Geheimnisse macht, waren diese Informationen nur durch Insiderkontakte zu finnischen Wissenschaftlern zu erhalten, die für die Zhongshan-Station ein Aurora-Photometer gebaut hatten.

Das Jicamarca-Radio-Observatorium in der Nähe der peruanischen Hauptstadt Lima wiederum bezeichnet sich selbst als „äquatorialen Anker“ des Netzwerks von Scatter-Radaren der westlichen Hemisphäre. Es geht also beim weltweiten Netzwerk der HAARP-Anlagen keineswegs darum, dass hier konkurrierende Wissenschaftler (und Militärs!) im Wettstreit das Gleiche zu erforschen versuchen.

Das HAARP-Netzwerk als Ganzes ist eine neuartige Technologie, die den koordinierten Betrieb aller Anlagen erfordert. Zu welchem Zweck?

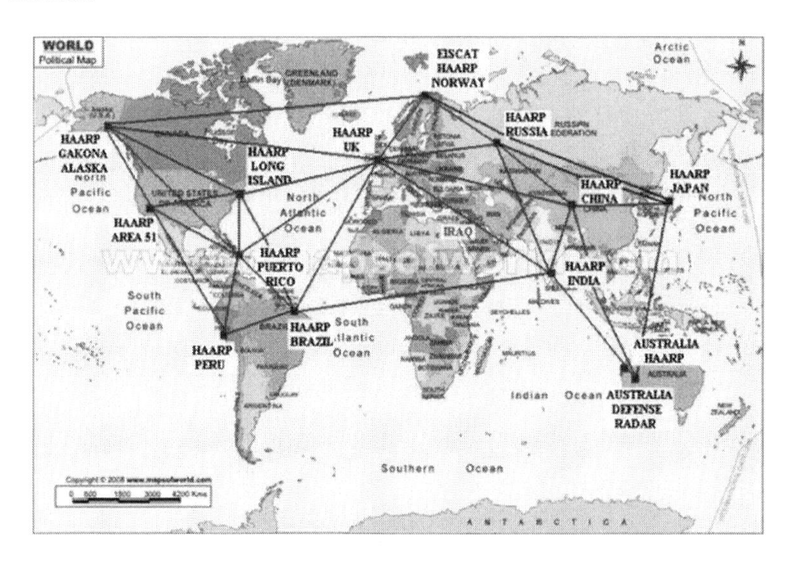


**Abb. 1:** Die 16 operativen HAARP-Anlagen

(https://www.pravda-tv.com/2018/03/das-globale-haarp-netzwerk-die-neue-dimension-des-schreckens-videos/ )

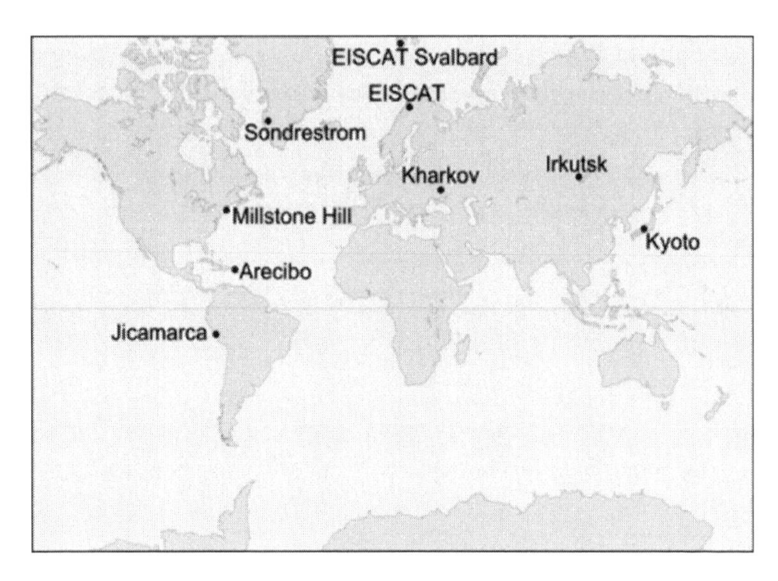


**Abb. 2**: Scatter-Radar Standorte

(https://biancahoegel.de/wissen/natur/scater.html)

**Abb. 3:** Himmel über Australien

(https://silo.tips/download/hier-noch-einige-wetter-radarbilder-aus-2010-mit-riesi-gen-kreiswolkenfeldern)

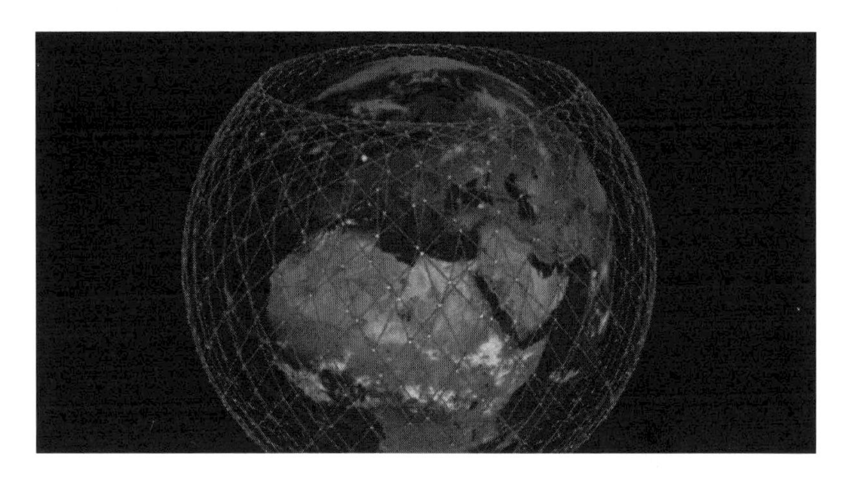

**Abb. 4:** Starlink-Satellitennetz

(https://www.business-punk.com/2018/11/satelliteninternet/)

**Abb. 5:** Bevölkerungsentwicklung bis 2025, gemäß Deagelliste

(https://www.slaveplanet.net/index.php/earth-monitors/569-the-2025-world-depopulation-map-as-projected-deagel-military-experts-website-hot-topic)

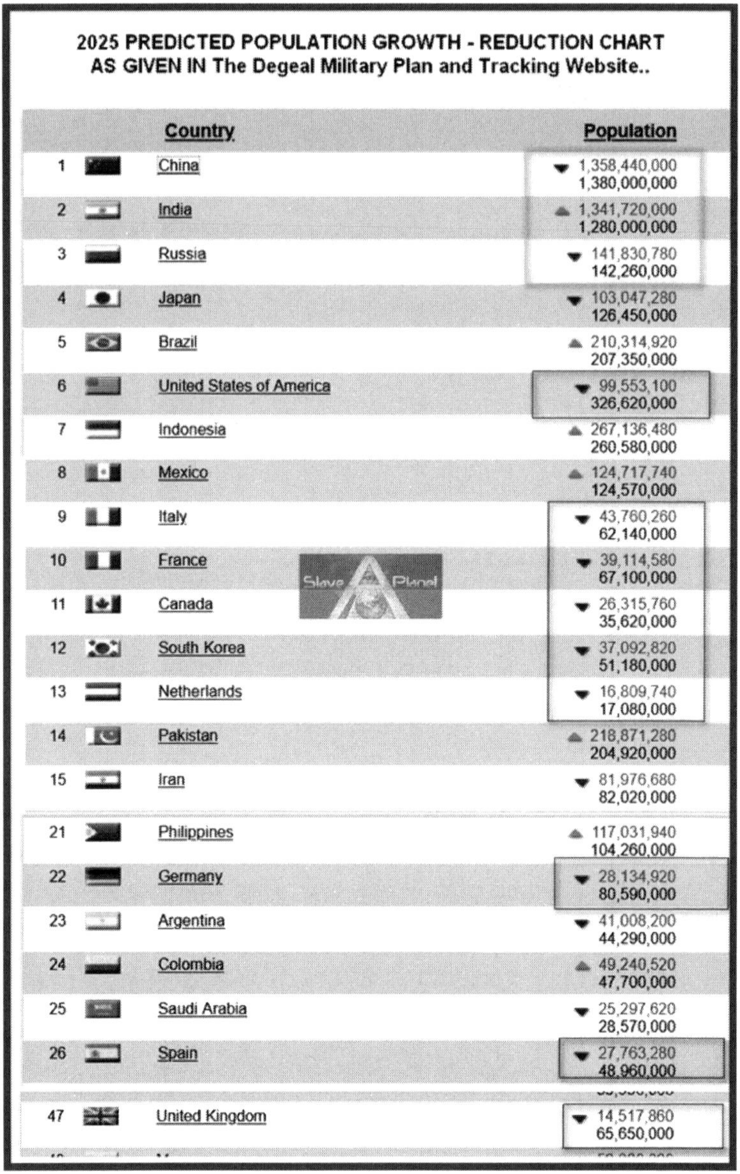

**2025 PREDICTED POPULATION GROWTH - REDUCTION CHART**
**AS GIVEN IN The Degeal Military Plan and Tracking Website..**

| | Country | Population | |
|---|---|---|---|
| 1 | China | ▼ 1,358,440,000 | 1,380,000,000 |
| 2 | India | ▲ 1,341,720,000 | 1,280,000,000 |
| 3 | Russia | ▼ 141,830,780 | 142,260,000 |
| 4 | Japan | ▼ 103,047,280 | 126,450,000 |
| 5 | Brazil | ▲ 210,314,920 | 207,350,000 |
| 6 | United States of America | ▼ 99,553,100 | 326,620,000 |
| 7 | Indonesia | ▲ 267,136,480 | 260,580,000 |
| 8 | Mexico | ▲ 124,717,740 | 124,570,000 |
| 9 | Italy | ▼ 43,760,260 | 62,140,000 |
| 10 | France | ▼ 39,114,580 | 67,100,000 |
| 11 | Canada | ▼ 26,315,760 | 35,620,000 |
| 12 | South Korea | ▼ 37,092,820 | 51,180,000 |
| 13 | Netherlands | ▼ 16,809,740 | 17,080,000 |
| 14 | Pakistan | ▲ 218,871,280 | 204,920,000 |
| 15 | Iran | ▼ 81,976,680 | 82,020,000 |
| 21 | Philippines | ▲ 117,031,940 | 104,260,000 |
| 22 | Germany | ▼ 28,134,920 | 80,590,000 |
| 23 | Argentina | ▼ 41,008,200 | 44,290,000 |
| 24 | Colombia | ▲ 49,240,520 | 47,700,000 |
| 25 | Saudi Arabia | ▼ 25,297,620 | 28,570,000 |
| 26 | Spain | ▼ 27,763,280 | 48,960,000 |
| 47 | United Kingdom | ▼ 14,517,860 | 65,650,000 |

**Abb. 6:** Bevölkerungsentwicklung bis 2025, ausgewählte Länder

(https://www.slaveplanet.net/index.php/earth-monitors/569-the-2025-world-depopulation-map-as-projected-deagel-military-experts-website-hot-topic)

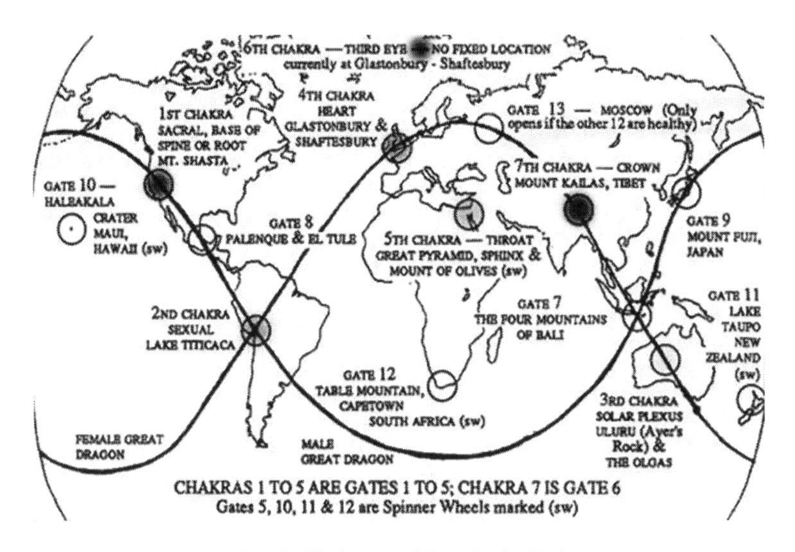


**Abb. 7:** Chakren und Portale der Erde

(https://transinformation.net/die-chakren-der-erde-die-7-wichtigsten-energiewirbel-von-mutter-erde/)

**Abb. 8:** „Himmelssee" im Krater des Paektusan

(https://de.wikipedia.org/wiki/Himmelssee)

| ET Rassen | Hauptaktivitäten | Hilfe bei globalen Lösungen |
|---|---|---|
| **Lyraner**<br><br>(von der Leier) | Verbreitung der einzigartigen Geschichte der nordischen menschlichen Rasse in der Galaxis und Unterstützung beim Verständnis der menschlichen Motivationen und Potenziale | • Rückgewinnung der Geschichte der Menschheit und der Erbschaft der Lyraner<br>• Verstehen der Galaktischen Geschichte<br>• Entdeckung der wahren Essenz des Menschen<br>• Diplomatie und Konfliktlösung<br>• globale Erziehung |
| **Weganer**<br><br>(von der Wega/von der Leier) | Verbreitung der einzigartigen Geschichte der dunklen/blauhäutigen menschlichen Rasse in der Galaxis und Unterstützung beim Verständnis der menschlichen Motivationen und Potenziale | • Rückgewinnung der Geschichte der Menschheit und der Erbschaft der Weganer<br>• Verstehen der Galaktischen Geschichte<br>• Entdeckung der wahren Essenz des Menschen<br>• Diplomatie und Konfliktlösung<br>• globale Erziehung |
| **Plejadier**<br>(von den Plejaden) | Unterstützung der Menschheit bei der Befreiung von unterdrückenden Strukturen durch die Anhebung des Bewusstseins | • universelle Menschenrechte<br>• mitbestimmende Demokratien<br>• Evolution des menschlichen Bewusstseins<br>• globale Erziehung |
| **Prokyoner**<br><br>(von Procyon) | Förderung eines wirksamen Widerstands gegen extraterrestrische Subversion, Entwicklung eines multidimensionalen Bewusstseins, Verwendung von mentalen Bildern zur Verhinderung von ET-Gedankenkontrolle, Überwachung der Aktivitäten von unfreundlichen ETs | • Entlarvung der ET-Subversion<br>• Beendung der globalen Gehimhaltung über Ausserirdische<br>• multidimensionales Bewusstsein<br>• Deprogrammierung von Gedanken-Kontrollierten<br>• universelle Menschenrechte<br>• Internet und globale Kommunikation |

**Abb. 9a:** Außerirdische Rassen, im Kontakt mit der Erde (obere Hälfte)

(https://transinformation.net/bericht-ueber-ausserirdische-rassen-die-mit-der-menschheit-in-interaktion-stehen-teil-2/)

| | | |
|---|---|---|
| **Tau Cetianer**<br><br>(von Tau Ceti) | Enthüllung von ET-Subversion und ET-Kontrolle, Blossstellung der korrupten Eliten und Institutionen, Anhebung des menschlichen Bewusstseins, Abwehr von ET-Gedankenkontrolle und Eindämmung des Militarismus | • Enthüllung der Korruption in Regierung und Finanzen<br>• Überwachung der ET-Infiltration<br>• multidimensionales Bewusstsein<br>• Deprogrammierung von Gedankenkontrolle<br>• Konfliktlösung |
| **Andromedaner**<br><br>(von der Andromeda) | Ermöglichen von Beschlüssen der galaktischen Gemeinschaft im Umgang mit der aktuellen Situation der Erde, innovative Strategien zur Beilegung von Konflikten, Erziehung der Jugend | • Schulung von medialen/Kristall-Kindern<br>• Friedenserziehung<br>• Enthüllung der Manipulation durch die Elite<br>• Verbesserung der globalen Regierungsformen<br>• Diplomatie und Konfliktlösung<br>• ausserirdische Kommunikationen |
| **Sirianer**<br><br>(von Sirius A) | Unterstützung beim Aufbau eines geeigneten ökologischen Systems für (menschliche) Evolution auf der Erde durch Aufbau eines "bio-magnetischen Energie-Netzes" um den Planeten | • Schutz der Umwelt<br>• Förderung der Bio-Diversität<br>• Anhebung des menschlichen Bewusstseins<br>• Evolution der Biosphäre |
| **Alpha Centaurianer**<br><br>(von Alpha Centauri) | Förderung von sozialer Gerechtigkeit, menschlicher Freiheit und verantwortungsvollem Umgang mit der Spitzentechnologie. | • soziale Gerechtigkeit auf globalem Niveau<br>• Zonen des Friedens<br>• Menschenrechte<br>• nachhaltige Entwicklung |
| **Arkturianer**<br><br>(von Arkturus) | Integration von geistigen Werten mit fortgeschrittenen Technologien, durch strategische Beratung bei der Umwandlung von Planetensystemen | • globale Regierungsform<br>• Integration der globalen finanziellen, politischen und sozialen Systeme<br>• Koordination der Beziehungen zu den ETs<br>• Diplomatie und Konfliktlösung<br>• ausserirdische Kommunikatione |

**Abb. 9b:** Außerirdische Rassen, im Kontakt mit der Erde (untere Hälfte)

(https://transinformation.net/bericht-ueber-ausserirdische-rassen-die-mit-der-menschheit-in-interaktion-stehen-teil-2/)

## Die schöne digitale Zukunft

€ 16,99
Hugo Palme

Softcover, 220 Seiten
ISBN 978-3-947048-16-8

Lockdown, leere Straßen, Homeoffice, Heimkino und Lieferservice: In einer nicht allzu fernen Zukunft wird der Prozess der Digitalisierung abgeschlossen und diese „Maßnahmen" zum Alltag geworden sein. Die Zivilisation hat sich in Großmetropolen zurückgezogen und das öffentliche Leben findet mit aufwendiger Technik in den virtuellen Welten statt, in denen die echte Welt nahezu komplett abgebildet ist. Doch es gibt eine kleine Minderheit, die dieses Leben nicht mitmachen will und auf dem Lande mit der Natur lebt und spirituelles Wissen bewahrt. Der Autor führt den Leser durch beide Welten und die sich anbahnenden Auseinandersetzungen um die Zukunft der Menschheit.

## Terrorstaat - Die Dunkle Seite der Macht

€ 22,99

Dan Davis
Softcover 372 Seiten
ISBN 978-3-947048-12-0

**Die Corona Akte**

Die Corona-Pandemie hält im Jahr 2020 die Welt in Atem. Doch was steckt wirklich dahinter? In dieser Spezial-Ausgabe des Buches werden Hintergründe und Fakten benannt, die aufzeigen, welche Lügen gezielt verbreitet wurden und warum.

Der Autor Dan Davis hat sich in der Vergangenheit mit Politikern wie der ehemaligen Bundesministerin für Justiz, Herta Däubler-Gmelin, der im Jahr 2002 ein angeblich von ihr gemachter Bush-Hitler-Vergleich in den Mund gelegt wurde, und anderen getroffen, führte Interviews und Gespräche mit Mitgliedern aus Geheimlogen und Opfern verschiedener Regierungsprojekte.

## Diktatur Virus

€ 19,99
Werner Kirstein

Softcover, 250 Seiten
ISBN 978-3-947048-20-5

**Diktaturvirus – gefährlicher als Coronaviren**

Ein wesentliches Merkmal einer Diktatur ist, wenn zum Beispiel in einem Staat regierungskritische Demonstrationen verboten sind. Genau das wurde in der Merkel-Diktatur 2020 mit Polizeigewalt durchgesetzt.

Das Instrument war eine harte Lockdown-Politik, die Deutschland an seine Belastungsgrenzen gebracht hat. Hinter jeder Diktatur verbirgt sich immer eine ideologische Agenda. Gottlob haben Diktaturen in Deutschland noch nie längere Zeit überleben können

## 9/11 20 Jahre Lügen

€ 21,99
Dan Davis

Softcover, 360 Seiten
ISBN 978-3-947048-23-6

**Nachwort von Guido Grandt**

Stimmen die offiziellen Behauptungen zu den Hintergründen der Terroranschläge vom 11. September 2001 überhaupt, oder gibt es massive Widersprüche, Ungereimtheiten und Falschmeldungen, die die Frage aufkommen lassen, was an diesem Tag wirklich geschehen ist und wer wirklich im Hintergrund die Fäden gezogen und davon profitiert hat? Dieser Frage geht Dan Davis in dem vorliegenden Buch "9/11 - 20 Jahre Lügen" noch einmal explizit auf den Grund, zu einer Zeit, in der bei vielen das Thema in Vergessenheit geraten ist, nicht zuletzt durch die offiziellen Berichterstattungen.

## Der Tag an dem die Welt erwachte Band 1

€ 21,99
Dan Davis

Softcover 329 Seiten
ISBN 978-3-947048-14-4

Das was jetzt mit „Corona" unseren Alltag bestimmt, wurde von Dan Davis bereits nahezu 1:1 Jahre zuvor mahnend als Zukunftsvision unter anderem in seinem Buch „7" angekündigt, für den Fall, dass wir nicht rechtzeitig aufwachen. Ein Zufall? Der Autor bringt eine Vielzahl weiterer Beispiele und Fakten, die sich seit der Erstauflage des Buches nachweislich ereignet haben und inzwischen Realität wurden, bringt die beängstigende Geschichte dahinter, die weit in die Vergangenheit reicht und deren Ausläufer und das agierende Netzwerk (der sog. „Deep State") längst alle wichtigen Bereiche unserer Gesellschaft infiltriert haben.

## Der Tag an dem die Welt erwachte Band2

€ 21,99
Dan Davis

Softcover 335 Seiten
ISBN 978-3-947048-15-1

Erleben Sie eine unglaubliche Reise durch die Weltreligionen, die falsche Übersetzungen und bewusste Manipulationen belegen. Heilige Schriften, die nicht ins Konzept passten, wurden einfach aussortiert. Evangelien, die spektakuläre Erkenntnisse lieferten, wurden aus der Bibel verbannt und offiziell zu Fälschungen erklärt. Unglaubliche Ereignisse, die an Kontakte mit Außerirdischen erinnern, wurden unterdrückt und blieben im Verborgenen.

Als Jesus, der ankündigte, in den „Letzten Tagen" mit den Wolken wiederzukehren, gefragt wurde, wo diese so genannten Letzten Tage ihren Anfang nehmen, und wer das so genannte Friedensreich hervorbringen wird, zeigte er angeblich auf einen Germanen, der in einer römischen Legion tätig war.

## Projekt Aldebaran

€ 22,00
Reiner Elmar Feistle
Hardcover, 360 Seiten
ISBN 978-3-947048-06-9

Haben Sie sich jemals gefragt, ob in der Unendlichkeit des Universums anderes, hochentwickeltes Leben existiert?
Haben Sie sich jemals auch nur im Ansatz vorzustellen gewagt, dass die Außerirdischen bereits auf unsere Erde reisten, und es immer noch tun, um Menschen zu kontaktieren.
Können Sie sich vorstellen welche Konsequenzen das für die Regierungen und die gesamte Menschheit haben könnte?
In der aktualisierten erweiterten Neuauflage wurde ein zweiter Teil mit neuen Kapiteln integriert, um auf die Gefahren der KI (Künstlichen Intelligenz) hinzuweisen, die immer mehr unseren Alltag dominiert. Welche Erkenntnisse können wir für die Zukunft daraus ziehen?

## Aldebaran - Das Vermächtnis unserer Ahnen

€ 21,00
Reiner Elmar Feistle
Hardcover, 308 Seiten
ISBN 978-3-000367-16-8

**Mit einem Vorwort von Dan Davis**

Sind Sie sich bewusst darüber, dass unsere Ahnen bereits seit einem längeren Zeitraum wieder auf der Erde agieren und viele Menschen kontaktieren? Können Sie sich vorstellen, dass die Alten zum Teil unter uns weilen, uns studieren, analysieren und oft genug auch unsere Dummheiten korrigieren?
Haben Sie sich jemals gefragt, ob Zeitreisen existieren und durchführbar sind?
Dieses Buch wird Ihnen auf viele Fragen Antworten geben, die Sie vielleicht in dieser Form nicht erwartet hätten.
Seien Sie offen, wagen Sie den Schritt in eine neue und höhere Dimension.

## Aldebaran – Die Rückkehr unserer Ahnen

€ 19,95
Reiner Elmar Feistle
Hardcover, 294 Seiten
ISBN 978-3-000319-74-7

In diesem Buch kommen verschiedene Autoren mit sehr brisanten Themen zu Wort und gehen einige Schritte weiter als Herr Däniken. Was wäre, wenn die Pyramiden mit dem Mars in Verbindung stehen, wenn dieser und auch der Mond unter der Kontrolle einer irdischen Achsenmacht steht, unbesiegt, im Bündnis mit unseren Ahnen.
Sie suchen Antworten auf viele gegenwärtige „Merkwürdigkeiten“ und Probleme? Dieses Buch wird Ihnen Antworten geben, die Sie so nicht erwartet hätten. Doch am Ende werden Sie der Wahrheit zustimmen.

Die Fakten im Buch lassen keinen anderen Schluss zu.

## Eine Macht aus dem Unbekannten

€ 19,95
Reiner Elmar Feistle
& Sigrun Donner
Hardcover, 340 Seiten
ISBN 978-3-9815662-1-5

**Deutsche UFOs - und ihr Einfluss im 21. Jahrhundert**

Werfen Sie einen Blick auf die Spuren geheimer deutscher Geschichte. Warum geheim? Geheim deshalb, weil schon weit vor 1945 die Grundlagen für ein scheinbares Mysterium gelegt wurden, welches heute unter der „Macht aus dem Unbekannten“ oder der „Dritten Macht“ bekannt ist.